Com[...]sans ennu[...]ndant universitaire américain — il professe à Harvard —, paléontologue doué et scientifique de renommée internationale, donne dans *Le Pouce du panda* une formidable leçon d'écriture qui en remontre à bien des traités savants. Les mécanismes qui régissent l'évolution du vivant, le darwinisme, la sélection naturelle, la sociobiologie, le sexisme, le racisme, etc., théories et concepts généralement considérés comme d'un accès difficile pour les non-initiés, sont ici lumineusement exposés dans un langage familier et à travers une foule d'anecdotes, toutes plus édifiantes les unes que les autres. Magie du verbe qui, du coup, permet à chacun de pénétrer l'univers mystérieux et fascinant de l'histoire de la vie, d'entrer de plain-pied dans le vif des épineux débats que suscite la science contemporaine. Comme l'a écrit un critique, saluant la parution de l'édition française, « *Le Pouce du panda* est ce qui manquait à la littérature scientifique : une *Comédie biologique* en résumé — comme il y a une Comédie humaine ».

Sur le gril donc, le devenir des espèces. Métamorphoses et mutations. Un scénario compliqué qui suppose une étonnante capacité inventive du vivant. Ainsi le cas du panda géant... L'animal est célèbre, surtout auprès des enfants : le genre nounours placide, à pelage blanc et noir, et bons gros yeux émouvants. Qui s'imaginerait, en le voyant, qu'il a probablement vécu il y a quelques millénaires un véritable drame ? Au départ de l'affaire, la nourriture. C'est qu'il raffole, l'animal, du cœur des tiges de bambou. Or, sans un organe conçu pour la préhension, c'est-à-dire une main dotée d'un pouce opposable aux autres doigts, il n'est pas facile d'éplucher un bambou pour en extraire le cœur. Et quand, en plus, le pouce dont on disposait à l'origine a été spécialisé dans d'autres tâches, la situation n'est pas loin d'être désespérée. Comment faire ? Rééduquer le pouce ? Abandonner le bambou succulent et se contenter de gâteries plus accessibles ? Absolument pas. La solution est infiniment plus « simple », et aussi infiniment plus extraordinaire. Elle tient en un mot : évolution. L'évolution qui va voler au secours du panda bambouphile et lui fabriquer, à partir d'un petit os du poignet, le sésamoïde radial, un nouveau « pouce ». Hypertrophié, celui-ci deviendra en effet un véritable sixième doigt doté de toutes les caractéristiques nécessaires à la préhension : mobilité, souplesse et opposition à l'ensemble des doigts.

En d'autres termes, la nature « bricole ». Sans cesse et sans relâche elle ajuste, adapte, aménage, améliore. Une usine où le système D serait roi et la surprise toujours de rigueur. Le vivant ressemble à une immense machinerie de créations permanentes. Pour vivre, se reproduire, résister aux agressions de toutes sortes les espèces sont contraintes d'imaginer constamment des parades ou des subterfuges qui les aident à perdurer. Loi du per-

(Suite au verso.)

fectionnement continu, appuyée sur la « sélection naturelle ». Ainsi encore la baudroie, un poisson des bas-fonds marins. A sa façon, doublement merveilleuse. Outre son corps, auquel les couleurs et les formes donnent à s'y méprendre l'apparence de rochers recouverts d'algues et d'éponges, ce qui lui permet de se confondre avec le milieu, elle possède à l'extrémité de sa nageoire dorsale qui jouxte le museau un filament, long de plusieurs centimètres, au bout duquel est fixé un leurre : un poisson trompe-l'œil, parfaitement imité, avec des taches pigmentées pour figurer les yeux et des filaments serrés pour représenter les nageoires, qui sert d'appât et favorise la capture de proies.

Mille et un exemples, mille et une histoires pour relater le grand roman de l'évolution. Gould est un formidable conteur. Mais aussi un homme de science, et il ne le laisse jamais oublier. Notamment quand il revient sur quelques grands moments de l'histoire des conceptions modernes, comme l'épisode cocasse du « chapeau de Cuvier » qui, une bonne partie de l'année 1861, défraya la chronique de la Société anthropologique de Paris et opposa Paul Broca et Louis-Pierre Gratiolet. Enjeu du débat : la taille du cerveau et son influence sur l'intelligence. D'un côté, Gratiolet prétendait qu'il n'y avait pas de lien entre les deux, alors que de l'autre, Broca, le plus grand craniométricien (mesureur de crâne) du monde, affirmait le contraire. Le hasard voulut que Broca se serve pour sa démonstration d'une preuve qu'il voulait irréfutable : le cerveau de Cuvier. On avait en effet autopsié le savant après sa mort et découvert que son cerveau était d'une taille et d'un poids exceptionnels, très sensiblement supérieurs à la normale. Las ! L'organe en question avait depuis été mis au rebut. Et Gratiolet, perfidement, contesta les mesures... Broca, un instant désemparé, eut soudain l'idée géniale de vérifier les mesures en expertisant un objet irrécusable : le chapeau du savant...

Comme le note Gould, « superficiellement, cette histoire semble risible ». Mais en fait, les présupposés idéologiques qu'elle comporte sont considérables, car, dans la réalité, c'est à la théorie de l'inégalité des races — théorie chère à Broca et à ses disciples — qu'elle renvoyait.

Tout est à l'avenant dans *Le Pouce du panda*. Pour se convaincre enfin que la science n'est pas rebutante, et que la clarté de ce qu'elle enseigne n'est qu'une affaire de présentation.

STEPHEN JAY GOULD

Le Pouce du panda

Les grandes énigmes de l'évolution

TRADUIT DE L'AMÉRICAIN
PAR JACQUES CHABERT

GRASSET

*L'édition originale de cet ouvrage a été publiée en 1980 par
W.W. Norton & Company, Inc. 500 Fifth Avenue, New York,
sous le titre :*

THE PANDA'S THUMB
MORE REFLECTIONS IN NATURAL HISTORY

© Stephen Jay Gould, 1980.
© Éditions Grasset & Fasquelle, 1982, pour la traduction française.

*A
Jeanette McInerney
Ester L. Ponti
Rene C. Stack
qui m'ont guidé avec dévouement et
compassion pendant mes années à
l'école primaire P.S. 26 de Queens.*

« Un enseignant [...] ne peut jamais dire
où s'arrête son influence. »

HENRY ADAMS

PROLOGUE

En épigraphe à son ouvrage désormais classique, *The Cell in Development and Inheritance* (« La cellule : développement et hérédité »), 1896, E.B. Wilson a placé une devise de Pline l'Ancien, le grand naturaliste romain mort en 79 avant Jésus-Christ, à bord du navire qu'il commandait. Il traversait la baie de Naples pour étudier l'éruption du Vésuve et il fut victime des vapeurs délétères qui asphyxièrent les citoyens de Pompéi. Pline avait écrit : *Natura nusquam magis est tota quam in minimis* (« La nature n'est jamais aussi grande que dans ses créatures les plus petites »). Wilson réquisitionne la citation de Pline pour glorifier ces éléments microscopiques, constitutifs de la vie, que sont les cellules, structures minuscules inconnues, cela est évident, de Pline qui, lui, pensait à des organismes.

La phrase de Pline contient l'essence même de ce qui me fascine dans l'histoire naturelle. Selon une vision quelque peu stéréotypée (pas tout à fait aussi souvent vérifiée que le déclare la mythologie), le propos de l'histoire naturelle se résume à la description des particularités des animaux, les mœurs mystérieuses du castor ou la méthode utilisée par l'araignée pour tisser sa toile. Certes cette tâche ne manque pas d'être assez exaltante. Qui pourrait dire le contraire ? Mais chaque organisme peut nous apporter beaucoup plus. Chacun d'eux nous instruit ; sa forme et son comportement transmettent des messages généraux que nous apprenons à déchiffrer. Le langage ainsi véhiculé est la théorie de l'évolution : nous y trouvons tout à la fois exaltation et compréhension.

Ce fut pour moi une chance de pénétrer dans l'univers passionnant de l'évolution, l'un des domaines scientifiques les plus importants qui soient. A mes débuts — je n'étais alors qu'un enfant — je n'en avais jamais entendu parler ; j'étais surtout terriblement impressionné par les dinosaures. Je pensais que les paléontologistes passaient leur temps à déterrer des ossements et à les assembler sans s'aventurer au-delà de cette mission importante consistant à relier ces divers éléments entre eux. Puis j'ai découvert la théorie de l'évolution. Depuis lors, la dualité de l'histoire naturelle — richesse des phénomènes particuliers et union potentielle dans une explication sous-jacente — a constitué le fil conducteur de mes recherches scientifiques.

Je pense que la fascination exercée sur tant de gens par la théorie de l'évolution réside dans trois de ses caractéristiques. D'abord elle est, en l'état actuel de son développement, assez élaborée pour procurer un sentiment de satisfaction et de confiance, mais en même temps suffisamment peu avancée pour proposer moult mystères. En second lieu, elle est située au centre d'un ensemble continu qui s'étend des sciences traitant de généralités intemporelles et quantitatives à celles qui touchent directement aux singularités de l'histoire. Elle offre donc asile aux chercheurs de tous styles et de toutes tendances, depuis ceux qui cherchent la pureté de l'abstraction (les lois de la croissance démographique et la structure de l'ADN) jusqu'à ceux qui se délectent dans le fatras des particularités irréductibles (que pouvait donc bien faire le tyrannosaure de ses deux pattes de devant si chétives, si jamais il en faisait quelque chose ?). Troisièmement, elle nous concerne tous dans notre vie ; car comment pouvons-nous être indifférents devant les grandes questions de la généalogie : d'où venons-nous et qu'est-ce que tout cela signifie ? Et puis, bien entendu, il y a tous ces organismes : plus d'un million d'espèces décrites, de la bactérie à la baleine bleue, avec une foultitude de bestioles entre les deux — chacune avec sa beauté propre, et chacune avec une histoire à raconter.

Les essais qui suivent embrassent des phénomènes très divers — de l'origine de la vie au cerveau de Georges Cuvier en passant par le cas de cette mite qui meurt avant d'être née. Cependant j'espère avoir évité ce piège des recueils d'essais qu'est l'incohérence diffuse, en les articulant autour de la théorie de l'évolution, tout en insistant sur la pensée et l'influence de Darwin.

J'ai tenté de souder ces essais dans un ensemble intégré en les organisant en huit parties. La première, qui traite des pandas, des tortues et des baudroies, montre pourquoi nous pouvons avoir confiance dans la réalité de l'évolution. L'argumentation renferme un paradoxe : la preuve de l'évolution y est apportée par les imperfections révélées par l'histoire. Cette partie est suivie par un sandwich mixte à plusieurs étages : trois sections sur des thèmes majeurs des études évolutionnistes (la théorie darwinienne et la signification de l'adaptation, le rythme et les modalités du changement, et les changements de proportions liés à la taille et au temps), et deux couches intermédiaires de deux parties chacune (III-IV et VI-VII) sur les organismes et les singularités de leur histoire. (Si l'on désire poursuivre cette métaphore du sandwich et diviser au sein de ces sept sections ce qui est structure de soutien et ce qui est viande, je n'en serais pas autrement offusqué.) J'ai également empalé le sandwich avec des cure-dents, thèmes annexes communs à toutes les sections et placés là pour aiguillonner certaines conventions bien confortables : pourquoi la science est-elle enracinée dans la culture, pourquoi le darwinisme ne peut-il pas s'accorder avec des espoirs d'harmonie intrinsèque ou de progrès dans la nature. Mais chaque aiguillon a une conséquence positive. La compréhension des influences culturelles nous force à considérer la science comme une activité humaine accessible, semblable à n'importe quelle autre forme de créativité. Abandonner l'espoir de trouver passivement une signification à notre existence dans la nature, c'est aussi nous obliger à chercher des réponses en nous-mêmes.

Ces essais sont des versions légèrement révisées de mes articles parus dans la revue *Natural History* sous la forme d'une chronique mensuelle. Certains d'entre eux ont été quelque peu étoffés : j'ai rajouté des preuves supplémentaires de la participation éventuelle de Teilhard à la supercherie de Piltdown (chapitre 10) ; une lettre de J. Harlen Bretz qui, malgré ses quatre-vingt-seize ans, a conservé son talent de polémiste (chapitre 19) ; une confirmation venue de l'hémisphère austral de la raison de la présence d'aimants chez les bactéries (chapitre 30). Je remercie Ed Barber de m'avoir persuadé que ces essais pouvaient être moins éphémères que je ne le croyais. Le rédacteur en chef de *Natural History*, Alan Ternes, et la secrétaire de rédaction, Florence Edelstein, m'ont beaucoup aidé en démêlant l'écheveau de mes expressions et de ma pensée et en trouvant certains excellents titres. Quatre essais n'auraient pas vu le jour sans l'aide désintéressée de certains collègues : Carolyn Fluehr-Lobban m'a révélé l'existence du docteur Down dont elle m'a envoyé l'article méconnu, et a partagé avec moi ses intuitions et le travail de rédaction (chapitre 15). Ernst Mayr a, durant des années, insisté vivement sur l'importance de la taxonomie populaire et possédait sur le sujet toutes les références nécessaires (chapitre 20) ; Jim Kennedy m'a fait connaître l'œuvre de Kirkpatrick (chapitre 22) ; sans lui je n'aurais jamais pu percer le voile de silence qui l'entourait. Richard Frankel m'a, de sa propre initiative, envoyé une lettre de quatre pages dans laquelle il m'a expliqué — à moi, cancre en physique — les propriétés magnétiques de ses fascinantes bactéries (chapitre 30). Je me réjouis toujours de la générosité de mes collègues ; un millier d'histoires non racontées contrebalancent chaque cas de méchanceté dûment noté et répété à l'envi. Je remercie Frank Sulloway de m'avoir raconté la vraie histoire des pinsons de Darwin (chapitre 5), Diane Paul, Martha Denckla, Tim White, Andy Knoll et Carl Wunsch pour m'avoir fourni leurs références, leurs points de vue et leurs explications patientes.

Par bonheur, j'ai écrit ces essais à une époque particulièrement passionnante de l'évolutionnisme. Lorsque je songe à la paléontologie en 1910, si riche en données et si pauvre en idées, j'estime que c'est un privilège de l'étudier aujourd'hui.

La théorie évolutionniste étend sa sphère d'influence et son champ d'application dans toutes les directions. Il n'est qu'à considérer l'animation qui règne actuellement dans des domaines aussi variés que les mécanismes de base de l'ADN, l'embryologie et l'étude du comportement. L'évolution moléculaire est à présent une discipline à part entière qui laisse prévoir tout à la fois l'éclosion d'idées étonnamment neuves (la théorie de la neutralité qui serait une alternative à la sélection naturelle) et la solution de nombreux mystères classiques de l'histoire naturelle (voir chapitre 24). En même temps, la découverte des séquences insérées et des gènes sauteurs a mis au jour une nouvelle strate de complexité génétique qui est certainement porteuse de sens dans le plan de l'évolution. Le code génétique à trois bases n'est certainement qu'un langage machine ; il doit exister un niveau de commande plus élevé. Si un jour nous parvenons à savoir comment des créatures pluricellulaires règlent la cadence de cette orchestration complexe qu'est la croissance de leur embryon, alors la biologie du développement pourrait réunir la génétique moléculaire à l'histoire naturelle en une science de la vie unifiée. La théorie de la sélection parentale a, de façon féconde, étendu la théorie darwinienne au domaine du comportement social, bien qu'à mon avis ses défenseurs les plus zélés aient une conception erronée de la nature hiérarchique du processus et tentent de l'étendre (par un usage outrancier de l'analogie) à l'univers de la culture humaine où il ne s'applique pas (voir chapitres 7 et 8).

Cependant, alors même que la théorie de Darwin élargit son domaine, certains de ses postulats favoris sont battus en brèche ou, tout au moins, perdent de leur généralité. La « synthèse moderne », version contemporaine du darwinisme qui règne depuis trente ans, a considéré que le modèle de substitution des gènes par adaptation dans les populations locales rendait valablement compte, par accumulation et extension, de toute l'histoire de la vie. Le modèle peut fort bien fonctionner dans le domaine empirique des adaptations mineures et locales : les populations du papillon de nuit ou phalène du bouleau, *Biston betularia*, sont devenues effectivement noires par la substitution d'un seul gène ; il s'agit là d'une réponse sélective à une demande de diminution de visibilité sur des arbres noircis par la suie industrielle. Mais l'apparition d'une nouvelle espèce est-elle simplement due à ce processus élargi à un plus vaste nombre de gènes et à un effet plus important ? Les tendances maîtresses de l'évolution dans les principales lignées ne sont-elles qu'une accumulation plus poussée d'une suite de transformations adaptatives ?

De nombreux évolutionnistes (dont je fais partie) commencent à mettre en doute cette synthèse et à soutenir la thèse hiérarchique selon laquelle les différences de niveau dans le changement évolutif reflètent souvent des catégories de causes différentes. Une rectification mineure au sein d'une population peut être le résultat d'un processus adaptatif. Mais la spéciation peut se produire à la suite de changements chromosomiques majeurs entraînant la stérilité chez d'autres espèces pour des raisons n'ayant aucun rapport avec l'adaptation. Les tendances de l'évolution peuvent représenter un type de sélection à un niveau supérieur sur des espèces elles-mêmes essentiellement statiques, et non pas la lente et régulière altération d'une seule et large population sur des durées indéterminées.

Avant la synthèse moderne, de nombreux biologistes (voir Bateson, 1922, dans la bibliographie) ont exprimé leur confusion et leur découragement car les mécanismes de l'évolution à niveaux différents qui étaient proposés semblaient suffisamment contradictoires pour empêcher l'avènement d'une science unifiée. Après la synthèse moderne, se répandit la notion (équivalant presque à un dogme chez ses tenants les moins prudents) selon laquelle toute l'évolution pouvait se réduire au darwinisme de base, c'est-à-dire au changement adaptatif graduel dans des populations locales. Je pense qu'actuellement nous nous sommes engagés dans une voie féconde entre l'anarchie de l'époque de Bateson et le point de vue restrictif imposé par la synthèse moderne. Cette dernière fonctionne bien dans son champ de compétence, mais ces mêmes processus darwiniens de mutation et de sélection peuvent jouer selon des modes étonnamment différents dans des domaines supérieurs, suivant une hiérarchie de niveaux d'évolution. Je pense que nous pouvons espérer atteindre l'uniformité des causes, puis, à partir de là, aboutir à une théorie unique et générale avec un noyau darwinien. Mais il nous faudra compter avec une multiplicité de mécanismes qui excluent l'explication de phénomènes de niveau supérieur par le modèle de substitution adaptative de gènes en vigueur au niveau inférieur.

La complexité irréductible de la nature est à la base de tout ce ferment. Les organismes ne sont pas des boules de billard, mises en mouvement par des forces externes, simples et mesurables, et se dirigeant sur le tapis vert de la vie vers de nouvelles positions prévisibles. Les systèmes complexes ont une richesse plus grande. Les organismes ont une histoire qui pèse sur leur avenir de multiples façons (voir les chapitres de la première partie). La complexité de leurs formes entraîne une foule de fonctions accompagnant toutes les pressions éventuelles de la sélection naturelle qui ont pu régir la construction initiale (voir chapitre 4). Le cheminement du développement embryonnaire, compliqué et en grande partie inconnu, montre bien que des causes simples (des changements mineurs des taux de croissance par exemple) peuvent se traduire par des changements nets et surprenants dans l'organisme adulte (voir le chapitre 18).

Charles Darwin a choisi de clore son ouvrage par une comparaison saisissante qui exprime toute cette richesse. Il y oppose d'une part le système simple du mouvement des planètes et son résultat, le cycle infini et statique, et d'autre part la complexité de la vie et sa transformation, merveilleuse et imprévisible, à travers les siècles.

« Il y a de la noblesse dans une telle manière d'envisager la vie, avec ses puissances diverses attribuées à l'origine par un souffle créateur, à un petit nombre de formes, ou même à une seule ; et, tandis que notre planète a continué de tourner sur son orbite selon les lois immuables de la gravitation, sorties de presque rien, une quantité infinie de formes, de plus en plus belles, de plus en plus merveilleuses, n'ont pas cessé d'évoluer et évoluent encore. »

PREMIÈRE PARTIE

PERFECTION ET IMPERFECTION :
TRILOGIE SUR LE POUCE DU PANDA

1

LE POUCE DU PANDA

Peu de héros s'abaissent à jeter un regard sur leur prime enfance ; inexorablement la gloire pousse les hommes de l'avant, souvent jusqu'à leur destruction. Alexandre se désolait de ne plus avoir de nouveaux mondes à conquérir ; Napoléon, qui avait exagérément étendu son empire, courut à sa perte dans les profondeurs de l'hiver russe. Mais Charles Darwin, sitôt après l'*Origine des espèces* (1859), ne publia pas une défense et illustration de la sélection naturelle ni même son évidente extension à l'évolution humaine (il attendit 1871 pour publier *La Descendance de l'homme*). Il écrivit au contraire son ouvrage le plus obscur, *De la fécondation des orchidées par les insectes et des bons résultats du croisement* (1862).

Les nombreuses excursions de Darwin dans les détails de l'histoire naturelle — il écrivit une taxonomie des bernacles, un livre sur les plantes grimpantes et un traité sur le rôle des vers de terre dans la formation de l'humus — lui valurent la réputation usurpée d'un savant démodé et quelque peu gâteux, s'appliquant à décrire des plantes et animaux curieux, et qui eut la chance d'avoir une idée lumineuse au bon moment. Quelques études érudites sur Darwin, parues ces vingt dernières années, ont permis de faire pièce à ce mythe (voir chapitre 2). C'est peu avant ces publications qu'un spécialiste éminent s'était fait le porte-parole de ses nombreux collègues, tout aussi mal informés que lui, en écrivant de Darwin qu'il était un « bien mauvais ajusteur d'idées [...] un homme qui n'appartient pas à la race des grands penseurs ».

En fait chaque livre de Darwin joue un rôle dans un vaste et cohérent dessein qu'il a poursuivi tout au long de son œuvre : démontrer la réalité de l'évolution et défendre la sélection naturelle comme son mécanisme essentiel. Darwin n'a pas étudié les orchidées pour elles-mêmes. Un biologiste de Californie, Michael Ghiselin, qui s'est donné la peine de lire tous les ouvrages de Darwin (*cf.* son livre, *Triumph of the Darwinian Method*), a bien vu dans le traité sur les orchidées un épisode important de la campagne de Darwin en faveur de l'évolution.

Dès les premières lignes, Darwin y affirme un postulat évolutionniste des plus importants : l'autofécondation continue est une stratégie qui ne permet pas, à long terme, d'assurer la survie, car la descendance ne transporte que les gènes d'un seul parent et, de ce fait, les populations ne bénéficient pas de la variation suffisante pour obtenir la nécessaire flexibilité évolutive face aux changements de milieu. Les plantes qui portent des fleurs dotées d'organes mâles et femelles élaborent donc généralement des mécanismes assurant une pollinisation croisée. Les orchidées se sont alliées aux insectes. Elles ont mis au point une variété étonnante d'artifices pour attirer les insectes et faire en sorte que le pollen visqueux adhère bien à leurs visiteurs, et que, ainsi transporté, il entre en contact avec les organes femelles de la prochaine orchidée visitée par l'insecte.

Équivalent botanique d'un bestiaire, le livre de Darwin donne la liste de tous ces artifices. Et, comme les bestiaires médiévaux, il est conçu pour l'instruction du lecteur. Le message est paradoxal, mais profond. Les orchidées élaborent leurs systèmes complexes à partir des composants communs aux fleurs ordinaires, organes généralement conçus pour des fonctions très différentes. Si Dieu n'avait créé que de magnifiques machines pour donner une image de sa sagesse et de sa puissance, il n'aurait certainement pas utilisé toute une série d'organes ordinairement destinés à d'autres buts. Les orchidées n'ont pas été fabriquées par un ingénieur idéal ; elles ont été conçues à l'aide d'un nombre limité d'éléments disponibles. Elles doivent donc être les descendantes de fleurs ordinaires.

Ainsi examinons ce paradoxe, thème commun de cette trilogie d'essais. Nos manuels aiment illustrer l'évolution en citant comme exemples les adaptations les mieux réussies : le mimétisme du papillon prenant l'apparence presque parfaite d'une feuille morte, ou celui de l'espèce comestible imitant l'aspect d'un parent vénéneux. Mais cette adaptation idéale est un mauvais argument pour l'évolution car elle contrefait l'action d'un créateur omnipotent. Les arrangements bizarres et les solutions cocasses sont la preuve de l'évolution, car un Dieu sensé n'aurait jamais emprunté les chemins qu'un processus naturel, sous la contrainte de l'histoire, se voit bien obligé de suivre. Personne n'a compris cela mieux que Darwin. Ernst Mayr a montré comment Darwin, en défendant l'évolution, a fait appel, avec logique, aux organes et aux distributions géographiques les plus dénués de sens. Ce qui m'amène au panda géant et à son « pouce ».

Les pandas géants sont des ours d'un type bien défini, membres de l'ordre des carnivores. Les ours ordinaires, sont les représentants les plus omnivores de leur ordre, mais les pandas ont restreint l'universalité de leurs goûts : ils démentent l'appellation de leur ordre en tirant leur subsistance presque exclusivement du bambou. Ils vivent en haute altitude dans les denses forêts des montagnes de la Chine occidentale. Guère menacés par les prédateurs, ils se tiennent là, assis, mâchant du bambou de dix à onze heures par jour.

En tant qu'admirateur inconditionnel, dans mon enfance, d'Andy le panda et ex-propriétaire d'un jouet en peluche gagné à une kermesse locale un jour où, par chance, j'avais renversé toutes les bouteilles d'un seul coup, je ne me tins plus de joie lorsque les premiers signes de notre dégel avec la Chine se concrétisèrent, au-delà du ping-pong, par l'envoi de deux pandas au zoo de Washington. Terrorisé comme il se doit, j'allai les contempler. Ils bâillaient, s'étiraient, faisaient quelques pas, mais passaient le plus clair de leur temps à dévorer leur cher bambou. Assis bien droit sur leur derrière, ils manipulaient les tiges avec leurs pattes avant, se débarrassant des feuilles pour ne consommer que les pousses.

Je fus étonné par leur dextérité et me demandai comment le descendant d'une lignée adaptée à la course pouvait utiliser ses mains de façon si habile. Ils tenaient les tiges de bambou dans leurs pattes et les dépouillaient de leurs feuilles en faisant passer les tiges entre un pouce apparemment flexible et les autres doigts. Cela m'intrigua. J'avais appris que l'adroite utilisation d'un pouce opposable comptait parmi les marques du génie humain. Nous avions maintenu, exagéré même, cette importante flexibilité de nos ancêtres primates, alors que la plupart des mammifères l'avaient sacrifiée en spécialisant leurs doigts. Les carnivores courent, griffent et grattent. Mon chat peut me manipuler psychologiquement, mais jamais il ne tapera à la machine ni ne jouera du piano.

Aussi ai-je compté les autres doigts du panda pour m'apercevoir — ô surprise plus grande encore ! — qu'ils étaient au nombre de cinq et non de quatre. Ce « pouce » était-il un sixième doigt qui aurait évolué séparément ? Fort heureusement le panda géant possède sa bible, une monographie écrite par D. Dwight Davis, ex-conservateur de l'anatomie des vertébrés du Field Museum of Natural History de Chicago. Il s'agit probablement du plus grand ouvrage moderne d'anatomie comparée qui ait été écrit dans une perspective évolutionniste et il renferme tout ce qu'on peut souhaiter connaître sur les pandas et plus encore. Bien évidemment, Davis y donne la réponse à mon interrogation.

Anatomiquement, le « pouce » du panda n'est pas un doigt. Il est construit à partir d'un os appelé le sésamoïde radial (du radius), normalement un des petits os formant le poignet. Chez le panda, le sésamoïde radial est très développé et si allongé que sa taille atteint presque celle des os des phalanges des vrais doigts. Le sésamoïde radial soutient un renflement de la patte avant du panda ; les cinq doigts forment le cadre d'un autre renflement, le renflement palmaire. Un sillon, peu marqué, sépare les deux renflements et sert de conduit aux tiges de bambou.

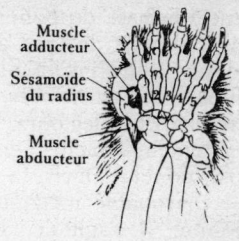

D.L. Cramer.

Le pouce du panda est doté non seulement d'un os pour lui donner sa force, mais également de muscles pour assurer son agilité. Ces muscles, comme le sésamoïde radial lui-même, n'ont pas été créés de toutes pièces. Comme les organes des orchidées de Darwin, ce sont des éléments anatomiques communs, remodelés pour une fonction nouvelle. L'abducteur du sésamoïde radial (le muscle qui repousse l'os dans la direction opposée aux vrais doigts) porte le nom effrayant de *abductor pollicis longus* (« le long abducteur du pouce » — *pollicis* est le génitif de *pollex*, le pouce en latin). Cette appellation est révélatrice. Chez les autres carnivores, ce muscle est attaché au premier doigt, au vrai pouce. Deux muscles plus courts relient le sésamoïde radial au pollex. Ils tirent le « pouce » sésamoïde vers les vrais doigts.

L'anatomie des autres carnivores nous fournit-elle une indication sur l'origine de cette curieuse disposition chez les pandas ? Davis fait remarquer que les ours ordinaires et les ratons laveurs, les parents les plus proches des pandas géants, surpassent de loin tous les autres carnivores dans l'utilisation de leurs pattes avant pour manipuler les aliments. Excusez cette image un peu facile, mais on peut dire que les ancêtres des pandas leur avaient donc donné un coup de main leur permettant d'acquérir une plus grande dextérité. En outre, les ours ordinaires ont déjà un sésamoïde radial légèrement développé.

Chez la plupart des carnivores, ces mêmes muscles, qui, chez le panda, agissent sur le sésamoïde radial, sont attachés uniquement à la base du pollex, ou vrai pouce. Mais chez les ours communs, le long abducteur se termine par deux tendons : l'un s'insère à la base du pouce, comme chez la plupart des carnivores, mais l'autre est fixé au sésamoïde radial. Chez les ours, les deux muscles plus courts sont également attachés, en partie, au sésamoïde radial. « Ainsi, conclut Davis, la musculature qui met en action ce remarquable mécanisme nouveau — sur le plan fonctionnel, il s'agit de fait d'un nouveau doigt — n'a demandé aucun changement intrinsèque des conditions déjà présentes chez les parents les plus proches du panda, les ours. De plus, il semble que toute la succession des transformations de la musculature ait découlé automatiquement d'une simple hypertrophie de l'os sésamoïde. »

Le pouce sésamoïde du panda est une structure complexe formée par le développement prononcé d'un os et par une profonde redisposition de la musculature. Mais Davis pense que le système dans son ensemble s'est mis en place comme une réponse mécanique à la croissance du sésamoïde radial lui-même. Les muscles se sont transformés, car l'agrandissement de l'os ne leur a plus permis de se fixer à leur lieu d'attache d'origine. De plus, Davis considère comme possible que l'allongement du sésamoïde radial ait pu être provoqué par une transformation génétique simple, peut-être une seule mutation affectant le rythme et la vitesse de la croissance.

Dans le pied du panda, l'os correspondant au sésamoïde radial appelé le sésamoïde tibial (du tibia) est également très développé, mais moins que le sésamoïde radial. Le sésamoïde tibial ne sert pas de support à un nouveau doigt et sa taille accrue ne lui confère, pour ce que nous en savons, aucun avantage particulier. Davis pense que l'accroissement coordonné de ces deux os, en réponse à la sélection naturelle sur un seul des deux os, est probablement le reflet d'un changement génétique de type simple. Les organes répétés du corps ne sont pas élaborés par l'action de gènes individuels — il n'y a pas un gène « pour » votre pouce, un autre pour votre gros orteil, ou un troisième pour votre auriculaire. Les organes répétés se développent de manière coordonnée ; le choix du changement dans un des éléments entraîne une modification correspondante dans les autres. Il peut être génétiquement plus complexe d'accroître la taille d'un pouce sans modifier un gros orteil que d'agrandir les deux ensemble. (Dans le premier cas, il faut qu'une coordination générale soit annulée, que le pouce soit favorisé séparément et que l'accroissement corrélatif des structures qui lui sont rattachées soit supprimé. Dans le second cas, un seul gène suffit à augmenter le rythme de croissance dans un domaine régulant le développement des doigts correspondants.)

Le pouce du panda nous fournit un élégant équivalent zoologique des orchidées de Darwin. Là aussi l'histoire montre que les choix ne se portent pas sur des solutions toutes faites. Le vrai pouce du panda, trop spécialisé pour être utilisé à une autre fonction et devenir un doigt opposable, apte à la manipulation, est relégué à un autre rôle. Le panda est donc contraint de se servir des organes disponibles et de choisir cet os du poignet hypertrophié, solution quelque peu bâtarde, mais très fonctionnelle. Le pouce sésamoïde ne remportera pas de prix au concours Lépine de la nature. Selon l'expression de Michael Ghiselin, ce n'est qu'un truc, et non un mécanisme élégant. Mais il atteint le but recherché et nous passionne d'autant plus que ses éléments de départ ne sont pas ceux que l'on aurait pu imaginer.

Le traité de Darwin sur les orchidées est rempli d'illustrations similaires. Le souci *Epipactis*, par exemple, se sert de son labelle — un pétale agrandi — comme d'un piège. Le labelle est divisé en deux parties. L'une, près de la base de la fleur, forme une grande coupe pleine de nectar, but de la visite des insectes. L'autre, près du bord de la fleur, forme une sorte de plate-forme d'atterrissage. L'insecte qui se pose sur cette piste l'abaisse et peut ainsi

Souci *Epipactis* dont les sépales inférieurs ont été ôtés.

a. La « piste d'atterrissage » du labelle s'est abaissée une fois que l'insecte s'est posé.

b. La piste du labelle s'est relevée dès que l'insecte a pénétré dans la coupe de nectar située en contrebas.

D.L. Cramer.

atteindre le nectar un peu plus loin. Il entre dans la coupe, mais la piste est si élastique qu'elle se relève instantanément, emprisonnant l'insecte dans la coupe de nectar. L'insecte doit alors sortir par la seule issue qui lui est offerte, ce qui le force à se frotter contre les masses de pollen. Or cette machinerie remarquable ne s'est élaborée qu'à partir d'un pétale conventionnel, organe déjà existant chez les ancêtres de l'orchidée.

Darwin montre comment, chez d'autres orchidées, le même labelle évolue pour entrer dans la composition d'une série de systèmes ingénieux dont le but est d'assurer la fécondation croisée. Ce labelle peut former un repli compliqué qui oblige l'insecte à dévier sa trompe et à passer par les masses polliniques pour atteindre le nectar. Il peut comporter des sillons profonds ou des renflements qui guident les insectes à la fois vers le nectar et le pollen. Le chenal prend parfois la forme d'un tunnel qui donne à la fleur un aspect tubulaire. Toutes ces adaptations ont eu comme point de départ un organe qui n'était autre, chez quelque lointaine forme ancestrale, qu'un pétale conventionnel. Mais la nature peut faire tant avec si peu de chose qu'elle montre, selon les termes mêmes de Darwin, « une prodigalité de ressources pour atteindre le même but unique, à savoir la fécondation d'une fleur par le pollen d'une autre plante ».

La métaphore que Darwin utilise prouve combien il a pu s'émerveiller devant l'évolution capable d'obtenir une telle diversité et une telle efficacité avec une matière première si limitée.

« Bien qu'un organe ait pu, à l'origine, ne pas être formé dans un but bien précis, s'il remplit à présent cette fonction, nous pouvons dire, à juste titre, qu'il a été spécialement conçu pour cela. Selon le même principe, si un homme a fabriqué une machine dans un but bien précis, mais a utilisé pour sa construction de vieilles roues et poulies, des ressorts usagés, en ne leur faisant subir que de légères modifications, on doit dire de cette machine, dans son ensemble, avec toutes ses pièces constitutives, qu'elle a été spécialement conçue dans le but visé. Ainsi, dans la nature tout entière, presque tous les organes de chaque être vivant ont probablement servi, dans des conditions légèrement modifiées, à des buts divers, et ont joué un rôle dans la machinerie vivante de nombreuses formes spécifiques anciennes, distinctes des formes actuelles. »

Sans doute la métaphore des roues et des poulies rafistolées n'est-elle guère flatteuse, mais nous devons surtout porter attention au résultat obtenu. La nature, selon le mot de François Jacob, est un excellent bricoleur et non un artisan divin. Et qui peut se permettre de mettre en doute le bon fonctionnement de ces quelques cas exemplaires ?

2

DES BIZARRERIES PORTEUSES D'HISTOIRE

Les mots donnent la clef de leur origine lorsque l'étymologie *ne* s'accorde *pas* au sens courant. Les émoluments, pense-t-on, furent jadis le prix payé au meunier (du latin *molere*, moudre) et les désastres durent être attribués à des étoiles maléfiques.

Les évolutionnistes ont toujours considéré que les transformations linguistiques étaient un champ propice aux analogies significatives. Charles Darwin, en préconisant une interprétation évolutionniste de structures reliques, à présent atrophiées, comme l'appendice chez l'homme ou les dents embryonnaires des baleines à fanons, a dit : « On peut comparer les organes rudimentaires aux lettres d'un mot conservées dans l'orthographe et néanmoins non prononcées, mais qui fournissent des indications sur l'origine du mot. » Les organismes, tout comme les langues, évoluent.

Cet essai met en avant une liste de faits curieux et bizarres, mais c'est en réalité un discours abstrait sur la méthode, ou plutôt sur une méthode particulière largement répandue, mais peu appréciée des hommes de science. Selon une image stéréotypée, le savant s'appuie sur l'expérience et la logique. On imagine un homme (la plupart des stéréotypes sont sexistes), d'un certain âge, en blouse blanche, tantôt d'une réserve timide, mais se consumant pour la vérité, tantôt bouillant et excentrique, mélangeant deux produits chimiques et regardant surgir la réponse dans sa cornue. Hypothèses, prédictions, expériences et résultats : la méthode scientifique.

Mais de nombreuses sciences ne fonctionnent pas de la sorte, car cela leur est tout simplement impossible. En tant que paléontologue et biologiste de l'évolution, mon métier consiste à reconstruire l'histoire. Celle-ci est, par définition, unique et complexe. Elle ne peut se reproduire dans un tube à essais. Les chercheurs qui étudient l'histoire, particulièrement celle de périodes reculées dont les chroniques humaines et géologiques n'ont pas gardé de traces, doivent utiliser des méthodes déductives à défaut de méthodes expérimentales. Ils doivent analyser les *résultats actuels* des processus historiques et tenter de reconstruire le chemin menant des mots, des organismes ou des formes de terrain ancestraux aux mots, organismes ou formes de terrain contemporains. Une fois le chemin tracé, on peut être éventuellement en mesure de déterminer les causes qui ont conduit l'histoire à emprunter cet itinéraire de préférence à un autre. Mais comment déduire ces chemins à partir des résultats actuels ? En particulier, comment s'assurer qu'un chemin a bien pu exister ? Comment savoir qu'un résultat actuel est bien le produit d'une modification intervenue à travers les âges et non une partie inaltérable d'un univers immuable ?

Tel est le problème auquel Darwin s'est heurté, car ses adversaires créationnistes considéraient qu'aucune espèce n'avait subi la plus petite transformation depuis sa formation initiale. Comment Darwin démontra-t-il que les espèces actuelles sont les produits de l'histoire ? On aurait pu penser qu'il s'était avant tout intéressé aux résultats les plus impressionnants de l'évolution, aux adaptations les plus complexes et les plus achevées des organismes à leur environnement : au papillon qui se fait passer pour une feuille morte, ou au butor pour une branche, à ces superbes machines que sont les goélands en vol ou les thons dans la mer.

Paradoxalement, il a fait exactement le contraire. Il s'est mis en quête des bizarreries et des imperfections. Le goéland est peut-être une merveille de conception ; si l'on croit a priori à l'évolution, la construction de son aile est l'expression de la puissance de la sélection naturelle. Mais on ne peut pas prouver l'évolution par la perfection parce que celle-ci n'a pas besoin d'histoire. La perfection des organismes a longtemps été l'argument favori des créationnistes qui voyaient dans cet art consommé l'intervention directe d'un architecte divin. Une aile d'oiseau, en tant que merveille d'aérodynamisme, pourrait avoir été créée exactement comme nous la trouvons aujourd'hui.

Mais, selon le raisonnement de Darwin, si les organismes ont une histoire, les âges passés ont dû laisser des vestiges derrière eux. Des vestiges du passé qui ne signifient plus rien aujourd'hui — tout ce qui est inutile, déplacé, étrange ou incongru — sont autant de témoignages d'histoire. Ils apportent la preuve que le monde n'a pas été créé dans sa forme actuelle. Quand l'histoire est parfaite, elle efface ses propres traces derrière elle.

Pourquoi un terme général utilisé pour désigner une compensation monétaire se référerait-il littéralement à une profession qui a pratiquement disparu, si jadis il n'avait pas eu quelque rapport avec le grain et la meunerie ? Et pourquoi un fœtus de baleine porterait-il des dents dans le ventre de sa mère, pour les résorber plus tard au cours de son existence et passer toute sa vie à tamiser du krill à travers son filtre à fanons, si ce n'est parce que ses ancêtres ont possédé des dents fonctionnelles et que celles-ci apparaissent comme un vestige pendant une phase du développement durant laquelle elles ne peuvent pas causer de dommage ?

Aucune preuve de l'évolution ne plaisait autant à Darwin que la présence dans presque tous les organismes de ces structures rudimentaires ou atrophiées, « organes dans ce curieux état, marqué du sceau de l'inutilité », comme il l'a dit lui-même. « Selon ma théorie de la descendance modifiée, l'origine des organes rudimentaires est simple », poursuivait-il. Ce sont des morceaux d'anatomie sans utilité, vestiges d'organes jadis fonctionnels chez leurs ancêtres.

Cette considération générale ne s'applique pas seulement aux structures rudimentaires et, au-delà de la biologie, vaut pour toute science historique. En d'autres termes, les bizarreries sont porteuses d'histoire. Le premier chapitre de cette trilogie a abordé le même sujet dans un contexte différent. C'est parce qu'il est inélégant et construit à partir d'un organe étrange, l'os sésamoïde du poignet, que le « pouce » du panda prouve la réalité de l'évolution. Le vrai pouce avait été si spécialisé dans son rôle ancestral au service d'animaux coureurs et carnassiers qu'il ne pouvait plus être modifié pour devenir un doigt opposable capable d'attraper les tiges de bambous nécessaires à la vie de descendants végétariens.

Faisant une excursion hors du domaine biologique, je me suis demandé la semaine dernière pourquoi *vétéran* et *vétérinaire*, deux noms au sens différent, provenaient d'une racine similaire, le latin *vetus*, vieux. De nouveau, c'est une bizarrerie qui nous suggère que la solution peut résider dans une approche généalogique. « Vétéran » ne présentait pas de problème, car sa racine et son sens actuel coïncident, et par là même ne fournissaient aucune indication historique. « Vétérinaire » s'est révélé par contre intéressant. Les citadins ont tendance à considérer que les vétérinaires sont au service de leurs chiens et chats, oubliant que leur travail premier consiste à soigner les animaux de ferme et le bétail (comme font la plupart des vétérinaires actuels, je suppose, en demandant qu'on excuse mon « new-yorkisme » invétéré). Le lien avec *vetus* est manifeste à travers l'expression « bête de somme », c'est-à-dire vieux dans le sens de « capable de porter une charge ». Le bétail en latin se dit *veterina*.

Ce principe général de la science historique doit s'appliquer également à la Terre. La théorie de la tectonique des plaques nous a amenés à reconstruire l'histoire de la surface de notre planète. Pendant les 200 millions d'années passées, nos continents actuels se sont fragmentés et dispersés à partir d'un seul super-continent, Pangée, lui-même formé de la réunion de plusieurs continents il y a plus de 220 millions d'années. Si les bizarreries actuelles sont des signes d'histoire, nous devons nous demander si les comportements singuliers de certains animaux aujourd'hui ne sembleraient pas plus sensés si on les considérait comme des adaptations à de précédentes positions continentales. Ainsi, les circuits migratoires suivis par de nombreux animaux comptent parmi les plus grandes énigmes et merveilles de l'histoire naturelle. Certains longs déplacements ne sont que les cheminements directs vers des climats favorables d'une saison à l'autre ; ils ne sont guère plus étonnants que l'annuelle migration hivernale vers la Floride pratiquée par certains gros mammifères à bord d'oiseaux métalliques. Mais d'autres animaux parcourent des centaines de kilomètres — pour aller mettre bas leurs petits — avec une précision stupéfiante alors que d'autres emplacements tout aussi appropriés semblent tout proches. Ces itinéraires singuliers n'apparaîtraient-ils pas plus courts et mieux fondés sur une carte montrant les anciennes positions continentales ? Archie Carr, grand spécialiste mondial de la migration des tortues vertes, a avancé cette hypothèse.

Une population de tortues vertes, *Chelonia mydas*, niche et élève ses petits dans l'île de l'Ascension, une petite île isolée au centre de l'océan Atlantique. Les chefs de cuisine de Londres et les navires de la marine royale britannique connaissaient et exploitaient ces tortues il y a bien longtemps. Mais ils n'ont jamais soupçonné, comme Carr l'a découvert en marquant les animaux à Ascension et en les retrouvant plus tard sur les côtes du Brésil où ils vont se nourrir, que les *Chelonia* parcourent plus de trois mille kilomètres pour se reproduire sur ce « morceau de terre gros comme une tête d'épingle à des centaines de kilomètres de toute côte », cette « pointe à peine émergée au milieu de l'océan ».

Les tortues se nourrissent et se reproduisent en des endroits bien séparés pour de bonnes raisons : elles se nourrissent d'herbes marines croissant en eau peu profonde dans des lieux protégés, mais se reproduisent sur des rivages exposés, aux larges plages de sable, de préférence sur des îles où les prédateurs sont rares. Mais pourquoi parcourir 3 000 kilomètres jusqu'au milieu de l'océan alors que, beaucoup plus près, on trouve d'autres lieux de reproduction, apparemment tout aussi appropriés ? (Un autre grand groupe de la même espèce se reproduit sur la côte costaricienne de la mer des Caraïbes.) Comme Carr l'écrit : « Les difficultés d'une telle traversée sembleraient insurmontables s'il n'était pas aussi évident que les tortues d'une façon ou d'une autre les surmontent. »

Carr pensa alors que cette odyssée n'était qu'une extension singulière de quelque chose de beaucoup plus sensé, d'un voyage vers une île située au milieu de l'océan, alors que l'Atlantique n'était rien de plus qu'une mare entre deux continents récemment séparés. L'Amérique du Sud et l'Afrique se sont faussé compagnie il y a quelque 80 millions d'années, lorsque les ancêtres du genre *Chelonia* étaient déjà présents dans la région. L'île de l'Ascension fait partie de la dorsale médio-atlantique, une cordillère sous-marine qui est née du manteau supérieur de la Terre. Ces matériaux se sont souvent élevés si haut qu'ils ont formé des îles.

L'Islande est la plus grande des îles actuelles formées par la dorsale atlantique ; l'Ascension est une version plus petite du même processus. Une fois que les îles se sont formées d'un côté d'une dorsale, elles sont repoussées par les nouveaux matériaux qui surgissent et qui gagnent du terrain. Ainsi les îles tendent à être plus vieilles à mesure que l'on s'écarte de la dorsale. Mais elles tendent également à devenir plus petites en s'érodant jusqu'à n'être plus que des montagnes sous-marines, car l'apport de nouveaux matériaux se tarit dès qu'elles s'éloignent de la chaîne active. A moins que les îles ne soient protégées et constituées par un bouclier de corail ou d'autres organismes, l'érosion marine finira par les faire disparaître un jour sous le niveau de la mer, par l'action des vagues. (Les îles peuvent également glisser peu à peu sur les pentes d'une chaîne surélevée et s'enfoncer dans les profondeurs océaniques.)

Carr a donc, à partir de là, émis l'hypothèse selon laquelle, au crétacé, les ancêtres des tortues vertes de l'Ascension atteignaient à la nage une « proto-Ascension », appartenant à la dorsale atlantique et située à une faible distance du Brésil. Alors que cette île s'éloignait peu à peu tout en s'enfonçant sous les eaux, une nouvelle île apparut sur la chaîne et les tortues s'aventurèrent un peu plus loin. Ce processus se poursuivit jusqu'à ce que, comme le coureur à pied qui s'entraîne sur une longueur chaque jour un peu plus longue et devient un jour marathonien, les tortues se retrouvent engagées dans un voyage de 3 000 kilomètres. (Cette hypothèse historique ne prend pas en compte cette autre question fascinante : comment les tortues parviennent-elles à localiser ce point minuscule perdu dans le vaste océan de bleu ? Les jeunes qui viennent de naître flottent vers le Brésil portés par le courant équatorial, mais comment font-ils pour revenir ? Carr suppose qu'ils se servent de repères célestes au début de leur traversée pour ensuite atteindre leur but en se souvenant du caractère [le goût ? l'odeur ?] de l'eau de l'Ascension quand ils détectent le sillage de l'île.)

L'hypothèse de Carr est un excellent exemple de l'usage que l'on peut faire d'un phénomène étrange pour reconstruire l'histoire. J'aimerais y souscrire. Les difficultés empiriques ne m'embarrassent pas, car elles n'invalident pas la théorie. Peut-on croire, par exemple, qu'une nouvelle île soit toujours apparue à temps pour remplacer une vieille — car l'absence d'île, même pendant une seule génération, interromprait le mécanisme ? Et les nouvelles îles ont-elles toujours surgi suffisamment près du parcours emprunté par les tortues pour que celles-ci les trouvent ? L'île de l'Ascension elle-même a moins de 7 millions d'années.

Je suis plus gêné par une difficulté théorique. Si toute l'espèce *Chelonia mydas* émigrait à l'Ascension ou, même mieux, si un groupe d'une espèce voisine faisait le voyage, je n'émettrais aucune objection, car le comportement peut être aussi ancien et aussi héréditaire que la forme. Mais les *Chelonia mydas* vivent et se reproduisent dans le monde entier. Les tortues de l'Ascension ne représentent qu'une population parmi beaucoup d'autres. Bien que ses ancêtres aient pu vivre dans la mare atlantique il y a 200 millions d'années, on n'attribue pas au genre *Chelonia* une ancienneté supérieure à 15 millions d'années ; quant à l'espèce *Chelonia mydas*, elle doit être bien plus récente encore. (Les fossiles, malgré toutes les lacunes qu'ils présentent, montrent que peu d'espèces vertébrées ont survécu plus de 10 millions d'années.) Dans l'hypothèse de Carr, les tortues qui ont accompli les premières traversées vers la proto-Ascension étaient des ancêtres plutôt éloignés de la *Chelonia mydas* (d'un genre différent au moins). Plusieurs épisodes de spéciation séparent cet ancêtre crétacé de la tortue verte actuelle. Maintenant, si nous admettons que la théorie de Carr est exacte, voyons comment les choses ont dû se dérouler. L'espèce ancestrale a dû se diviser en plusieurs groupes se reproduisant séparément, dont un seul se rendait à la proto-Ascension. Cette espèce, en évoluant, en devint une autre, puis une autre, franchissant ainsi autant d'étapes de l'évolution qu'il en fallait pour aboutir à la *Chelonia mydas*. A chaque phase, la population de l'Ascension aurait suivi une évolution parallèle à celles des autres populations séparées, ayant donné naissance d'espèce en espèce à la *Chelonia mydas*.

Mais l'évolution, pour ce que nous en savons, ne fonctionne pas de cette façon. Les nouvelles espèces font leur apparition au sein de populations réduites et isolées, puis ensuite se dispersent. Les populations, qui se séparent d'une espèce géographiquement très répandue, ne connaissent pas une évolution parallèle. Si ces sous-groupes se reproduisent séparément, quelle probabilité ont-ils de tous évoluer de façon semblable et de toujours pouvoir se croiser, alors même qu'ils se sont tant transformés qu'on est amené à en faire une nouvelle espèce ? Je suppose que la *Chelonia mydas*, comme la plupart des espèces, est apparue dans une région bien précise il y a quelque 10 millions d'années, quand Afrique et Amérique du Sud n'étaient guère plus proches qu'elles ne le sont aujourd'hui.

En 1965, avant que la dérive des continents ne soit à la mode, Carr avait proposé une théorie différente qui me semble plus logique, car elle faisait intervenir la population de l'Ascension après l'évolution de la *Chelonia mydas*. Selon cette première hypothèse, les ancêtres de la population de l'Ascension auraient accidentellement été emportés jusqu'à leur île par le courant équatorial qui part de l'Afrique occidentale. (Carr fait remarquer qu'une autre tortue, *Lepidochelys olivacea*, originaire d'Afrique occidentale, a colonisé la côte sud-américaine en empruntant cet itinéraire.) Les jeunes ont ensuite dérivé jusqu'au Brésil, portés par le même courant est-ouest. Bien entendu, le retour vers l'Ascension pose toujours le même problème, mais le mécanisme de la migration des tortues est si mystérieux que je ne vois pas d'obstacle à supposer que les tortues puissent se souvenir du lieu de leur naissance sans que le renseignement soit transmis génétiquement par les générations précédentes.

Je ne pense pas que la confirmation de la dérive des continents soit le seul facteur qui ait poussé Carr à changer d'avis. Il laisse entendre qu'il préfère sa nouvelle hypothèse car elle tient compte de certains styles fondamentaux d'explication généralement préférés par les hommes de science (à tort, selon mon opinion d'hérétique). Suivant la nouvelle théorie de Carr, cet étrange voyage vers l'Ascension a évolué progressivement, d'une manière prévisible, étape par étape. Dans sa première hypothèse, il s'agissait d'un événement soudain, un caprice de l'histoire, accidentel et imprévisible. Les évolutionnistes ont tendance à se tenir plus à l'aise avec les théories qui font jouer des phénomènes graduels où n'intervient pas le hasard. Je pense que c'est là un préjugé profondément ancré dans les traditions philosophiques occidentales et non pas le résultat d'une réflexion sur les moyens utilisés par la nature (voir la cinquième partie). Je considère la nouvelle théorie de Carr comme une hypothèse hardie qui s'appuie sur une philosophie conventionnelle. J'ai le sentiment qu'elle est fausse, mais j'applaudis à son ingéniosité, à l'effort qu'elle représente et à sa méthode, car il y suit un grand principe historique : utiliser l'étrange comme un signe de changement.

J'ai bien peur que les tortues n'illustrent un autre aspect de la science historique — cette fois une frustration plutôt qu'un principe sous-tendant une explication. Les résultats apportent rarement des précisions dénuées d'ambiguïté. Quand nous ne possédons pas de preuves directes, fossiles ou chroniques humaines, quand nous sommes contraints de déduire un processus, avec pour seul point de départ ses résultats actuels, ou nous nous retrouvons généralement dans une impasse, ou nous sommes réduits à des spéculations. Car de nombreux chemins mènent à presque n'importe quelle Rome.

Pour le moment, ce sont les tortues qui l'emportent. Et pourquoi pas ? A l'époque où les navigateurs portugais longeaient prudemment la côte africaine, les *Chelonia mydas* entreprenaient leur aventureuse traversée vers un point minuscule au milieu de l'océan. Alors que les plus grands savants du monde s'évertuaient à inventer des instruments de navigation, les *Chelonia* regardaient les cieux et poursuivaient leur route.

3

UN DOUBLÉ BIEN TROUBLANT

Aux yeux de la nature, Isaac Walton[1] n'est qu'un amateur. Considéré comme le plus célèbre pêcheur du monde il écrit en 1954, de son leurre favori : « Je possède un vairon artificiel [...] si curieusement ouvragé et si exactement contrefait que, dans un courant vif, il tromperait toute truite à la vue fine. »

Dans un chapitre de mon premier livre, *Darwin et les grandes énigmes de la vie*, j'ai raconté l'histoire de la *Lampsilis*, une palourde d'eau douce dont la partie postérieure s'orne d'un « poisson » en trompe l'œil. Ce leurre remarquable est doté d'un « corps » fuselé, d'extensions latérales simulant les nageoires et la queue et, pour parfaire l'effet général, d'une tache représentant l'œil ; les nageoires ondulent même en cadence, imitant les mouvements de la nage. Ce « poisson », constitué d'une poche où sont couvés les œufs fécondés (le corps) et de la peau externe de la palourde (nageoires et queue), attire ses congénères, authentiques ceux-là, vers lesquels la *Lampsilis* projette les larves contenues dans la poche. Ces dernières ne pouvant se développer qu'en vivant en parasites sur des branchies de poisson, on conviendra

---

1. Écrivain anglais du XVIIe siècle, auteur d'un célèbre manuel humoristique, *Le Parfait Pêcheur à la ligne*.

aisément du rôle particulièrement utile joué par ce leurre.

Je fus récemment étonné d'apprendre que la *Lampsilis* n'était pas seule à utiliser un tel stratagème. Les ichtyologistes Ted Pietsch et David Grobecker ont recueilli un spécimen unique d'une étonnante baudroie des Philippines, non pas à la suite d'aventures mouvementées dans des jungles lointaines, mais en un lieu qui est une source de mainte nouveauté scientifique, chez le marchand de poissons d'aquarium. (L'identification, plus que le *machismo*, est souvent à l'origine des découvertes exotiques.) En attirant les poissons, la baudroie pense plus à son déjeuner qu'à offrir un voyage gratuit à sa descendance. Sa nageoire dorsale comporte, fixé au bout du museau, un rayon épineux qui a subi des modifications importantes. A l'extrémité de ce filament est en effet placé un leurre. Certaines espèces des bas-fonds marins, vivant dans un monde obscur qui ne reçoit pas de lumière de la surface, pêchent avec leur propre source lumineuse : des bactéries phosphorescentes concentrées dans leurs appâts. Les baudroies des hauts-fonds ont généralement un corps rebondi et coloré, et présentent une ressemblance remarquable avec des rochers recouverts d'éponges et d'algues. Elles reposent sur le fond

Baudroie

DAVID B. GROBECKER

sans esquisser le moindre mouvement et agitent leur leurre près de leur bouche, de façon bien visible. Les « amorces » diffèrent selon les espèces, mais la plupart ressemblent — souvent imparfaitement — à toute une variété d'invertébrés, vers ou crustacés.

La baudroie de Pietsch et Grobecker a cependant mis au point un poisson trompe-l'œil en tous points aussi impressionnant que l'appelant fixé à la partie postérieure de la *Lampsilis* : une première chez les baudroies. (Leur rapport s'intitule, comme il va de soi : *Le Parfait Pêcheur à la ligne*[1] et donne en épigraphe le passage de Walton que je cite plus haut.) Ce paragraphe raffiné comporte lui aussi, au bon endroit, la mention des taches pigmentées en forme d'œil. En outre, des filaments serrés le long de la partie inférieure du corps représentent des nageoires pectorales et pelviennes, des extensions sur le dos ressemblent à des nageoires dorsales et anales et même un prolongement arrière à toute l'apparence d'une queue. Pietsch et Grobecker concluent ainsi leur article : « L'appât est une réplique presque exacte d'un petit poisson qui pourrait aisément appartenir à l'une des nombreuses familles de percoïdés communes à la région des Philippines. » Le poisson-pêcheur promène même son appât dans l'eau, « simulant les ondulations latérales du poisson qui nage ».

Ces artifices presque identiques chez un poisson et une moule pourraient sembler, à première vue, clore la discussion sur l'évolution darwinienne. Si la sélection naturelle peut réaliser par deux fois le même phénomène, elle peut sûrement faire n'importe quoi. Cependant — en poursuivant le thème des deux chapitres précédents et en concluant cette trilogie — l'argument de la perfection fonctionne aussi bien pour les créationnistes que pour les évolutionnistes. Le psalmiste n'a-t-il pas affirmé : « Les cieux proclament la gloire de Dieu ; et le firmament montre son œuvre » ? Les deux essais précédents soutenaient que l'imperfection témoignait en faveur de l'évo-

---

1. Titre original : *The Compleat Angler*. En anglais baudroie, ou lotte de mer, se dit *anglerfish*, le poisson-pêcheur à la ligne (N.d.T.).

lution. Celui-ci expose la réponse darwinienne à la perfection.

La seule chose qui soit plus difficile à expliquer que la perfection est la perfection répétée chez des animaux très différents. Un poisson sur la partie postérieure d'une moule *et* un autre devant le nez d'une baudroie — le premier formé à partir d'une poche d'œufs fécondés et d'une peau extérieure, le second à partir d'un rayon épineux de nageoire — font plus que multiplier la difficulté par deux. C'est là un doublé bien troublant. Je n'ai pas de peine à justifier l'origine des deux « poissons » par l'évolution. On peut concevoir une série plausible de phases intermédiaires dans le cas de la *Lampsilis*. Le fait que la baudroie utilise un rayon de nageoire comme appât n'est qu'une illustration de ce principe d'improvisation, de l'emploi d'organes disponibles qui, dans le cas du pouce du panda et du labelle des orchidées, plaide avec tant d'éloquence en faveur de l'évolution (voir le premier chapitre de cette trilogie). Mais les darwiniens ne doivent pas seulement démontrer l'évolution ; ils doivent établir que le mécanisme fondamental de la variation fortuite et de la sélection naturelle est bien la cause première du changement évolutif.

Les évolutionnistes antidarwiniens ont toujours présenté le développement *répété* d'adaptations très similaires au sein de souches différentes comme un argument contre la notion pivot du darwinisme selon laquelle l'évolution se déroule sans plan et sans direction. Le fait que des organismes différents convergent à plusieurs reprises vers les mêmes solutions n'indique-t-il pas que certaines directions du changement sont préétablies et ne sont pas une conséquence de la sélection naturelle agissant sur la variation fortuite ? Ne devrions-nous pas considérer la forme répétée elle-même comme la cause finale de nombreux phénomènes évolutifs qui y conduisent ?

Tout au long de sa dernière demi-douzaine de livres, Arthur Koestler a mené campagne contre sa propre conception erronée du darwinisme. Il s'y efforce d'y trouver une quelconque force directrice, quelque évolution contraignante menant dans certaines directions et annulant l'influence de la sélection naturelle. L'existence de caractères parfaits répétés au cours de l'évolution dans des lignées séparées est son rempart. A mainte et mainte reprises, il cite « les crânes presque identiques » des loups et du thylacine ou « loup de Tasmanie ». (Ce marsupial carnivore ressemble au loup, mais est, par sa généalogie, un parent proche du wombat, du kangourou et du koala.) Dans son dernier livre, *Janus*, Koestler écrit : « Même l'évolution d'une seule espèce de loup par la mutation fortuite renforcée par la sélection offre, comme nous l'avons vu, des difficultés insurmontables. Reproduire ce processus de façon indépendante sur une île et sur le continent équivaudrait à un miracle. »

A cette argumentation, les darwiniens répondent à la fois par une dénégation et par une explication. D'abord la dénégation : il est catégoriquement inexact de dire que des formes fortement convergentes sont effectivement identiques. Le grand paléontologiste belge, Louis Dollo, mort en 1931, a établi un principe, largement incompris, l'« irréversibilité de l'évolution », connu également sous le nom de loi de Dollo. Certains hommes de science mal informés pensent que Dollo se faisait l'avocat d'une mystérieuse force directrice poussant l'évolution de l'avant sans lui permettre jamais de jeter un coup d'œil en arrière. Et ils le classent parmi les non-darwiniens pour qui la sélection naturelle ne peut pas être la cause de l'ordre de la nature.

En fait, Dollo était un darwinien intéressé par l'évolution convergente, c'est-à-dire par le développement répété d'adaptations similaires dans des lignées différentes. Selon lui, un calcul élémentaire des probabilités garantit, de fait, l'impossibilité pour la convergence de jamais rien reproduire qui s'approche de la ressemblance parfaite. Les organismes ne peuvent pas effacer leur passé. Deux lignées peuvent présenter des similitudes superficielles remarquables, résultats de l'adaptation à un mode d'existence commun. Mais les organismes renferment tant d'éléments complexes et indépendants que la probabilité d'atteindre deux fois exactement le même résultat est en réalité nulle. L'évolution est irréversible ; des signes de l'ascendance sont toujours préservés ; la convergence, aussi impressionnante soit-elle, est toujours superficielle.

Examinons celui qui, à mes yeux, présente la plus étonnante des convergences : l'ichtyosaure. Ce reptile des mers, dont les ancêtres étaient des animaux terrestres, a convergé si fortement vers les poissons qu'il s'est effectivement doté d'une nageoire dorsale et d'une queue, à la bonne place et avec le bon profil hydrodynamique. Ces structures sont d'autant plus remarquables qu'elles se sont développées à partir de rien ; le reptile terrestre qui fut son ancêtre n'avait ni bosse sur le dos ni lame sur la queue qui puisse servir d'élément précurseur. Néanmoins l'ichtyosaure n'est pas un poisson, ni dans sa conception générale ni dans la complexité de ses détails. (Chez l'ichtyosaure, par exemple, la colonne vertébrale passe dans la partie basse de la lame caudale ; chez le poisson doté de vertèbres de queue, elle passe dans la partie supérieure.) L'ichtyosaure demeure un reptile depuis ses poumons et sa respiration aérienne jusqu'à ses pattes transformées en palettes natatoires et non pas en nageoires proprement dites.

Ichtyosaure
Avec l'aimable autorisation du Muséum américain d'histoire naturelle.

Les carnivores de Koestler racontent la même histoire. Le loup placentaire et le « loup » marsupial sont tous deux conçus pour la chasse, mais aucun expert ne pourrait confondre leur crâne. La convergence dans la forme extérieure et la fonction ne fait pas disparaître les marques de marsupialité, petites mais nombreuses.

Vient ensuite l'explication : le darwinisme n'est pas la théorie du changement capricieux que Koestler imagine.

La variation fortuite est bien la matière première du changement, mais la sélection naturelle parvient à concevoir des organes efficaces en rejetant la plupart des variantes tout en acceptant et en accumulant celles qui améliorent l'adaptation à l'environnement local.

La raison fondamentale d'une forte convergence, aussi prosaïque qu'elle puisse apparaître, réside simplement dans le fait que certaines façons d'assurer sa subsistance imposent des critères exigeants de forme et de fonction. Les mammifères carnivores doivent courir et mordre ; ils n'ont pas besoin de molaires broyeuses puisqu'ils déchirent et avalent leur nourriture. Le loup placentaire et le loup marsupial sont tous deux bâtis pour courir longtemps, possèdent des canines longues, effilées et acérées et des molaires réduites. Les vertébrés terrestres se déplacent grâce à leurs membres et peuvent utiliser leur queue pour maintenir leur équilibre. Les poissons s'équilibrent à l'aide de leurs nageoires et se propulsent de l'arrière avec leur queue. Les ichtyosaures, vivant comme des poissons, se sont dotés d'une large queue motrice (comme les baleines le firent plus tard, bien que la nageoire caudale horizontale de la baleine batte de haut en bas, alors que la queue verticale des poissons et de l'ichtyosaure bat d'un côté et de l'autre).

Personne n'a abordé ce thème biologique de la perfection répétée plus éloquemment que D'Arcy Wentworth Thompson dans son traité publié en 1942, *On Growth and Form* (« De la croissance et de la forme »), ouvrage toujours disponible et toujours aussi pertinent. Sir Peter Medawar, généralement avare de superlatifs et évitant l'exagération, a dit de ce livre qu'il s'agissait, « sans aucune comparaison possible, de la plus belle œuvre littéraire de toutes les annales de la science de langue anglaise ». Thompson, zoologiste, mathématicien, humaniste et écrivain de grand style, fut adulé durant sa vieillesse, mais passa toute sa vie professionnelle dans une petite université écossaise parce que ses idées étaient trop peu orthodoxes pour lui valoir les chaires prestigieuses de Londres et d'Oxbridge[1].

1. Contraction plaisante de Oxford et Cambridge (N.d.T.).

Thompson était plus un réactionnaire brillant qu'un visionnaire. Il prenait Pythagore au sérieux et travaillait comme les géomètres grecs. Il éprouvait un grand plaisir à découvrir les formes abstraites d'un monde idéalisé qui s'incarnait indéfiniment dans les productions de la nature. Pourquoi retrouve-t-on toujours des hexagones dans les cellules d'une ruche et dans les plaques jointives de certaines carapaces de tortue ? Pourquoi les spirales du tournesol ou de la pomme de pin (et souvent les feuilles sur leur tige) suivent-elles la série de Fibonacci ? (Un système de spirales rayonnant à partir d'un point peut être regardé comme tournant à gauche ou à droite. Les spirales gauches et droites ne sont pas égales en nombre, mais représentent deux chiffres consécutifs de la série de Fibonacci. Celle-ci se construit en additionnant le nombre précédent pour former le suivant : 1, 1, 2, 3, 5, 8, 13, 21, etc. La pomme de pin, par exemple, peut avoir 13 spirales gauches et 21 droites.) Pourquoi de si nombreuses coquilles d'escargot et cornes de bélier — et même le parcours d'une mite se dirigeant vers la lumière — suivent-elles une courbe appelée spirale logarithmique ?

La réponse de Thompson fut la même dans chaque cas : ces formes abstraites sont les solutions optimales répondant à des problèmes communs. Elles ont été choisies à plusieurs reprises dans des groupes distincts, car il s'agit de la meilleure voie, et souvent la seule, menant à l'adaptation. Les triangles, les parallélogrammes et les hexagones sont les seules figures planes qui remplissent complètement l'espace sans laisser de trous. Les hexagones sont fréquemment préférés car ils s'approchent du cercle et portent au maximum la surface intérieure inscrite entre les parois porteuses (construction minimale pour le plus grand stockage de miel par exemple). La série de Fibonacci apparaît automatiquement dans tout système de spirales rayonnantes construit en additionnant un par un de nouveaux éléments à la pointe de l'organe, dans le plus grand espace disponible. La spirale logarithmique est la seule courbe qui ne change pas de forme en accroissant sa taille. Je peux voir dans les formes thompsoniennes abstraites des adaptations optimales, mais devant la question métaphysique plus générale qui consiste à se demander pourquoi la « bonne » forme présente toujours une régulation numérique si simple, je ne peux que reconnaître mon ignorance et mon émerveillement.

Jusqu'à présent, je n'ai abordé que la moitié de ce sujet que constitue le problème de la perfection multiple. Je n'ai traité que le pourquoi. J'ai montré que la convergence ne rend jamais deux organismes complexes totalement identiques (un tel état de choses sous-entendrait des processus darwiniens beaucoup plus puissants qu'il n'est raisonnable d'imaginer) et j'ai tenté de présenter les solutions proches et répétées comme des adaptations optimales à des problèmes communs ne comportant que peu de solutions.

Mais qu'en est-il du comment ? Nous pouvons savoir à quoi servent le poisson de la *Lampsilis* et le leurre de la baudroie, mais comment se sont-ils développés ? Ce problème devient particulièrement ardu lorsque l'adaptation finale est complexe et singulière, mais qu'elle a été obtenue à partir d'organes familiers affectés anciennement à une fonction différente. Si le poisson-appât de la baudroie a nécessité 500 modifications totalement distinctes pour aboutir à cette parfaite imitation, comment le processus a-t-il donc commencé ? Et pourquoi s'est-il poursuivi en l'absence d'une quelconque force non darwinienne, instruite du but final ? Quel bénéfice a bien pu être tiré de la première phase seule ? Un cinq centième de pastiche de poisson est-il suffisant pour susciter la curiosité d'un vrai poisson ?

La réponse de D'Arcy Thompson à ce problème est très générale, mais en même temps prophétique, ce qui est bien dans sa manière. Il soutient que la forme est donnée directement aux organismes par des forces physiques agissant sur eux : les optimums de ces forces ne sont rien d'autre que les états naturels d'un matériau plastique mis en présence des forces physiques appropriées. Les organismes sautent directement d'un optimum à un autre lorsque le régime des forces physiques se modifie.

Nous savons maintenant que les forces physiques sont, dans la plupart des cas, trop faibles pour influer directement sur la forme et, à présent, nous voyons dans ce résultat l'action de la sélection naturelle. Mais nous sommes déroutés si, pour construire cette adaptation complexe, la sélection ne peut agir que d'une façon patiente, au coup par coup, par étapes successives.

Je crois qu'une solution peut être trouvée dans l'essence même de l'intuition de Thompson, une fois qu'on l'a débarrassée de cet argument non fondé selon lequel les forces physiques agissent directement sur les organismes. C'est souvent un ensemble de facteurs constitutifs beaucoup plus simple (et parfois d'une très grande simplicité) qui élabore les formes complexes. Au cours de la croissance, les éléments de ces organismes sont liés entre eux de multiples façons compliquées ; la modification d'un seul de ces éléments peut entraîner des conséquences dans l'organisme tout entier et le transformer de la manière la plus variée et la plus inattendue. David Raup, du Field Museum of Natural History de Chicago, a étudié les intuitions de D'Arcy Thompson à l'aide d'un ordinateur et a montré que les formes de base des coquilles en spirale — du nautile à la palourde, en passant par l'escargot — peuvent toutes être obtenues en ne faisant varier que trois gradients simples de croissance. Avec le programme de Raup, on peut transformer un escargot de

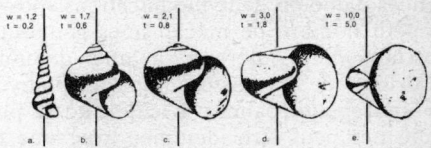

Dans ces figures tracées à l'ordinateur (il ne s'agit pas de véritables mollusques malgré les similitudes), la forme de droite qui ressemble fortement à certaines moules peut-être convertie en « escargot » (figures de gauche) par la simple diminution du taux d'accroissement de l'ellipse génératrice lors de la croissance de la « coquille » et par l'accroissement du taux de translation de cette ellipse le long de l'axe d'enroulement. Toutes ces figures ont été tracées en ne jouant que sur quatre paramètres.

PHOTO REPRODUITE AVEC L'AUTORISATION DE D.M. RAUP.

nos jardins en palourde en ne modifiant que deux des trois gradients. Et, aussi invraisemblable que cela puisse paraître, il existe effectivement un genre particulier d'escargots qui possède une coquille bivalve si semblable à celle d'une palourde que je fus tout étonné de voir, dans une surprenante séquence filmée, une tête d'escargot apparaître en gros plan entre les valves.

Ainsi se termine ma trilogie sur la perfection et l'imperfection comme signes de l'évolution. Mais le tout n'est qu'une longue dissertation sur le « pouce du panda », objet unique et concret qui, en dépit de mes digressions et de mes vagabondages, a bien donné naissance à ces trois essais. Pour expliquer le processus menant du panda à l'ours, Dwight Davis se trouva fort embarrassé devant l'impuissance de la sélection naturelle si celle-ci devait se décomposer en une suite innombrable d'étapes. Il se tourna alors vers la solution de D'Arcy Thompson qui se réduisait à l'action d'un système simple de facteurs. Il montra comment le dispositif complexe du pouce, avec ses muscles et ses nerfs, a pu se développer en une série de conséquences automatiques découlant du simple accroissement de l'os sésamoïde radial. Ensuite il expliqua que, selon lui, les changements complexes du crâne, dans la forme et dans la fonction — la transition d'un régime omnivore au mâchonnement presque exclusif du bambou, pouvaient être considérés comme des conséquences d'une ou deux modifications sous-jacentes. « Un très petit nombre de mécanismes génétiques, conclut-il, certainement inférieur à une demi-douzaine, furent à l'origine de la transformation adaptative d'*Ursus* [ours] en *Ailuropoda* [panda]. L'action de la plupart de ces mécanismes peut être identifiée avec une certitude raisonnable. »

Ainsi nous pouvons passer de la continuité génétique sous-tendant le changement — un postulat darwinien essentiel — aux modifications épisodiques et à leur résultat manifeste — à savoir une succession d'organismes adultes complexes. Des facteurs réguliers agissant sur des systèmes complexes peuvent entraîner des changements épisodiques. C'est là un paradoxe essentiel qui explique notre propre présence et qu'on retrouve dans la quête de nos origines. Sans ce niveau de complexité dans notre construction, nous n'aurions pas pu acquérir le cerveau qui nous permet de poser ces questions. Mais, avec ce niveau de complexité, nous ne pouvons pas espérer trouver des solutions dans les réponses simples que notre cerveau se plaît à concevoir.

DEUXIÈME PARTIE

DARWIN & CIE

4

SÉLECTION NATURELLE ET ESPRIT HUMAIN :
DARWIN CONTRE WALLACE

Dans le transept méridional de la cathédrale de Chartres, le plus stupéfiant de tous les vitraux médiévaux présente les quatre évangélistes sous la forme de nains assis sur les épaules de quatre prophètes de l'Ancien Testament, Isaïe, Jérémie, Ezéchiel et Daniel. Lorsque je vis ce vitrail pour la première fois, en 1961, alors que je n'étais qu'un étudiant un peu trop sûr de lui, je pensai immédiatement au fameux aphorisme de Newton : « Si j'ai vu plus loin, c'est que je me tenais sur des épaules de géants » ; ayant eu ainsi la révélation du manque d'originalité de Newton, je m'imaginais avoir fait là une découverte essentielle. Plusieurs années plus tard, et ramené — pour de nombreuses raisons — à des sentiments plus humbles, j'appris que Robert K. Merton, le célèbre sociologue de la science de l'université de Columbia, avait consacré un livre entier aux utilisations pré-newtoniennes de cette métaphore. L'ouvrage s'intitule fort à propos *On the Shoulders of Giants* (« Sur les épaules des géants »). En fait Merton a pu retrouver ce *bon mot*[1] jusque dans les écrits de Bernard de Chartres en 1126 et cite plusieurs érudits qui pensent que le vitrail du grand transept méridional, mis en place après la mort de Ber-

1. En français dans le texte (N.d.T.).

nard, n'est autre qu'une transposition sur verre de sa métaphore.

Bien que Merton ait judicieusement construit son livre comme une agréable promenade à travers l'Europe du Moyen Age et de la Renaissance, il n'en aborde pas moins un sujet sérieux. Car Merton consacre une grande partie de son ouvrage à l'étude des découvertes multiples en science. Il montre que presque toutes les idées d'importance majeure sont apparues, plus d'une fois, indépendamment et souvent pratiquement en même temps et, par là même, que les grands savants sont des produits de leur culture. La plupart des grandes idées sont « dans l'air » au même moment et plusieurs savants lancent simultanément leur filet.

L'un des plus célèbres « multiples » de Merton concerne, dans mon propre domaine, la biologie de l'évolution. Darwin, pour rappeler brièvement cette histoire bien connue, élabora sa théorie de la sélection naturelle en 1838 et l'exposa dans deux essais non publiés, de 1842 et 1844. Puis, sans jamais douter de sa théorie un seul instant, mais craignant d'en divulguer les implications révolutionnaires, il hésita, préférant attendre et réfléchir tout en continuant pendant quinze années supplémentaires à rassembler des données. Finalement, devant l'insistance de ses amis les plus proches, il commença à travailler sur ses notes avec l'intention de publier un gros ouvrage qui eût été quatre fois plus long que *L'Origine des espèces*. Mais, en 1858, Darwin reçut une lettre accompagnée d'un manuscrit émanant d'un jeune naturaliste, Alfred Russel Wallace, qui avait de son côté redécouvert la théorie de la sélection naturelle alors qu'il était cloué au lit par le paludisme sur une île de Malaisie. Darwin fut frappé par la grande inspiration de la même source non biologique, l'*Essai sur le principe de population* de Malthus. Darwin, soudainement inquiet, espéra vivement qu'un moyen puisse être trouvé de préserver sa priorité légitime. Il écrivit à Lyell : « Je préférerais de beaucoup brûler mon livre en entier si lui ou toute autre personne devait s'imaginer que j'ai agi avec mesquinerie. » Mais il ajouta une suggestion : « Si je pouvais publier en tout honneur, je mentionnerais que je fus incité à publier une esquisse [...] parce que le texte que m'avait adressé Wallace exposait les grandes lignes de mes conclusions générales. » Lyell et Hooker saisirent l'appât et vinrent au secours de Darwin. Alors que Darwin restait confiné chez lui pour pleurer la perte de son jeune fils, mort de la scarlatine, ils présentèrent ensemble à la Linnaean Society un article qui contenait un extrait de l'essai de Darwin de 1844 accompagné du manuscrit de Wallace. Une année plus tard, Darwin publia un abrégé fiévreusement rassemblé de l'ouvrage dont il avait le projet. Ce fut *L'Origine des espèces*. Wallace avait été éclipsé.

L'histoire a relégué Wallace au second plan et en a fait l'ombre de Darwin. En public et en privé, Darwin se montra, à l'égard de son jeune collègue, d'une décence et d'une générosité sans faille. Il écrivit à Wallace en 1870 : « J'espère que c'est une satisfaction pour vous de vous dire — et peu de choses dans ma vie ne m'ont été plus satisfaisantes — que nous n'avons jamais ressenti de jalousie l'un envers l'autre, bien que nous soyons, en un sens, rivaux. » Wallace, en retour, fit toujours preuve de la plus grande déférence. En 1864, il écrit à Darwin : « Quant à la théorie de la sélection naturelle, je soutiendrai toujours qu'elle est effectivement vôtre et seulement vôtre. Vous l'aviez élaborée dans des détails auxquels je n'avais jamais songé auparavant, des années avant que je n'aie la moindre lueur sur le sujet, et mon article n'aurait jamais convaincu personne ou n'aurait jamais été considéré autrement que comme une ingénieuse spéculation, alors que votre ouvrage a révolutionné l'étude de l'Histoire naturelle et a su gagner l'enthousiasme des meilleurs esprits de notre siècle. »

Cette affection réelle et ce soutien mutuel masquaient un sérieux désaccord sur ce qui est peut-être la question fondamentale de la théorie évolutionniste, autant à l'époque que de nos jours. Quelle exclusivité doit-on accorder à la sélection naturelle en tant qu'agent du changement évolutif ? Doit-on considérer tous les caractères des organismes comme des adaptations ? Mais la position d'alter ego et de subordonné de Darwin qu'occupe Wallace dans les ouvrages de vulgarisation est si fortement affirmée que rares sont ceux qui, en étudiant l'histoire de l'évolution, sont au courant du différend existant entre les deux hommes sur des questions théoriques. Et qui plus est, sur le seul sujet où leur désaccord était public et patent — l'origine de l'intelligence humaine —, de nombreux auteurs ont interprété l'histoire à contresens parce qu'ils ne sont pas parvenus à restituer le débat dans le contexte d'un désaccord plus général sur la puissance de la sélection naturelle.

Les idées les plus subtiles peuvent être rendues insignifiantes, voire vulgaires, si elles sont exposées en des termes intransigeants et absolus. Marx se sentit obligé de déclarer qu'il n'était pas marxiste, tandis qu'Einstein dut combattre l'interprétation très erronée qu'on faisait de sa théorie résumée par la formule « tout est relatif ». Darwin, de son vivant, vit son nom associé à une idée extrémiste à laquelle il n'avait jamais souscrit. Car le darwinisme a souvent été décrit, autant de son temps qu'à notre époque, comme la conviction selon laquelle pratiquement tout changement évolutif est le produit de la sélection naturelle. En fait Darwin s'est souvent plaint, avec une aigreur qui lui était peu coutumière, de l'usage abusif qu'on faisait de son nom. Il écrivit dans la dernière édition de *L'Origine des espèces* (1872) : « Comme mes conclusions ont récemment été mal interprétées et comme il a été affirmé que j'attribuais la modification des espèces exclusivement à la sélection naturelle, que l'on me permette de faire remarquer que, dans la première édition de cet ouvrage et dans celles qui suivirent, j'ai placé bien en évidence — à savoir dans les dernières lignes de l'Introduction — les mots suivants : "Je suis convaincu que la sélection naturelle a été le principal moyen de modification, mais non le seul." Cette précaution n'a été d'aucune utilité. Grande est la puissance de la persistance dans l'erreur. »

Cependant, l'Angleterre a effectivement connu un petit groupe de sélectionnistes inconditionnels — des « darwiniens » au sens abusif du terme — dont le chef de file était Alfred Russel Wallace. Ces biologistes mettaient tout changement évolutif sur le compte de la sélection naturelle. Ils voyaient dans chaque nouvelle parcelle de morphologie, dans chaque fonction d'un organe, dans chaque comportement une adaptation, un produit de la sélection conduisant à un organisme « meilleur ». Ils avaient une croyance profonde dans la « justesse » de la nature, dans l'accord parfait existant entre toutes les créatures et leur milieu. D'une façon curieuse, ils réintroduisirent presque la notion créationniste de l'harmonie naturelle en substituant la toute-puissance de la sélection naturelle à celle d'une divinité bienveillante. Darwin, au contraire, a toujours été un pluraliste à qui l'univers apparaissait plus désordonné. Il y voyait beaucoup d'accord et d'harmonie, car il croyait que, parmi les forces de l'évolution, la sélection naturelle occupe la place d'honneur. Mais, selon lui, d'autres processus sont également en jeu et les organismes présentent un ensemble de caractères qui ne sont pas des adaptations et qui ne contribuent pas directement à la survie. Darwin insista sur deux principes menant au changement non adaptatif : 1. les organismes sont des systèmes intégrés et le changement adaptatif dans un élément peut entraîner des modifications non adaptatives ailleurs (les « corrélations de croissance » selon l'expression de Darwin) ; 2. un organe élaboré, sous l'influence de la sélection, dans un but spécifique peut être également capable, suivant sa structure, d'accomplir de nombreuses autres fonctions non sélectionnées.

Wallace exposa, dans un de ses premiers articles (1867), la ligne dure, hyper-sélectionniste — le « pur darwinisme » selon sa propre expression — qu'il présentait comme « une déduction nécessaire découlant nécessairement de la théorie de la sélection naturelle ».

« Aucun des faits de la sélection organique, aucun organe spécial, aucune forme ou marque caractéristique, aucune singularité de l'instinct ou de la coutume, aucun rapport existant entre les espèces ou entre des groupes de l'espèce, ne peut exister sans qu'il soit à présent, ou sans qu'il ait été à un moment donné, utile aux individus ou aux races qui les possèdent. »

Il affirma plus tard que toute apparente non-utilité n'est que le reflet de nos connaissances imparfaites, argument remarquable car il rend le principe d'utilité imperméable *a priori* à la réfutation : « L'assertion d'"inutilité" dans le cas d'un organe [...] n'est pas, et ne peut jamais être, l'affirmation d'un fait, mais seulement l'expression de notre ignorance de son but ou de son origine. »

Tous les échanges d'idées, tant publics que privés, que Darwin eut avec Wallace portaient essentiellement sur leur appréciation divergente du pouvoir de la sélection naturelle. Ils croisèrent d'abord le fer au sujet de la « sélection sexuelle », processus accessoire que Darwin avait avancé pour expliquer l'origine de caractéristiques qui semblaient être sans relation avec l'habituelle « lutte pour la vie » (exprimée en premier lieu dans l'alimentation et la défense) ou qui lui paraissaient même nuisibles, mais pouvaient être interprétées comme des moyens d'augmenter le succès dans l'accouplement — les bois compliqués du cerf ou les plumes de la queue du paon, par exemple. Darwin proposait deux types de sélection sexuelle : la compétition entre mâles pour accéder aux femelles et le choix exercé par les femelles elles-mêmes. Il attribuait une bonne partie de la différence raciale entre les humains actuels à la sélection sexuelle, fondée sur des critères de beauté différents selon les peuples. (Son livre sur l'évolution humaine, *La Descendance de l'homme*, 1871, est en réalité un amalgame de deux œuvres : un long traité sur la sélection sexuelle dans tout le règne animal et un autre texte, plus court, dans lequel Darwin fait état de ses réflexions sur les origines de l'homme et où intervient fortement la sélection sexuelle.)

La notion de sélection sexuelle n'est pas réellement contraire à la sélection naturelle, car il ne s'agit en fait que d'un autre itinéraire vers cet impératif darwinien qu'est le succès d'une reproduction différenciée. Mais Wallace n'aimait pas la sélection sexuelle pour trois raisons : elle compromettait le caractère général de cette vision typique du XIXe siècle dans laquelle la sélection naturelle apparaît comme une bataille pour la vie elle-même et non simplement pour la copulation ; elle mettait beaucoup trop l'accent sur la « volition » des animaux, particulièrement sur ce concept de choix des femelles ; et, ce qui est plus grave, elle permettait le développement de nombreux caractères importants ne trouvant pas leur place dans le fonctionnement d'un organisme bien conçu et allant même jusqu'à lui être nuisibles. Ainsi, Wallace voyait dans la sélection sexuelle une menace dirigée contre l'image qu'il se faisait des animaux, œuvres parfaites, élaborées par la force purement matérielle de la sélection naturelle. (En vérité, Darwin avait surtout formulé ce concept pour montrer que les nombreuses différences entre les groupes humains n'avaient rien à voir avec la survie et ne faisaient que refléter la variété des capricieux critères de beauté qui surgissent parmi les différentes races sans raison adaptative. Wallace acceptait la sélection sexuelle par le combat des mâles, car elle lui paraissait assez proche de l'idée de bataille qui était au centre du concept de sélection naturelle. Mais il rejetait la notion de choix des femelles et affligeait grandement Darwin en tentant d'attribuer tous les caractères qui en découlent à l'action adaptative de la sélection naturelle.)

En 1870, alors qu'il préparait *La Descendance de l'homme*, Darwin écrivit à Wallace : « Je m'attriste d'être en désaccord avec vous, et cela en vérité me bouleverse et me fait constamment douter de moi-même. Je crains que nous ne nous comprenions jamais tout à fait. » Il s'efforça de saisir les réticences de Wallace et même d'accepter la foi de son ami en une sélection naturelle sans mélange : « Vous serez heureux d'apprendre, écrivit-il à Wallace, que je suis profondément embarrassé par la protection et la sélection sexuelle ; ce matin, c'est avec joie que je penchais pour vous, ce soir, je suis revenu à ma position antérieure que, je le crains, je ne quitterai jamais. »

Mais le débat sur la sélection sexuelle ne fut que le prélude d'un célèbre désaccord beaucoup plus sérieux sur le sujet le plus chargé d'émotion et le plus ouvert à la controverse qui soit : les origines de l'homme. En bref, Wallace, l'hyper-sélectionniste, l'homme qui reprocha à Darwin de ne pas reconnaître l'action de la sélection naturelle dans chaque nuance des formes organiques, fit brutalement halte devant le cerveau humain. Notre intellect et notre moralité, selon Wallace, ne pouvaient pas être le produit de la sélection naturelle ; celle-ci étant le seul chemin emprunté par l'évolution, quelque puissance supérieure — Dieu, pour s'exprimer sans détour — a dû intervenir dans cette innovation organique, la plus récente et la plus grande de toutes.

Si Darwin fut déçu de n'avoir pas réussi à persuader Wallace du rôle de la sélection sexuelle, il fut proprement effaré par la volte-face de Wallace. Il lui écrivit en 1869 : « J'espère que vous n'avez pas totalement assassiné mon enfant et le vôtre. » Un mois plus tard, il lui fit des remontrances : « Si vous ne me l'aviez pas dit, j'aurais cru que [vos remarques sur l'homme] avaient été ajoutées par quelqu'un d'autre. Comme vous vous y attendiez, je suis profondément en désaccord avec vous et je le regrette beaucoup. » Wallace, sensible à ce désaveu, fit après cela référence à sa théorie de l'intelligence humaine comme à « ma propre hérésie ».

On a pris l'habitude de considérer le reniement de Wallace, refusant d'aller jusqu'au bout de sa logique, comme un manque de courage devant le dernier pas à franchir, devant l'intégration complète de l'homme dans le système naturel, pas que Darwin franchit avec une force d'âme digne d'éloges dans deux ouvrages, *La Descendance de l'homme* (1871) et *L'Expression des émotions* (1872). Dans la plupart des comptes rendus historiques, Wallace apparaît comme un homme inférieur à Darwin pour l'une (ou plus) des trois raisons suivantes, toutes liées à sa prise de position sur les origines de l'intelligence humaine : par simple lâcheté ; par incapacité de dépasser les contraintes de la culture et de la conception traditionnelle sur le caractère unique de l'homme ; et par manque de cohérence en se faisant l'avocat acharné de la sélection naturelle (dans le débat sur la sélection sexuelle) pour l'abandonner au moment décisif.

Il m'est impossible d'analyser la psychologie de Wallace, et je n'apporterai aucun commentaire sur les motivations profondes qui ont pu le pousser à s'en tenir fermement à l'idée d'un fossé infranchissable entre l'intelligence humaine et le comportement des simples animaux. Mais la logique de son argumentation m'apparaît clairement et je voudrais montrer que l'image traditionnelle que l'on en donne est non seulement fausse, mais précisément inverse. Wallace n'a pas abandonné la sélection naturelle au seuil de l'humain. Au contraire, ce fut sa conception particulièrement rigide de la sélection naturelle qui le conduisit, en toute cohérence, à la rejeter dans le cas de l'esprit humain. Sa position n'a jamais varié : la sélection naturelle est la seule cause des changements évolutifs majeurs. Ses deux débats d'idées avec Darwin — la sélection sexuelle et l'origine de l'intellect humain — représentent deux aspects d'une même discussion ; il ne faut pas y voir un Wallace incohérent avec lui-même, défendant la sélection dans un cas et l'abandonnant dans l'autre. L'erreur que Wallace commet sur l'intellect humain est née de la rigidité même de son sélectionnisme, non pas du fait qu'il ne l'ait pas mis en application. Et son argument nous renvoie à notre travail d'aujourd'hui, puisque la faille de son raisonnement se retrouve dans les plus « modernes » hypothèses évolutionnistes dont elle constitue le maillon faible. Car le sélectionnisme rigide de Wallace est beaucoup plus proche que le pluralisme de Darwin de la théorie en vigueur aujourd'hui et qui, ironiquement dans ce contexte, porte le nom de « néo-darwinisme ».

Wallace avança plusieurs arguments pour défendre le caractère unique de l'intellect humain, mais son raisonnement central repose sur une position tout à fait exceptionnelle pour son époque et qui lui vaut rétrospectivement nos plus grands éloges. Wallace était un des rares non-racistes du XIXe siècle. Il pensait réellement que tous les groupes humains ont des capacités d'intelligence innées égales. Wallace défendait son égalitarisme à l'aide de deux arguments, l'un anatomique, l'autre culturel. Il affirmait tout d'abord que le cerveau des « sauvages » n'est pas beaucoup plus petit ni moins bien organisé que le nôtre : « Dans le cerveau des sauvages les moins civilisés et, pour ce que nous en savons, dans celui des races préhistoriques, nous avons un organe [...] d'une taille et d'une complexité à peine inférieures à celui de l'homme le plus évolué. » En outre, puisque le conditionnement culturel permet de faire accéder le sauvage le plus barbare à notre vie la plus raffinée, la barbarie elle-même doit provenir de la non-utilisation de capacités existantes, non pas de leur absence : « [L'intelligence] est latente chez les races peu civilisées, puisque, après une instruction dirigée par des Européens, on a pu, dans de nombreuses parties du monde, former des orchestres militaires indigènes qui se sont montrés capables de jouer honorablement la meilleure musique moderne. »

Bien entendu, en qualifiant Wallace de non-raciste, je ne veux pas dire qu'il considérait les pratiques culturelles de tous les peuples comme égales en valeur intrinsèque. Wallace, comme la plupart de ses contemporains, faisait preuve de chauvinisme culturel et ne doutait nullement de l'évidente supériorité des manières de vivre européennes. S'il se montrait en avance sur son temps quant à la capacité des sauvages, en revanche il avait, à n'en pas douter, une piètre opinion de leur vie, telle qu'il se l'imaginait : « Nos lois, notre gouvernement et notre science nous contraignent, pour atteindre le résultat escompté, à englober dans notre raisonnement des phénomènes variés et complexes. Même nos jeux, les échecs, par exemple, nous obligent à exercer au plus haut degré toutes ces facultés. Il convient de comparer tout cela aux langues sauvages qui ne renferment pas de mots pour les concepts abstraits ; à l'imprévoyance totale de l'homme sauvage pour tout ce qui dépasse ses besoins les plus simples ; à son incapacité à combiner, à comparer ou à raisonner sur tout sujet général qui ne fasse pas immédiatement appel à ses sens. »

De là vient le dilemme dans lequel Wallace est enfermé : tous les « sauvages », depuis nos ancêtres réels jusqu'aux survivants actuels, possédaient un cerveau parfaitement capable de se développer et d'apprécier les raffinements les plus subtils de l'art, des mœurs et de la philosophie d'Europe ; néanmoins, dans leur état naturel, avec leurs cultures rudimentaires, leurs langues appauvries et leurs mœurs répugnantes, ils ne mettaient en œuvre qu'une infime fraction de cette capacité.

Mais la sélection naturelle ne peut façonner un organe que pour un usage immédiat. Le cerveau a des facultés beaucoup plus étendues que ce qui est requis dans la société primitive ; la sélection naturelle n'a donc pas pu l'élaborer :

« Un cerveau une fois et demie plus grand que celui du gorille aurait [...] parfaitement suffi pour le développement mental limité du sauvage ; nous devons donc admettre que le gros cerveau qu'il possède n'a pas pu être développé uniquement par une de ces lois de l'évolution qui, dans leur essence même, aboutissent à un niveau d'organisation exactement proportionné aux besoins de chaque espèce, n'allant jamais au-delà de ces besoins. [...] La sélection naturelle n'aurait pu doter l'homme sauvage que d'un cerveau légèrement supérieur à celui du singe, alors qu'en réalité il en possède un à peine inférieur à celui d'un philosophe. »

Wallace ne limitait pas cet argument à l'intelligence abstraite, mais l'étendait à tous les aspects du « raffinement » européen, à la langue et à la musique notamment. Voici son opinion sur « la puissance, la portée, la souplesse et la douceur merveilleuses des sons musicaux que peut produire le larynx humain, en particulier chez le sexe féminin » :

« Les habitudes des sauvages ne fournissent pas d'indications sur la manière dont cette faculté aurait pu être développée par la sélection naturelle, car elle n'est jamais requise ou utilisée par eux. Le chant des sauvages n'est qu'un hurlement plus ou moins monotone et les femmes chantent fort rarement. Les sauvages ne choisissent certainement jamais leur femme pour leur belle voix, mais pour leur santé robuste, leur force et leur beauté physique. La sélection sexuelle n'a donc pas pu développer ce pouvoir merveilleux qui n'entre en jeu que chez les peuples civilisés. Il semble que l'organe ait été préparé en prévision des progrès futurs de l'homme, puisqu'il possède des capacités qui lui sont inutiles dans son état primitif. »

Finalement, si nos facultés sont apparues avant que nous les utilisions ou que nous en ayons besoin, c'est qu'elles ne peuvent pas être le produit de la sélection naturelle. Et, si elles prennent naissance pour un besoin à venir, c'est qu'elles doivent être la création directe d'une intelligence supérieure : « Je déduis de ces phénomènes qu'une intelligence supérieure a guidé le développement de l'homme dans une direction définie et dans un but précis. » Wallace avait rejoint le camp de la théologie naturelle ; Darwin admonesta son associé, mais, ne parvenant pas à le faire démordre de sa position, il ne lui resta plus qu'à se désoler de cette situation.

L'erreur de raisonnement de Wallace n'est pas due à un simple refus d'étendre l'évolution aux humains, mais bien à l'hyper-sélectionnisme qui imprégnait toute sa pensée évolutionniste. Car si l'hyper-sélectionnisme était une théorie irréfutable — si chaque organe de chaque créature était fabriqué pour son utilisation immédiate et seulement pour cela —, Wallace ne pourrait pas être contredit. Les hommes de Cro-Magnon, avec un cerveau plus gros que le nôtre, ont réalisé dans leurs grottes des peintures stupéfiantes, mais n'ont pas écrit de symphonies ni construit d'ordinateurs. Tout ce que nous avons accompli depuis est le produit de l'évolution culturelle fondée sur un cerveau d'une capacité toujours égale. Selon la théorie de Wallace, ce cerveau ne pouvait pas être le produit de la sélection naturelle, puisqu'il a toujours possédé des capacités dépassant leur fonction initiale.

Mais l'hyper-sélectionnisme n'est qu'une caricature des idées beaucoup plus subtiles de Darwin, car, tout à la fois, il ignore la nature des formes organiques et se méprend sur leur fonction. La sélection naturelle peut élaborer un organe « pour » une fonction spécifique ou un groupe de fonctions. Mais ce « but » n'a pas besoin de préciser les limites de la capacité de cet organe. Les objets conçus pour des buts précis peuvent également, en raison de la complexité de leur structure, remplir d'autres tâches. Un industriel peut bien faire l'acquisition d'un ordinateur pour établir la paie mensuelle, mais cette même machine peut aussi analyser les résultats électoraux et battre n'importe qui à plates coutures au morpion (ou au moins faire perpétuellement match nul). Notre gros cerveau a pu être réalisé « pour » nous permettre d'accomplir un ensemble de fonctions nécessaires à la recherche de la nourriture, à la socialisation ou à tout autre domaine ; mais ces fonctions n'épuisent pas les facultés d'une machine aussi complexe. Fort heureusement, parmi celles-ci, se trouve la possibilité pour nous tous de dresser la liste des achats à faire chez les commerçants et, pour un petit nombre d'entre nous, d'écrire des opéras. Notre larynx a pu apparaître « pour » émettre une quantité limitée de sons articulés nécessaires à la coordination de la vie sociale. Mais sa formation physique nous permet d'en faire plus, de chanter sous la douche ou, plus exceptionnellement, de devenir chanteur d'opéra ou diva.

L'hyper-sélectionnisme nous accompagne depuis longtemps sous des déguisements divers ; car il représente la version scientifique du mythe de l'harmonie naturelle de la fin du XIXe siècle — tout est pour le mieux dans le meilleur des mondes possibles (toutes les structures sont conçues dans un but bien précis). C'est en réalité la vision du ridicule docteur Pangloss, sur lequel Voltaire a exercé toute sa verve ironique dans *Candide* : le monde n'est pas nécessairement bon, mais c'est le meilleur qu'il nous est possible d'avoir. Comme dit le bon docteur dans un passage célèbre qui précédait Wallace d'un siècle, mais renfermait l'essence même de ce qui était si profondément faux dans son raisonnement : « Les choses ne peuvent être autrement : car, tout étant fait pour une fin, tout est nécessairement pour la meilleure fin. Remarquez bien que les nez ont été faits pour porter des lunettes, aussi avons-nous des lunettes. Les jambes sont visiblement instituées pour être chaussées, et nous avons des chausses. » Le panglossianisme n'est pas mort aujourd'hui ; pour s'en persuader, il suffit de lire les nombreux livres de vulgarisation traitant du comportement humain où il est dit que notre gros cerveau s'est développé « pour » la chasse, puis où l'on attribue tous les maux qui nous accablent aux limites de pensée et d'émotion imposées prétendument par ce mode d'existence.

Il est assez cocasse de constater que l'hyper-sélectionnisme de Wallace en est revenu tout droit à la croyance fondamentale du créationnisme qu'il comptait remplacer, à savoir à la fois dans la « justesse » des choses qui donne à chaque objet une place précise dans un tout intégré. Comme Wallace l'écrivait assez déloyalement de Darwin :

« Celui dont les enseignements furent tout d'abord considérés comme dégradants ou même athées, en se consacrant à l'étude des phénomènes variés de la vie avec l'amour, la patience et le respect de quelqu'un qui avait une foi réelle dans la beauté, l'harmonie et la perfection de la création, fut capable de révéler d'innombrables adaptations et de prouver que les éléments les plus insignifiants du plus humble des êtres vivants avaient une utilité et un but. »

Je ne nie pas que la nature ait ses harmonies. Mais la structure a aussi ses capacités latentes. Élaborée pour une chose, elle peut en faire d'autres ; et c'est dans cette souplesse que se situent le désordre et l'espoir de nos vies.

5

LA VOIE MOYENNE DE DARWIN

« Nous commencions à remonter le détroit en nous lamentant, raconte *L'Odyssée*. Car d'un côté se tenait Scylla, avec ses douze pieds qui se balançaient et ses six cous trop longs, chacun d'eux surmonté d'une tête hideuse et dans celle-ci trois rangées de dents épaisses et serrées, pleines de mort noire. Et de l'autre côté le puissant Charybde engloutissait l'eau de mer. Chaque fois que le monstre vomissait, la mer, comme une marmite sur un grand feu, se mettait à bouillir dans toutes ses profondeurs troublées. » Ulysse parvint à contourner Charybde mais Scylla s'empara de ses six meilleurs compagnons et les dévora devant lui, « la chose la plus triste que mes yeux aient contemplée de tout mon voyage en quête des chemins de la mer ».

Les chausse-trappes et les dangers vont souvent par paires dans nos légendes et nos métaphores : la poêle et le feu ou le diable et la profonde mer bleue par exemple. Pour les éviter, on nous conseille, soit la fermeté inébranlable — le chemin rectiligne et étroit prôné par les évangélistes —, soit une voie médiane entre les deux termes d'une alternative déplaisante — le juste milieu d'Aristote. La recherche d'une route évitant des extrêmes indésirables constitue bien une règle fondamentale de toute vie bien ordonnée.

La nature de la créativité scientifique est à la fois un

sujet éternel de discussion et une excellente occasion de chercher le juste milieu. Les deux positions extrêmes n'ont jamais été directement en compétition pour s'attirer l'adhésion des imprudents. Car elles se sont succédé dans le temps, celle qui exerce actuellement le pouvoir étant apparue après l'éclipse de la précédente.

Selon la première — l'inductivisme —, les grands savants sont avant tout de grands observateurs et de patients compilateurs d'informations. Car une théorie nouvelle et importante d'après les inductivistes ne peut naître que sur des bases solides constituées par des faits. Dans cette vision architecturale des choses, chaque fait est une brique faisant partie d'une structure construite sans plans préconçus. Toute discussion ou toute réflexion sur la théorie (le bâtiment achevé) est sotte et prématurée avant la pose des briques. L'inductivisme a joui jadis d'un grand prestige et a même représenté en quelque sorte la position « officielle », car elle mettait en avant l'honnêteté absolue, l'objectivité totale et la nature presque automatique du progrès scientifique en marche vers une vérité finale et incontestable.

Cependant, comme ses critiques l'ont très justement souligné, l'inductivisme présentait aussi la science comme une discipline insensible, presque inhumaine, n'offrant aucune place légitime à l'excentricité, à l'intuition et à toutes ces autres qualités subjectives qui, dans notre esprit, accompagnent la notion de génie. Les grands savants, disent leurs détracteurs, se distinguent plus par leur puissance d'intuition et de synthèse que par leur talent dans l'expérimentation ou l'observation. Les critiques formulées contre l'inductivisme sont sans aucun doute fondées et j'applaudis à son démantèlement qui, durant les dernières trente années, a été le prélude nécessaire à une meilleure compréhension de la démarche scientifique. Mais, tout en l'attaquant, certains censeurs ont tenté de lui substituer une doctrine tout aussi extrême et improductive qui met l'accent sur la subjectivité consubstantielle de la pensée créatrice. Dans cette version de type *euréka*, la créativité est devenue quelque chose d'ineffable, accessible aux seules personnes de génie. Elle s'abat comme la foudre, sans qu'on puisse ni la préparer ni la prévoir ni l'analyser ; mais la foudre ne frappe qu'un petit nombre de gens. Nous autres, communs des mortels, n'avons qu'à rester bouche bée, admiratifs et reconnaissants. (Le terme *euréka* fait bien entendu référence à l'histoire légendaire d'Archimède s'élançant tout nu dans les rues de Syracuse en criant : « *Euréka !* » [J'ai trouvé] après que l'eau déplacée par son corps lui eut permis subitement de découvrir la notion de poids spécifique.)

Je ne peux que m'inscrire en faux contre ces deux extrêmes opposés. L'inductivisme réduit le génie à de tristes opérations de routine ; l'« eurékaïsme » lui accorde un statut inaccessible qui le place davantage dans le monde du mystère que dans un domaine où nous pourrions le comprendre et profiter de ses leçons. Ne pourrions-nous pas allier ce qu'il a de bon dans les deux doctrines et abandonner tout à la fois l'élitisme de l'eurékaïsme et le côté besogneux de l'inductivisme ? Ne peut-on pas reconnaître le caractère personnel et subjectif de la créativité et, en même temps, y voir un mode de pensée qui met en valeur ou exacerbe des capacités suffisamment communes parmi nous pour que nous puissions au moins comprendre sinon imiter ?

Dans l'hagiographie de la science, quelques hommes occupent des positions si élevées que tous les arguments doivent s'appliquer à eux si l'on veut leur accorder quelque valeur. Charles Darwin, en tant que saint patron de la biologie évolutionniste, a donc été présenté à la fois comme un inductiviste et comme un exemple classique d'eurékaïsme. Je vais m'attacher à montrer que ces deux interprétations sont aussi peu satisfaisantes l'une que l'autre et que les récentes études sur l'odyssée de Darwin vers la théorie de la sélection naturelle viennent appuyer une position intermédiaire.

Le prestige de l'inductivisme était si grand à l'époque de Darwin que ce dernier lui-même tomba sous son empire, ce qui le conduisit, durant sa vieillesse, à donner une image faussée des premières années de sa carrière. Certains passages célèbres de son autobiographie, rédigée pour l'édification de ses enfants et qu'il n'avait pas l'intention de publier, ont mystifié les historiens pendant presque un siècle. En décrivant son itinéraire intellectuel vers la théorie de la sélection naturelle, il affirma : « J'ai travaillé selon les véritables principes établis par Bacon et, sans aucune théorie, j'ai recueilli des faits en grande quantité et de manière systématique. »

L'interprétation inductiviste s'intéresse tout particulièrement aux cinq années que passa Darwin à bord du *Beagle*. Si l'on en croit la version traditionnelle de l'histoire, les yeux de Darwin se dessillèrent de plus en plus, au fur et à mesure qu'il découvrait les os des mammifères fossiles géants d'Amérique du Sud, les tortues, les pinsons des Galapagos, puis la faune marsupiale d'Australie. La vérité sur l'évolution et le mécanisme de la sélection naturelle se révéla à lui progressivement alors qu'il passait les faits au crible de son objectivité absolue.

Les incohérences de ce récit sont parfaitement illustrées par cet exemple que, paradoxalement, on ne manque jamais de rapporter : les fameux pinsons des Galapagos de Darwin. Nous savons actuellement que, bien que ces oiseaux possèdent des ascendants communs et récents sur le continent sud-américain, ils se sont dispersés sur les îles Galapagos où ils ont formé un nombre impressionnant d'espèces. Peu d'animaux terrestres parviennent à franchir la large barrière océanique qui sépare l'Amérique du Sud des Galapagos. Mais les migrateurs qui y réussissent trouvent un monde peu habité dépourvu de ces concurrents qui, sur le continent surpeuplé, limitent leurs possibilités. Les pinsons ont donc rempli des rôles normalement tenus par d'autres oiseaux et présentent tout un ensemble d'adaptations qui les ont rendus célèbres : ils écrasent les graines, mangent les insectes et même se servent d'une épine de cactus pour sortir les insectes des plantes. L'isolement — de l'archipel par rapport au continent et des îles entre elles — a entraîné la séparation, l'adaptation indépendante et la spéciation.

Selon le compte rendu traditionnel qui est fait de cet épisode, Darwin aurait découvert ces pinsons, en aurait déduit leur histoire et aurait consigné dans son carnet ces lignes célèbres : « Si ces remarques ont quelque fondement, la zoologie des Archipels vaudra la peine d'être étudiée ; car de tels faits sapent à la base le principe de la stabilité des espèces. » Mais, là comme dans de nombreux récits héroïques, l'interprétation généralement tient plus compte de ce que l'on espère trouver que de la vérité. Il est certain que Darwin a bien découvert les pinsons. Mais il n'y a pas vu les descendants d'une lignée commune. En fait, dans de nombreux cas, il n'avait même pas précisé l'île dans laquelle il les avait trouvés ; certaines de ses étiquettes portent uniquement la mention « Iles Galapagos ». Il n'a donc pas du tout reconnu immédiatement le rôle de l'isolement dans la formation des espèces nouvelles. Il n'a élaboré le schéma de l'évolution qu'après son retour à Londres, une fois qu'un ornithologue du British Museum eut bien identifié tous les oiseaux comme étant des pinsons.

La célèbre citation tirée de son carnet fait référence aux tortues des Galapagos et à une déclaration des indigènes qui affirmaient pouvoir « infailliblement déterminer de quelle île provenait telle ou telle tortue » grâce à de menues différences dans leur taille ou dans la forme du corps et des écailles. C'est donc là un texte d'une portée réduite et bien différente du récit traditionnel sur les pinsons. Car, dans le cas des pinsons, il s'agit de vraies espèces, distinctes les unes des autres, et donc d'un exemple vivant d'évolution. Les menues différences remarquées parmi les tortues ne représentent que des variations géographiques mineures à l'intérieur d'une même espèce. Il faut effectuer un véritable saut dans le raisonnement, bien que justifié comme nous le savons maintenant, pour affirmer que ces petites différences peuvent s'amplifier au point de former une nouvelle espèce. Tous les créationnistes, après tout, reconnaissaient les variations géographiques (les races humaines par exemple), mais n'admettaient pas qu'elles puissent se poursuivre au-delà des limites rigides d'un archétype créé.

Je ne souhaite pas diminuer le rôle essentiel joué par

la croisière du *Beagle* sur la carrière de Darwin. Elle lui fournit l'espace, la liberté et un temps infini qui lui permirent de mener à bien sa réflexion à sa manière personnelle, c'est-à-dire en se stimulant lui-même en toute indépendance. (Son ambivalence face à la vie universitaire et ses réussites tout juste passables dans ce domaine, selon les normes en usage, ont montré combien il était mal à l'aise devant un programme d'études où il fallait apprendre les préceptes d'un savoir acquis.) Il écrit d'Amérique du Sud en 1834 : « Je n'ai aucune idée précise sur le clivage, la stratification, les lignes de surrection. Je n'ai pas de livres qui puissent m'apporter beaucoup de renseignements et ce qu'ils disent ne peut pas s'appliquer à ce que je vois. En conséquence, je tire mes propres conclusions, les plus splendidement ridicules qui soient. » Les roches, les plantes et les animaux qu'il vit entraînèrent chez lui cette attitude essentielle, le doute, accoucheuse de toute créativité. A Sydney, en Australie, en 1836, Darwin se demande pourquoi un dieu rationnel aurait créé d'aussi nombreux marsupiaux en Australie alors que rien dans son climat ou sa géographie ne justifie leurs poches : « J'étais étendu sur une rive ensoleillée et je réfléchissais à la nature étrange des animaux de ce pays en comparaison avec le reste du monde. Une personne sceptique en toute chose sauf en sa propre raison pourrait s'écrier : "C'est certainement là l'œuvre de deux créateurs distincts." »

Néanmoins, Darwin retourna à Londres sans théorie de l'évolution. Il se doutait de la vérité de l'évolution, mais n'avait aucun mécanisme pour l'expliquer. La sélection naturelle découla non pas d'une interprétation directe des faits recueillis lors du voyage du *Beagle*, mais des deux années qui suivirent, années de réflexion et de lutte comme le montre une série de remarquables carnets qui ont été exhumés et publiés ces vingt dernières années. Dans ces carnets, nous voyons Darwin essayer, puis abandonner plusieurs théories et poursuivre une multitude de fausses pistes : tant pis si cela contredit l'affirmation qu'il fera plus tard selon laquelle il aurait enregistré des faits sans idée préconçue. Il lut des philosophes, des poètes et des économistes, toujours en quête d'explications et d'inspiration : tant pis de nouveau si cela va à l'encontre de la notion selon laquelle la sélection naturelle aurait découlé par induction des faits du *Beagle*. Plus tard, il catalogua un de ces carnets : « rempli de métaphysique des mœurs ».

Mais si ce cheminement tortueux dément le Scylla de l'inductivisme, il a, en revanche, créé un mythe tout aussi simpliste, le Charybde de l'eurékaïsme. Dans son autobiographie ô combien trompeuse, Darwin parle d'un véritable *euréka* et laisse à penser que l'idée de la sélection naturelle lui est soudainement tombée du ciel après plus d'un an de tâtonnements et de frustrations.

« En octobre 1838, c'est-à-dire quinze mois après le début de mes recherches systématiques, je lus par hasard, pour me distraire, l'*Essai sur le principe de population* de Malthus, et, bien préparé, pour avoir observé pendant longtemps et en continu les habitudes des animaux et des plantes, à estimer à sa juste valeur la lutte pour la vie que l'on retrouve partout, il me vint soudain à l'esprit que, dans ces circonstances, les variations favorables auraient tendance à être détruites. Ce processus entraînerait la formation de nouvelles espèces. Là, j'avais enfin une théorie sur laquelle je pouvais travailler. »

Mais, de nouveau, les carnets démentent les souvenirs tardifs de Darwin, car, à l'époque où cet événement s'est produit, ils ne mentionnent aucune exultation particulière concernant son inspiration malthusienne. On ne la retrouve que sous la forme d'une courte apostille discrète, sans le moindre point d'exclamation, alors qu'habituellement il en mettait deux ou trois dans les moments de passion. Il n'a pas tout abandonné pour se mettre à réinterpréter un monde confus à la lumière de cette idée nouvelle. La preuve en est que le lendemain même, il écrivit un long passage sur la curiosité sexuelle des primates.

La théorie de la sélection naturelle n'est apparue ni à la suite d'une induction laborieuse découlant des faits naturels ni à la suite d'un mystérieux éclair venu du subconscient de Darwin, déclenché par la lecture accidentelle de Malthus. Elle est au contraire le résultat d'une recherche consciente et fructueuse, procédant d'une manière ramifiée, mais ordonnée, et utilisant d'une part les faits de l'histoire naturelle et d'autre part un éventail étonnamment large d'inspirations tirées de disciplines diverses fort éloignées de la sienne. Darwin a emprunté une voie moyenne à mi-chemin entre l'inductivisme et l'eurékaïsme. Son génie n'est ni besogneux ni inaccessible.

Les études darwiniennes ont connu une véritable explosion depuis le centenaire de *L'Origine des espèces* en 1959. La publication des carnets de Darwin et l'attention portée par plusieurs chercheurs aux deux années capitales qui séparent l'arrivée au port du *Beagle* et la prétendue inspiration malthusienne subite ont apporté des arguments décisifs à la théorie d'une « voie moyenne » suivie par la créativité de Darwin. Deux ouvrages particulièrement importants nous éclairent sur cette période. Le premier, *Darwin on Man*, dû à Howard E. Gruber, est une excellente biographie intellectuelle et psychologique sur cette phase de la vie de Darwin ; l'auteur a retrouvé toutes les fausses pistes et les moments critiques de la recherche de Darwin. Il montre que Darwin a sans cesse proposé, essayé et abandonné des hypothèses et qu'il n'a jamais simplement rassemblé des faits de manière aveugle. Il commença par une théorie fantaisiste selon laquelle les nouvelles espèces auraient eu une durée de vie fixée à l'avance, et avança progressivement, bien que par à-coups, vers l'idée d'une extinction par compétition dans un monde en lutte. Il n'a enregistré aucune joie particulière en lisant Malthus parce qu'à l'époque il manquait une ou deux pièces à son puzzle.

Silvan S. Schweber a reconstitué, avec autant de précision que les sources le permettaient, l'emploi du temps de Darwin durant les quelques semaines qui ont précédé Malthus, dans un article du *Journal of the History of Biology*, paru en 1977, « The Origin of the *Origin* Revisited » (L'origine de *L'Origine des espèces* revue et corrigée). Il y affirme que les derniers éléments de la théorie lui sont venus non de nouveaux faits d'histoire naturelle, mais de ses vagabondages intellectuels dans d'autres domaines éloignés. En particulier, il lut un long compte rendu du plus célèbre ouvrage du philosophe et penseur social, Auguste Comte, le *Cours de philosophie positive*. Il fut surtout frappé par l'insistance de Comte sur le fait qu'une théorie proprement dite devait être prophétique et au moins potentiellement quantitative. Il se tourna ensuite vers le livre de Dugald Stewart, *On the Life and Writing of Adam Smith* (La vie et l'œuvre d'Adam Smith), et s'imprégna de la conviction de l'économiste écossais qui croyait fondamentalement que les études sur la structure sociale globale doivent commencer par l'analyse des actions spontanées des individus. (La sélection naturelle est avant toute autre chose une théorie sur la lutte des organismes individuels pour assurer le succès de leur reproduction.) Puis, en quête de quantification, il lut une longue analyse de l'ouvrage du plus célèbre statisticien d'alors, le Belge Adolphe Quételet. Dans ce compte rendu, il trouva, entre autres choses, cette affirmation vigoureuse de Malthus : la population s'accroît de façon géométrique et les ressources alimentaires seulement de façon arithmétique, ce qui provoque une lutte intense pour la vie. En fait, Darwin avait lu cette affirmation de Malthus plusieurs fois, mais, avant, il n'était pas prêt à en apprécier toute l'importance. Il ne s'est donc pas tourné vers Malthus par accident et il savait déjà ce que le livre renfermait. Quand il dit avoir lu Malthus pour « se distraire », il faut vraisemblablement comprendre qu'il désirait lire dans sa version originale cette affirmation familière qui l'avait tant impressionné dans le compte rendu sur Quételet.

A la lecture du récit circonstancié des moments qui ont précédé l'énoncé par Darwin de la théorie de la sélection naturelle, j'ai été particulièrement surpris par l'absence d'influences décisives provenant de sa propre discipline, la biologie. Les catalyseurs immédiats furent un penseur social, un économiste et un statisticien. Si le génie doit avoir un dénominateur commun, je propose la largeur d'esprit et la capacité à découvrir des analogies fécondes entre plusieurs disciplines.

En fait, je pense que l'on devrait considérer la théorie de la sélection naturelle comme le prolongement d'une analogie — consciente ou non de la part de Darwin, je ne saurais jamais le dire — de la doctrine économique du laisser-faire d'Adam Smith. Le raisonnement de Smith consiste en une sorte de paradoxe : si vous voulez une économie ordonnée apportant à tous un maximum de bénéfices, laissez les individus rivaliser entre eux et combattre pour leur propre compte. Une fois que les incapables auront été dûment triés et éliminés, on obtiendra un régime politique stable et harmonieux. L'ordre naît naturellement de la lutte entre les individus, non pas de principes préétablis ou d'une autorité supérieure. Dugald Stewart a ainsi résumé le système de Smith tel qu'il apparaît dans le livre que Darwin a lu :

« La manière la plus efficace [...] pour faire progresser un peuple est de permettre à chaque homme, tant qu'il observe les règles de justice, de rechercher à sa façon son propre intérêt et de mettre à la fois son travail et son capital dans la compétition la plus libre avec ceux de ses concitoyens. Tout système politique qui s'efforce [...] d'attirer vers un type particulier de travail une part du capital de la société plus grande que celle qui lui échoirait naturellement [...] est, en réalité, susceptible de mettre en danger le grand dessein qu'il se propose de promouvoir. »

« L'analyse écossaise de la société, comme l'écrit Schweber, prétend que les actions individuelles ont pour effet combiné d'aboutir aux institutions sur lesquelles la société est fondée et que cette société, stable et évolutive, fonctionne sans un esprit qui conçoive et dirige. »

Nous savons que la spécificité de Darwin ne réside pas dans l'idée d'évolution. Des dizaines de savants l'ont soutenue avant lui. Sa contribution personnelle repose sur son apport de documentation et sur la nouveauté de sa théorie du fonctionnement de l'évolution. Les évolutionnistes précédents avaient proposé des systèmes irréalistes fondés sur des tendances internes à la perfection et sur des directions prédéterminées. Darwin proposa une théorie naturelle, susceptible d'être mise à l'épreuve des faits, fondée sur une interaction immédiate entre les individus (ses adversaires trouvaient qu'elle était cruellement mécaniste). La théorie de la sélection naturelle est une application à la biologie de l'argument fondamental d'Adam Smith en faveur d'une économie rationnelle : l'équilibre et l'ordre de la nature ne sont pas le fait d'une autorité supérieure, externe (divine) ou de lois agissant directement sur l'ensemble de la société, mais sont le fruit de la lutte des individus entre eux pour leur propre intérêt (en termes actuels, pour la transmission de leurs gènes aux générations futures par le biais du succès d'une reproduction différenciée).

Nombreux sont ceux que trouble ce type d'argumentation. L'intégrité de la science n'est-elle pas compromise si certaines de ces conclusions essentielles sont nées par analogie avec la politique et la culture contemporaines plutôt qu'à partir des données de la discipline elle-même ? Dans une lettre célèbre à Engels, Karl Marx a fait remarquer les similitudes existant entre la sélection naturelle et la situation sociale en Angleterre :

« Il est remarquable de voir à quel point Darwin reconnaît parmi les bêtes et les plantes sa société anglaise avec sa division du travail, la concurrence, l'ouverture de nouveaux marchés, « l'invention » et la malthusienne « lutte pour la vie ». C'est le *bellum omnium contra omnes* (la guerre de tous contre tous). »

Mais Marx était un grand admirateur de Darwin et c'est dans ce paradoxe apparent que se situe la solution du problème. Pour des raisons qui recouvrent tous les thèmes que je viens d'exposer ici — l'inductivisme ne rend pas compte de la réalité, la créativité exige de la largeur d'esprit et l'analogie est une source profonde d'inspiration —, les grands penseurs ne peuvent pas être dissociés de leur contexte social. Mais l'origine d'une idée est une chose ; sa vérité ou sa fécondité en est une autre. La psychologie et l'utilité de la découverte sont des sujets fort différents. Darwin a pu copier l'idée de la sélection naturelle sur l'économie ; cela n'empêche nullement l'idée d'être exacte. Comme le socialiste allemand Karl Kautsky l'écrivait en 1902 : « Le fait qu'une idée émane d'une classe bien définie ou se trouve en accord avec les intérêts de celle-ci ne prouve bien entendu rien quant à sa validité ou à sa fausseté. » Dans le cas présent, il est assez curieux de constater que la doctrine du laisser-faire d'Adam Smith ne s'applique pas dans son propre domaine, celui de l'économie, car elle mène plus à l'oligarchie et à la révolution qu'à l'ordre et à l'harmonie. La lutte entre les individus semble bien, par contre, être une loi de la nature.

Beaucoup ont utilisé les arguments liés au contexte social pour mettre les grandes inspirations sur le compte d'un phénomène indéfinissable, la chance. Ainsi Darwin eut la chance de naître riche, de se trouver sur le *Beagle*, de vivre parmi les idées de son siècle, de tomber sur Malthus. Il aurait été, en quelque sorte, à peine plus qu'un homme arrivé au bon moment et au bon endroit. Mais quand nous prenons connaissance de son combat personnel, de l'étendue de ses centres d'intérêt, de ses études et de la constance mise au service de sa recherche d'un mécanisme de l'évolution, nous comprenons le mot célèbre de Pasteur : le hasard ne favorise que les esprits préparés.

6

MORTE AVANT DE NAITRE
OU LE *NUNC DIMITTIS* D'UNE MITE

   Quoi de plus démoralisant que l'incompétence des parents devant les questions les plus évidentes et les plus innocentes des enfants ? Pourquoi le ciel est-il bleu, l'herbe verte ? Pourquoi la lune a-t-elle des phases ? Notre embarras est d'autant plus grand que nous pensions ces sujets évidents, mais que nous n'y avions vraiment plus songé depuis que nous-mêmes, dans des circonstances semblables, une génération plus tôt, avions reçu notre lot de réponses hésitantes. Ce sont les choses que nous croyons connaître — parce qu'elles sont élémentaires ou parce qu'elle nous entourent quotidiennement — qui souvent présentent les plus grandes difficultés quand on nous met en demeure de les expliquer.
   L'une de ces questions, dont la réponse est tout à la fois évidente et fausse, a un lien étroit avec notre vie biologique : pourquoi, chez les humains, les garçons et les filles (et les mâles et les femelles chez les espèces qui nous sont les plus familières) sont-ils produits en nombre à peu près égal ? (En réalité il naît plus de garçons que de filles, mais la mortalité plus grande des hommes fait, plus tard dans l'existence, pencher la balance en faveur des femmes, sans que l'écart soit jamais important.) Au premier abord, la réponse semble évidente « comme le nez au milieu de la figure », pour reprendre l'expression

de Rabelais. Après tout, la reproduction sexuelle requiert un partenaire ; un nombre égal entre les sexes implique l'accouplement universel, heureux schéma darwinien assurant une capacité reproductive maximale. A y regarder de plus près, tout ne semble pas aussi clair et, pour notre grande confusion, nous sommes renvoyés à cette reformulation de l'expression rabelaisienne présentée par Shakespeare : « Une plaisanterie non vue, inobservable, invisible, comme le nez au milieu de la figure. » Si la capacité reproductive maximale représente la situation optimale pour une espèce, pourquoi alors produire un nombre égal de mâles et de femelles ? Les femelles, après tout, fixent la limite du nombre de descendants, puisque dans les espèces qui nous sont familières les ovules sont invariablement beaucoup plus grands et moins abondants que les spermatozoïdes, c'est-à-dire que chaque ovule peut donner un descendant, mais pas chaque spermatozoïde. Un mâle peut féconder plusieurs femelles. Si un mâle peut s'accoupler à neuf femelles et si la population compte cent individus, pourquoi ne pas faire dix mâles et quatre-vingt-dix femelles ? La capacité reproductive sera certainement supérieure à celle d'une population composée de cinquante mâles et de cinquante femelles. Les populations où les femelles prédominent devraient donc, grâce à leur taux de reproduction rapide, l'emporter dans la course qu'est l'évolution sur les populations qui maintiennent l'égalité numérique entre les sexes.

Ce qui semblait évident au prime abord pose donc maintenant un problème et la question demeure intacte : pourquoi la plupart des espèces sexuelles comptent-elles un nombre à peu près égal de mâles et de femelles ? La réponse, selon la plupart des biologistes de l'évolution, se trouve dans la théorie de la sélection naturelle telle que l'a énoncée Darwin qui n'y parle que de lutte entre les *individus* en vue d'assurer le succès de leur reproduction. La théorie ne stipule rien sur le bien des populations, des espèces ou des écosystèmes. L'argument en faveur des quatre-vingt-dix femelles et des dix mâles a été conçu en pensant en termes de profit pour les populations considérées comme un tout, car c'est de cette façon collective et complètement fausse que la plupart des gens imaginent généralement l'évolution. Si celle-ci travaillait pour le bien des populations en tant que telles, les espèces sexuelles ne compteraient que relativement peu de mâles.

L'égalité numérique que l'on observe — face aux avantages évidents qu'apporterait la prédominance des femelles si l'évolution travaillait sur les groupes — constitue une des plus élégantes démonstrations de la justesse de la thèse de Darwin : la sélection naturelle s'effectue par la lutte des individus cherchant à s'assurer le plus grand succès reproductif possible pour eux-mêmes. Cet argument darwinien fut conçu pour la première fois par le grand biologiste et mathématicien britannique, R.A. Fisher. Supposons, nous dit Fisher, que l'un des deux sexes commence à l'emporter sur l'autre. Disons, par exemple, qu'il naît un nombre plus grand de femelles que de mâles. Les mâles commencent à avoir une descendance plus nombreuse que les femelles puisque les occasions qu'ils ont de s'accoupler augmentent en fonction même de leur raréfaction, c'est-à-dire qu'en moyenne, ils fécondent plus d'une femelle. Des facteurs génétiques influençant la proportion relative des mâles nés d'un parent (car ces facteurs existent), les parents qui possèdent une propension génétique à produire des mâles vont obtenir un avantage darwinien : ils vont avoir un nombre de petits-enfants mâles supérieur à la moyenne grâce à la supériorité reproductive de leur descendance où les mâles prédomineront. Les gènes favorisant la production des mâles se répandront et entraîneront un accroissement de naissances mâles. Mais cet avantage diminuera, puis disparaîtra complètement lorsque le nombre des mâles deviendra égal à celui des femelles. Le même argument étant valable à l'inverse pour les femelles qui sont d'autant plus favorisées qu'elles sont rares, la répartition entre les sexes tend, par l'action des processus darwiniens, vers une valeur qui s'équilibre à un pour un.

Mais comment un biologiste pourrait-il s'y prendre

pour vérifier la théorie de Fisher ? Ironiquement, les espèces qui confirment ses prédictions ne sont pas d'une grande aide si l'on désire dépasser le stade des premières observations. Une fois que nous avons conçu le schéma fondamental et que nous avons établi que les espèces que nous connaissons le mieux ont un nombre approximativement égal de mâles et de femelles, à quoi nous sert de trouver que les mille espèces suivantes sont ordonnées de la même manière ? Certes tout cadre parfaitement, mais nous n'obtenons pas plus de certitude pour autant chaque fois que nous ajoutons une nouvelle espèce. Peut-être cette proportion de un pour un existe-t-elle pour une autre raison ?

Pour mettre la théorie de Fisher à l'épreuve, nous devons chercher des exceptions. Nous devons partir en quête de situations inhabituelles dans lesquelles on ne retrouve pas les prémisses de la théorie de Fisher, situations pour lesquelles nous pouvons prévoir que la répartition sexuelle va s'écarter du chiffre de un pour un. Si un changement des prémisses permet de prévoir, de façon sûre et précise, la modification qui en résulte, c'est qu'il constitue une épreuve à laquelle nous pouvons accorder toute notre confiance. Cette méthode illustre en quelque sorte le vieux proverbe « l'exception confirme la règle », car c'est l'exception qui met la règle à l'épreuve et explore ses conséquences dans des situations différentes.

La grande diversité de la nature vient ici à notre secours. Le stéréotype du collectionneur d'oiseaux, ajoutant laborieusement je ne sais quel animal loucheur à crête rousse, à dos moucheté, à bec croisé et à jambe de bois sur son catalogue, donne une image fausse de l'utilisation réelle que les naturalistes font de la diversité de la vie. C'est grâce à la richesse de la nature que nous pouvons poser les fondements scientifiques de l'histoire naturelle, car nous sommes à peu près certains que cette diversité va nous permettre de trouver les exceptions grâce auxquelles nous pourrons confirmer toutes les lois de la nature. Les bizarreries et les étrangetés sont plus des tests mettant les généralités à l'épreuve que des singularités à décrire ou des occasions de frissonner d'horreur ou de ricaner.

Fort heureusement, la nature s'est montrée prodigue et nous a fourni de nombreuses espèces et modes d'existence qui contredisent les prémisses de la thèse de Fisher. En 1967, le biologiste britannique W.D. Hamilton (actuellement à l'université du Michigan) a rassemblé les informations sur ce sujet dans un article intitulé « Les répartitions sexuelles extraordinaires » *(Extraordinary sex ratios)*. Je ne vais présenter ici que les plus évidentes et les plus importantes de ces exceptions probantes.

La nature ne tient pas toujours compte de nos conseils. On nous apprend, et à juste titre, qu'il convient d'éviter l'accouplement entre frère et sœur, de peur que les gènes récessifs par trop défavorables ne se voient offrir une double chance de s'exprimer. (Ce type de gènes étant assez rares, les probabilités sont faibles pour que deux individus sans aucun lien de parenté en soient porteurs. Mais cette éventualité passe à 50 % dans le cas de personnes de la même famille.) Néanmoins, certains animaux n'ont jamais entendu parler de cette loi et ne pratiquent que l'accouplement entre frère et sœur.

Ce type d'accouplement exclusif annule la principale prémisse de la thèse de Fisher en faveur d'une répartition sexuelle égalitaire. Si les femelles sont toujours fécondées par leurs frères, cela signifie que les mêmes parents engendrent les deux partenaires de tout accouplement. Fisher supposait a priori que les mâles avaient des parents différents et qu'une quantité de mâles inférieure à la moyenne apportait des avantages génétiques aux parents pouvant produire préférentiellement des mâles. Mais si les mêmes parents engendrent à la fois les mères et les pères de leurs petits-enfants, ils ont alors placé le même capital génétique dans chacun de leurs petits-enfants, quel que soit le pourcentage de mâles et de femelles parmi leurs enfants. Dans ce cas, l'équilibre entre les sexes n'a plus de raison d'être et l'argument précédent concernant la prédominance des femelles redevient valable. Si chaque couple de grands-parents a une quantité limitée d'énergie à investir dans leur descendance et si les grands-parents engendrant une descendance plus nombreuse se procurent ainsi un avantage darwinien, il est certain que les grands-parents auront avantage à faire le plus de filles possible et à produire juste ce qu'il faut de fils pour s'assurer que toutes leurs filles soient fécondées. En fait, si ces fils sont en mesure de réaliser de véritables prouesses sexuelles, les parents pourront se contenter de n'en faire qu'un seul et utiliser toute l'énergie restante pour engendrer autant de filles que possible. Comme d'habitude, la généreuse nature nous fournit à profusion des exceptions mettant la loi de Fisher à l'épreuve : car il est vrai que les espèces qui pratiquent l'accouplement en famille ont tendance à engendrer un nombre minimum de mâles.

Examinons tout d'abord la curieuse vie de l'acarien mâle du genre *Adactylidium* telle que l'ont décrite E.A. Albadry et M.S.F. Tawfik en 1966. Le mâle sort du corps de sa mère et meurt rapidement en quelques heures sans avoir apparemment rien fait pendant sa courte vie. Une fois sorti du ventre de sa mère, il n'essaie ni de se nourrir ni de s'accoupler. Nous connaissons bien des êtres vivants dont la durée de vie adulte est très brève : l'éphémère, par exemple, dont l'existence, après une longue vie larvaire, n'excède pas un seul jour. Mais l'éphémère s'accouple et assure la continuité de sa descendance pendant ces quelques précieuses heures. Les mâles d'*Adactylidium* semblent ne rien faire d'autre que voir le jour et mourir.

Pour résoudre ce mystère, il nous faut étudier tout le cycle vital de l'animal et regarder à l'intérieur du corps de la mère. La femelle fécondée de l'*Adactylidium* s'attache à l'œuf d'un thrips. Cet œuf constitue à lui seul l'unique apport alimentaire dont disposera la femelle pour élever toute sa descendance, car elle n'aura pas d'autre nourriture jusqu'à sa mort. Cet acarien, dans l'état actuel de nos connaissances, ne pratique que l'accouplement entre parents ; il lui faut donc produire un nombre minimum de mâles. En outre, la quantité globale d'énergie étant si dépendante des faibles ressources alimentaires que représente un seul œuf de thrips, la reproduction est strictement limitée et la femelle a tout intérêt à produire le plus grand nombre possible de femelles. L'*Adactylidium* répond parfaitement à notre attente et à nos prévisions car elle élève une couvée de cinq à huit sœurs accompagnées d'un seul mâle qui leur sert en même temps de frère et de mari. Mais n'engendrer qu'un seul mâle est dangereux ; s'il meurt, toutes les sœurs resteront vierges et la vie évolutive de leur mère sera terminée.

Si l'acarien court le risque de ne produire qu'un seul mâle dans l'espoir d'obtenir la plus grande portée possible de femelles fertiles, deux autres adaptations pourraient diminuer le péril en protégeant le mâle et en lui assurant la proximité de ses sœurs. Quoi de mieux que d'élever toute la couvée au sein même du corps de la mère, en y nourrissant larves et adultes et en y permettant même la copulation ? Environ quarante-huit heures après que la femelle d'*Adactylidium* s'est fixée sur l'œuf de thrips, six à neuf œufs éclosent à l'intérieur de son corps. Les larves se nourrissent du corps de leur mère, la dévorant littéralement de l'intérieur. Deux jours plus tard, la portée atteint la maturité et l'unique mâle copule avec toutes ses sœurs. Entre-temps, les tissus de la mère se sont désintégrés, et l'espace occupé par son corps n'est plus qu'un amas d'acariens adultes, avec leurs excréments, leurs larves abandonnées et les carcasses nymphales. La progéniture perce alors des ouvertures dans la paroi du corps de la mère et sort à l'extérieur. Les femelles doivent trouver un œuf de thrips et recommencer le processus, mais le mâle a d'ores et déjà accompli sa mission reproductrice avant sa « naissance ». Il sort du corps de sa mère, réagit, comme l'acarien qu'il est, aux splendeurs du monde extérieur et sans plus s'attarder meurt.

Mais pourquoi ne pas poursuivre le processus une étape plus loin ? Pourquoi le mâle devrait-il naître après tout ? Une fois qu'il a copulé avec ses sœurs, son travail est terminé. Il est prêt à chanter la version acarienne de la prière de Siméon *Nunc dimittis* : « Ô Seigneur, laisse maintenant ton serviteur mourir en paix. » Et comme tout ce qui est du domaine du possible tend à se réaliser au moins une fois dans ce monde multiforme de la vie, il se trouve que l'*Adactylidium* possède un proche cousin qui a franchi le pas. L'*Acarophenax tribolii* lui aussi pratique exclusivement l'accouplement entre frère et sœurs. Quinze œufs, qui ne comprennent qu'un seul mâle, se développent dans le corps de la mère. Le mâle éclôt à l'intérieur de l'enveloppe tégumentaire de sa mère, copule avec toutes ses sœurs et meurt avant de naître. Évidemment cela peut apparaître comme une vie bien pauvre, mais le mâle *Acarophenax*, quant à sa continuité biologique, en fait tout autant qu'Abraham en procréant des enfants dans sa centième année.

Les bizarreries de la nature ne sont pas seulement d'excellentes anecdotes. Elles constituent surtout un matériau de choix permettant de déterminer les limites des théories sur l'histoire et la signification de la vie.

7

LA TENTATION LAMARCKIENNE

Le monde, malheureusement, répond rarement à nos espérances et s'obstine à ne pas se conduire de façon sensée. Le psalmiste ne se fait pas spécialement remarquer par ses dons d'observation quand il écrit : « J'ai été jeune et maintenant je suis vieux ; mais je n'ai pas vu le juste abandonné ni sa descendance mendier son pain. » Le tyrannie de ce qui semble raisonnable retarde souvent le progrès de la science. Qui, avant Einstein, aurait cru que la masse et l'âge d'un objet pouvaient être affectés par sa vitesse quand celle-ci s'approche de celle de la lumière ?

Puisque le monde vivant est un produit de l'évolution, pourquoi ne pas supposer qu'il est apparu de la façon la plus simple et la plus directe ? Pourquoi les organismes ne se seraient-ils pas perfectionnés sous l'effet de leurs propres efforts et pourquoi n'auraient-ils pas transmis ces avantages à leur descendance sous la forme de gènes transformés, selon ce processus qui a longtemps été appelé en jargon technique « l'hérédité des caractères acquis » ? Cette idée séduit le sens commun non seulement par sa simplicité, mais peut-être plus encore par ce qu'elle sous-entend d'heureux : l'évolution y emprunterait un chemin progressif, ouvert par le dur travail des organismes eux-mêmes. Mais la nature ne répond pas à certaines de nos attentes : ainsi nous devons tous mourir et nous n'habitons pas au centre d'un univers restreint. L'hérédité des caractères acquis n'est qu'un autre exemple de ces espérances déçues.

L'hérédité des caractères acquis est habituellement appelée du nom plus court, bien qu'historiquement inexact, de lamarckisme. Le grand naturaliste français Jean-Baptiste Lamarck (1744-1829), un des pionniers du transformisme, croyait à l'hérédité des caractères acquis, mais cette dernière n'occupait pas le centre de sa théorie évolutionniste et il n'en avait certainement pas la paternité. On a écrit des volumes entiers pour en déterminer les origines prélamarckiennes (voir Zirkle dans la bibliographie). Selon Lamarck, la vie naît de façon continue et spontanée sous une forme très simple. Puis, échelon après échelon, elle devient de plus en plus complexe sous l'impulsion d'une « force qui tend sans cesse à compliquer l'organisation ». Cette force créatrice agit en réponse aux « besoins ressentis » par les organismes. Mais la vie ne peut pas s'organiser comme une échelle, car elle est souvent détournée de son chemin ascendant par les nécessités du milieu ; c'est comme cela que les girafes ont acquis un long cou et les échassiers des pattes palmées, tandis que les taupes et les poissons cavernicoles perdaient leurs yeux. L'hérédité des caractères acquis joue effectivement un rôle important dans ce système, mais pas le rôle central. C'est le mécanisme qui permet à la progéniture de profiter des efforts de ses parents, mais il ne contribue pas à faire progresser l'évolution vers le haut de l'échelle.

A la fin du XIXe siècle, de nombreux évolutionnistes cherchèrent une alternative à la théorie de la sélection naturelle de Darwin. Ils relurent Lamarck, en éliminèrent les points fondamentaux (la génération continue et les forces qui deviennent de plus en plus complexes) et portèrent leur attention sur un des aspects des mécanismes, l'hérédité des caractères acquis, pour lui conférer un rôle essentiel qu'il n'avait jamais eu pour Lamarck lui-même. En outre, plusieurs de ces soi-disant « néo-lamarckiens » abandonnèrent l'idée charnière de Lamarck qui faisait de l'évolution une réponse active et créatrice des organismes à leurs besoins. Ils conservèrent l'hérédité des caractères acquis mais, pour eux, les acquisitions étaient imposées directement par le milieu à des organismes passifs.

Bien que j'accepte de me plier à l'usage contemporain et que je définisse le lamarckisme comme la notion selon laquelle les organismes évoluent en acquérant des caractères adaptatifs et en les transmettant sous la forme d'une information génétique transformée, je tiens à faire remarquer que ce nom honore bien mal un très grand savant qui mourut voici cent cinquante ans. L'intelligence et la richesse de pensée sont ainsi trop souvent dégradées.

Le lamarckisme, dans cette acception, demeura une théorie évolutionniste qui connut de nombreux adeptes jusque dans notre siècle. Darwin remporta la bataille qui établit la réalité de l'évolution, mais la théorie expliquant son mécanisme, la sélection naturelle, ne connut un large succès que dans les années 1930, lorsque fusionnèrent les traditions de l'histoire naturelle et la génétique mendélienne. D'ailleurs, Darwin lui-même ne niait pas toute valeur au lamarckisme, bien qu'il le considérât comme un mécanisme évolutif accessoire, venant à l'appui de la sélection naturelle. En 1938 encore, un paléontologiste de Harvard, Percy Raymond, écrivant (je crois bien) sur le bureau même que j'utilise actuellement, disait de ses collègues : « La plupart d'entre eux probablement sont lamarckiens d'une tendance ou d'une autre ; il pourrait même sembler, à un esprit critique et peu charitable, que beaucoup d'entre eux sont plus lamarckiens que Lamarck. » Il faut admettre la continuité de l'influence du lamarckisme si l'on veut comprendre bien des théories sociales d'un passé récent, incompréhensibles si on les place de force dans le cadre darwinien qu'on leur suppose. Lorsque les réformateurs parlaient de « tares » de pauvreté, d'alcoolisme, de criminalité, ils pensaient généralement au sens littéral du terme, c'est-à-dire que les péchés du père suivraient un schéma héréditaire rigide et s'étendraient au-delà de la troisième génération. Lorsque Lyssenko préconisa des cures lamarckiennes pour combattre les maux dont souffrait l'agriculture soviétique dans les années 1930, il n'avait pas ressuscité une ineptie du début du XIXe siècle, mais il appliquait une théorie toujours respectable, quoique en perte de vitesse. Bien que cette mise au point historique ne rende pas moins effrayantes l'hégémonie de Lyssenko et les méthodes qu'il utilisa pour la maintenir, elle concourt à lever un peu le voile de mystère entourant cet épisode. Car le conflit qui opposa Lyssenko aux mendéliens russes fut, au départ, un vrai débat d'ordre scientifique. Plus tard, Lyssenko réaffirma ses positions par la fraude, la tromperie, la manipulation et l'assassinat, c'est là toute la tragédie.

La théorie darwinienne de la sélection naturelle est plus complexe que le lamarckisme car elle fait appel, non pas à une seule force, mais à *deux* processus séparés. Les deux théories sont enracinées dans le concept d'*adaptation*, c'est-à-dire dans l'idée qu'en réponse à des changements de milieu, les organismes évoluent dans leur forme, leur fonction ou leur comportement dans le sens le plus favorable à leurs nouvelles conditions d'existence. Ainsi, dans les deux théories, les informations provenant de l'environnement doivent être transmises aux organismes. Dans le lamarckisme, la transmission est directe. L'organisme perçoit le changement de milieu, y répond de façon correcte et passe sa réaction directement à ses descendants.

Le darwinisme, quant à lui, est un processus qui se déroule en deux étapes, des forces différentes étant responsables de la variation et de la direction. Pour la première étape, les darwiniens parlent de variation génétique fortuite, « due au hasard ». C'est un terme malheureux car nous n'entendons pas par là le hasard au sens mathématique, c'est-à-dire avec une probabilité égale dans toutes les directions. Nous voulons simplement dire que les variations se produisent sans une orientation préférentielle dans le sens de l'adaptation. Si la température s'abaisse et qu'une fourrure plus épaisse favorise la survie, les variations génétiques dans lesquelles la fourrure s'épaissit ne se produisent pas plus fréquemment qu'avant. La sélection, la deuxième phase, agit sur les variations *non orientées* et transforme une population en aidant au succès de la reproduction des variantes avantageuses.

Telle est la différence essentielle entre le lamarckisme et le darwinisme ; car le lamarckisme est, fondamentalement, une théorie de la variation *dirigée*. Si les fourrures épaisses sont meilleures, l'animal perçoit le besoin, sa fourrure s'épaissit et il transmet ce nouveau caractère à ses descendants. La variation est dirigée automatiquement vers l'adaptation et il n'est besoin d'aucune seconde force comme la sélection naturelle. Nombreux sont ceux qui ne comprennent pas le rôle essentiel de la variation dirigée dans le lamarckisme. Selon eux, le lamarckisme serait valide, car le milieu influence bien l'hérédité : les mutagènes chimiques et radioactifs accroissent en effet la vitesse de mutation et élargissent le champ des variations génétiques d'une population. Ce mécanisme augmente la quantité globale de variations mais ne les dirige pas dans un sens donné. Le lamarckisme soutient, lui, que les variations génétiques sont, au départ, orientées *préférentiellement* dans des directions adaptatives.

Par exemple, dans le numéro du 2 juin 1979 de *Lancet*, la principale revue médicale britannique, le docteur Paul E.M. Fine défend ce qu'il appelle le « lamarckisme » en présentant plusieurs processus biochimiques permettant la transmission héréditaire des variations génétiques acquises, mais *non dirigées*. Les virus, essentiellement des éléments nus d'ADN, peuvent s'insérer dans le matériau génétique d'une bactérie et être transmis aux descendants dans les chromosomes. Une enzyme appelée la « transcriptase inverse » peut servir d'ntermédiaire pour que l'interprétation de l'information « revienne » de l'ARN de la cellule à l'ADN du noyau. La vieille idée d'un flux d'information, unique et irréversible, allant de l'ADN du noyau à l'ARN puis aux protéines dont se sert la cellule pour bâtir sa propre architecture, ne s'applique pas dans tous les cas, même si Watson lui-même l'a élevée au rang de « dogme central » de la biologie moléculaire : l'ADN fabrique l'ARN qui fabrique des protéines. Puisqu'un virus inséré est un « caractère acquis » qui peut être transmis aux descendants, Fine prétend que le lamarckisme est valable dans certains cas. Mais Fine oublie que le lamarckisme requiert que les caractères soient acquis pour des raisons adaptatives, car c'est une théorie de la variation dirigée. Or je n'y ai pas vu comment ces mécanismes biochimiques pouvaient mener à l'incorporation préférentielle des informations génétiques *favorables*. Peut-être cela est-il possible ? Peut-être même cela se produit-il effectivement ? S'il en était ainsi, ce serait là un progrès passionnant, et lamarckien au vrai sens du terme.

Mais jusqu'à présent, nous n'avons rien trouvé, dans les travaux du mendélisme ou dans la biochimie de l'ADN, qui permette de croire que le milieu ou les adaptations acquises puissent diriger la mutation des cellules sexuelles dans des directions spécifiques. Comment le refroidissement du temps pourrait-il « dire » aux chromosomes d'un spermatozoïde ou d'un ovule de produire des mutations qui allongent le poil ? Ce serait bien agréable. Ce serait tout simple. Cela permettrait à l'évolution de progresser à une vitesse beaucoup plus grande que ne l'autorisent les processus darwiniens. Mais, jusqu'à plus ample informé, ce n'est pas ainsi que la nature agit.

Cependant le lamarckisme se maintient, au moins dans l'imagination populaire, et nous devons nous demander pourquoi. Arthur Koestler, en particulier, l'a défendu avec vigueur dans plusieurs livres dont *The Case of the Midwife Toad* (« L'Étreinte du crapaud »), où l'auteur s'évertue, tout au long de l'ouvrage, à venger le lamarckien autrichien Paul Kammerer qui se suicida en 1927 (en grande partie pour d'autres raisons) après qu'il eut découvert qu'on avait falsifié le plus bel animal de son laboratoire en lui injectant de l'encre de Chine. Koestler espère au moins établir l'existence d'un « mini-lamarckisme » pour mettre à mal l'orthodoxie du darwinisme qu'il juge insensible et mécaniste. Je pense que le lamarckisme conserve toujours son succès pour deux raisons simples.

D'abord, quelques phénomènes de l'évolution semblent effectivement, après un premier examen superficiel, confirmer les thèses lamarckiennes. Généralement, le succès du lamarckisme s'explique par une mauvaise interprétation du darwinisme. Par exemple, on entend souvent dire, et à juste raison, que de nombreuses adaptations génétiques sont précédées d'un changement de comportement sans fondement génétique. Un cas récent et devenu classique a montré qu'en Angleterre plusieurs espèces de mésanges ont appris à ôter les capsules des bouteilles de lait en les perforant pour en boire la crème. On peut imaginer sans mal une évolution ultérieure de la forme du bec qui rendrait ce chapardage plus aisé (mais il sera sans doute étouffé dans l'œuf par l'apparition des emballages en carton ou la fin de la livraison à domicile). Ceci n'est-il pas lamarckien en ce sens qu'une innovation non génétique et active dans le comportement a préparé le chemin à un renforcement de l'évolution ? Le darwinisme ne considère-t-il pas le milieu comme un feu épurateur et les organismes comme des entités passives ?

Mais le darwinisme n'est pas une théorie mécaniste du déterminisme environnemental. Pour lui, les organismes ne sont pas des boules de billard, ballottées ici et là au gré de l'environnement. Ces exemples d'innovation de comportement sont totalement darwiniens — mais il faut féliciter Lamarck pour avoir si fortement insisté sur le rôle actif joué par les organismes dans la création de leur environnement. Les mésanges, en apprenant à déboucher les bouteilles de lait, ont modifié leur propre environnement et ont donc mis en place de nouvelles pressions sélectives. Les becs de forme différente se verront à présent favorisés par la sélection naturelle. Le nouvel environnement ne pousse pas les mésanges à mettre en œuvre une variation génétique dirigée vers la forme favorisée. C'est cela, et uniquement cela, qui serait lamarckien.

Un autre phénomène, auquel on a attribué toutes sortes de noms, dont l'« effet Baldwin » et l'« assimilation génétique », semble posséder un caractère plus lamarckien, mais s'inscrit tout aussi bien dans une perspective darwinienne. Voyons-en l'illustration la plus classique :

les autruches possèdent des callosités aux genoux, car elles s'agenouillent souvent sur le sol dur ; mais les callosités se développent à l'intérieur de l'œuf, avant qu'elles puissent les utiliser. Ce phénomène n'implique-t-il pas un scénario lamarckien : des ancêtres aux genoux mous commencèrent à s'agenouiller et à acquérir des callosités qui étaient alors des adaptations non génétiques, exactement comme nous, selon notre activité, nous avons le durillon de l'écrivain ou la plante des pieds cornée ? Ces callosités furent ensuite transmises à la descendance en devenant ainsi des adaptations génétiques se formant bien avant d'être utilisées.

L'explication darwinienne de l'« assimilation génétique » peut être illustrée par le cas du crapaud accoucheur de Paul Kammerer qui est l'exemple favori de Koestler ; car Kammerer réalisa, sans s'en rendre compte, et ce n'est pas la moindre ironie du sort, une expérience darwinienne. Ce crapaud terrestre descend d'ancêtres aquatiques qui possédaient sur leurs pattes avant des bourrelets rugueux, les coussinets nuptiaux. Le mâle utilisait ces coussinets pour tenir la femelle pendant l'accouplement dans ce milieu glissant. Les crapauds accoucheurs, en copulant sur la terre ferme, perdirent leurs coussinets, bien qu'on les retrouve chez certains individus anormaux sous une forme rudimentaire, ce qui indique que la capacité génétique de fabriquer ces coussinets n'est pas entièrement perdue.

Kammerer contraignit quelques crapauds à se reproduire dans l'eau et éleva la génération suivante issue des quelques rares œufs qui avaient pu survivre dans ce milieu inhospitalier. Après avoir répété l'opération sur plusieurs générations, Kammerer obtint des mâles dotés de coussinets nuptiaux (même si l'un d'eux plus tard reçut une injection d'encre de Chine, peut-être pas de Kammerer lui-même, pour en rehausser l'effet). Kammerer en conclut qu'il avait mis en évidence un processus lamarckien : il avait replongé le crapaud accoucheur dans son milieu ancestral ; celui-ci avait recouvré son ancienne adaptation et l'avait transmise sous une forme génétique à sa descendance.

Mais Kammerer avait en fait réalisé une expérience darwinienne : lorsqu'il força les crapauds à se reproduire dans l'eau, seuls quelques rares œufs survécurent. Kammerer avait donc exercé une très forte pression sélective sur les variations génétiques, quelles qu'elles soient, qui encouragent le succès de reproduction dans l'eau. Et il maintint cette pression pendant plusieurs générations. La sélection exercée par Kammerer avait regroupé les gènes favorisant la vie aquatique, ce que ne possédait aucun des parents de la première génération. Puisque les coussinets nuptiaux sont une adaptation aquatique, leur apparition peut être liée à l'ensemble des gènes qui assurent le succès dans l'eau, enssemble dont la sélection darwinienne opérée par Kammerer a accru la fréquence. Pareillement, l'autruche a pu d'abord présenter ses callosités comme une adaptation non génétique. Mais l'habitude de s'agenouiller, renforcée par ces callosités, exerça de nouvelles pressions sélectives concourant à préserver la variation génétique fortuite qui peut également coder ces caractères. Les callosités elles-mêmes ne sont pas transmises mystérieusement par l'hérédité des caractères acquis de l'adulte au jeune.

Je soupçonne la seconde raison du succès persistant du lamarckisme d'être aussi la plus importante. Elle réside dans le soulagement que cette théorie apporte face à un univers dépourvu de signification pour notre vie. Elle renferme deux de nos préjugés les plus profondément ancrés, notre conviction que tout effort devrait être récompensé et l'espoir que nous mettons en un monde progressant de son propre mouvement vers un but bien déterminé. Le lamarckisme a plus attiré Koestler et les autres humanistes par le réconfort qu'il apporte que par les arguments techniques sur l'hérédité. Le darwinisme n'offre aucune consolation de cette sorte car il considère uniquement que les organismes s'adaptent aux environnements locaux en luttant pour accroître les chances de succès de leur reproduction. Le darwinisme nous contraint à chercher ailleurs un sens à la vie. Et n'est-ce pas là le but même de l'art, de la musique, de la littérature, de l'éthique, des combats personnels et de l'humanisme koestlérien ? Pourquoi exiger tant de la nature et limiter les moyens qui sont les siens alors que les réponses (même si elles sont individuelles et non pas absolues) se trouvent en nous-mêmes ?

Le lamarckisme, en tant que théorie de la transmission génétique, est donc, pour autant que nous puissions en juger, faux dans le domaine qu'il a toujours occupé, la biologie. Mais, par analogie seulement, il correspond au mode d'« hérédité » d'un autre type d'« évolution », très différent, l'évolution culturelle humaine. L'*Homo sapiens* est apparu il y a au moins cinquante mille ans et, depuis cette époque, nous n'avons pas la moindre preuve d'une amélioration génétique quelconque. Je crois bien que l'homme de Cro-Magnon moyen, après avoir reçu l'instruction nécessaire, aurait pu rivaliser avec les meilleurs d'entre nous dans le maniement des ordinateurs (rappelons, même si cela n'a pas grande valeur, que leur cerveau était légèrement plus volumineux que le nôtre). Tout ce que nous avons réalisé, pour le meilleur et pour le pire, est le résultat de l'évolution culturelle. Et nous l'avons fait à une vitesse qui est sans aucune commune mesure avec toute l'histoire précédente de la vie. Les géologues ne peuvent pas inclure ces quelques milliers d'années dans le contexte de l'histoire de notre planète. C'est cependant au cours de cette millimicroseconde que nous avons transformé la surface de notre planète sous l'influence d'une seule invention biologique qui n'a subi aucun changement, la conscience. Nous sommes ainsi passés de quelque cent mille individus armés de haches à plus de quatre milliards avec bombes, missiles, villes, télévisions et ordinateurs, et tout cela sans transformation génétique notable.

L'évolution culturelle a progressé à une vitesse que les processus darwiniens ne peuvent pas approcher. L'évolution darwinienne se poursuit chez l'*Homo sapiens*, mais à une vitesse si lente qu'elle n'a plus guère d'influence sur notre histoire. Ce point crucial dans l'histoire de la Terre a été atteint car les processus lamarckiens ont eu finalement la bride sur le cou. L'évolution culturelle humaine, contrairement à notre histoire biologique, est de caractère lamarckien. Ce que nous avons appris en une génération, nous le transmettons directement par l'enseignement et les textes. Les caractères acquis sont héréditaires dans les domaines de la technologie et de la culture. L'évolution lamarckienne est rapide et cumulative. Elle explique la différence fondamentale entre notre premier mode de transformation, purement biologique, et la vertigineuse accélération actuelle qui nous conduit vers on ne sait quel avenir libérateur... ou vers l'abîme.

8

GROUPES ALTRUISTES ET GÈNES ÉGOÏSTES

Le monde des objets peut s'ordonner en une hiérarchie de niveaux ascendants, s'emboîtant les uns dans les autres. Des atomes aux molécules composées d'atomes, aux cristaux formés de molécules, aux minéraux, aux roches, à la Terre, au système solaire, à la galaxie faite d'étoiles et à l'univers de galaxies. Des forces différentes sont en jeu à des niveaux différents. Les roches tombent par gravité, mais, aux niveaux atomique et moléculaire, celle-ci est si faible que les calculs courants les ignorent.

La vie, également, fonctionne à de nombreux niveaux, et chacun joue un rôle dans le processus de l'évolution. Voyons les trois principaux niveaux : gènes, organismes et espèces. Les gènes sont les plans des organismes ; les organismes sont les éléments de construction des espèces. L'évolution a besoin de variation, car la sélection naturelle ne peut pas entrer en jeu sans un large éventail de choix. La mutation est l'ultime source de variation et les gènes sont les unités de variation. Les organismes individuels sont l'unité de sélection. Mais les individus n'évoluent pas. Ils ne peuvent que croître, se reproduire et mourir. Le changement évolutif se produit au sein de groupes d'organismes ayant des interactions entre eux ; l'espèce est l'unité de l'évolution. En bref, comme l'a écrit le philosophe David Hull, les gènes subissent des mutations, les individus sont sélectionnés et l'espèce évolue. C'est exactement ce que soutient la thèse darwinienne orthodoxe.

Les individus constituent l'unité de sélection. C'est là un thème central de la pensée de Darwin qui affirmait que l'équilibre de la nature n'avait pas de cause « plus élevée ». L'évolution ne reconnaît pas le « bien de l'écosystème » ni même le « bien de l'espèce ». Toute harmonie ou stabilité n'est que le résultat indirect de l'action des individus poursuivant sans relâche leur propre intérêt — ou, en langage moderne, transmettant un plus grand nombre de gènes aux générations futures. Les individus sont l'unité de sélection ; la « lutte pour l'existence » est une affaire entre individus.

Durant les quinze dernières années, cependant, cette thèse darwinienne attribuant le premier rôle aux individus a été contestée, ce qui a déclenché des débats animés parmi les évolutionnistes. Ces remises en cause sont venues des deux côtés ; d'en haut et d'en bas. D'en haut d'abord : le biologiste écossais V.C. Wynne-Edwards a soulevé la fureur des orthodoxes il y a quinze ans, car, selon lui, les groupes, et non les individus, étaient les unités de sélection, au moins pour l'évolution du comportement social. D'en bas ensuite : le biologiste anglais Richard Dawkins m'a récemment fait sortir de mes gonds en déclarant que les gènes eux-mêmes étaient les unités de sélection, les individus n'étant que de simples réceptacles temporaires.

Wynne-Edwards a exposé sa thèse sur la « sélection de groupe » dans un long ouvrage intitulé *Animal Dispersion in Relation to Social Behavior* (« La dispersion animale et ses rapports avec le comportement social »). Il commença par poser le problème suivant : si les individus ne luttent que pour assurer le plus grand succès possible de leur reproduction, pourquoi de si nombreuses espèces semblent-elles maintenir leur population à un niveau constant, en accord avec les ressources disponibles ? La réponse darwinienne traditionnelle faisait appel à des contraintes externes de nourriture, de climat et de présence de prédateurs : seul un nombre donné peut être

Transformation des espèces aux périphéries

nourri, donc le reste meurt de faim (ou de froid ou est mangé) et le nombre se stabilise. Wynne-Edwards, au contraire, soutenait que les animaux ajustent leurs propres populations en évaluant les restrictions de leur environnement et en ajustant en conséquence leur propre reproduction. Il reconnaissait volontiers que sa théorie allait à l'encontre de la « sélection individuelle » défendue par Darwin avec tant d'insistance, car elle sous-entendait que de nombreux individus limitent leur reproduction ou même y renoncent pour le bien de leur groupe.

Wynne-Edwards considérait comme établie la division de la plupart des espèces en de nombreux groupes plus ou moins séparés. Certains groupes ne se sont jamais dotés d'aucun moyen pour contrôler leur reproduction. Au sein de ces groupes, la sélection individuelle règne en maître. Dans les bonnes années, les populations s'accroissent et les groupes prospèrent ; dans les mauvaises années, les groupes ne peuvent s'ajuster et connaissent des pertes considérables et même l'extinction. D'autres groupes mettent en place des systèmes de régulation dans lesquels de nombreux individus sacrifient leur reproduction au bénéfice du groupe (ce qui est une impossibilité si la sélection ne peut que favoriser les individus à la recherche de leur propre profit). Ces groupes survivent en traversant de bonnes et de mauvaises périodes. L'évolution est une lutte entre les groupes, non entre les individus. Et les groupes survivent s'ils ajustent leur population par les actes altruistes d'individus. « Il est nécessaire, écrit Wynne-Edwards, de considérer comme établi que les organisations sociales sont capables d'évolution progressive et de perfection en tant qu'entités agissant de leur propre droit. »

Wynne-Edwards réinterpréta la plupart des comportements animaux à la lumière de cette théorie. Le milieu n'imprime pour ainsi dire qu'un nombre limité de billets donnant droit à la reproduction. Les animaux luttent entre eux pour acquérir ces billets à travers des systèmes compliqués de rivalité ritualisée. Chez les espèces territoriales, chaque parcelle de terrain renferme un billet et les animaux (habituellement les mâles) s'efforcent d'obtenir ces parcelles. Les perdants acceptent de bonne grâce et se retirent dans un célibat périphérique pour le bien de tous. (Wynne-Edwards, bien entendu, n'attribue pas d'intention consciente aux gagnants ni aux perdants. L'acceptation de ces derniers doit s'expliquer, selon lui, par quelque mécanisme hormonal inconscient.)

Chez les espèces où règne une hiérarchie de prédominance, les billets sont répartis en fonction du nombre de places et les animaux entrent en compétition pour obtenir un rang. Cette compétition se fait par le bluff et les attitudes, car les animaux ne doivent pas se détruire en se combattant comme les gladiateurs. Ils ne luttent, après tout, que pour obtenir des billets au profit du groupe. L'épreuve est plus une loterie qu'un match ; la distribution d'un nombre exact de billets est beaucoup plus importante que l'identité des vainqueurs. « Le caractère conventionnel de la rivalité et la création de la société sont une seule et même chose », affirmait Wynne-Edwards.

Mais comment les animaux connaissent-ils le nombre de billets disponibles ? Cela leur est apparemment impossible, à moins qu'ils ne puissent recenser leur population. C'est là que, dans la plus stupéfiante de ses hypothèses, Wynne-Edwards a laissé supposer que le rassemblement en troupeaux, en essaims, le chant choral et communautaire étaient nés de la sélection de groupe car ces mécanismes servaient à établir le recensement de la population. Il y ajoutait « le chant des oiseaux, la stridulation des sauterelles et des grillons, le coassement des grenouilles, les bruits émis sous l'eau par les poissons et les éclairs des lucioles ».

Les darwiniens attaquèrent vigoureusement Wynne-Edwards dans les dix années qui suivirent la parution de son livre. Ils utilisèrent deux stratégies. D'abord, ils acceptèrent la plupart de ses observations, mais les réinterprétèrent comme des cas de sélection individuelle. Selon eux, par exemple, l'identité de celui qui l'emporte est le sujet même des relations de hiérarchie de domination ou de territorialité. Si la répartition sexuelle entre mâles et femelles est d'environ 50-50 et si certains mâles monopolisent plusieurs femelles, tous les mâles ne peuvent pas se reproduire. Chacun lutte pour obtenir ce prix darwinien qu'est la transmission du plus grand nombre de gènes possible. Les perdants ne s'éloignent pas de bonne grâce, satisfaits de savoir que leur sacrifice a été consenti pour le bien de tous. Ils ont tout simplement été battus ; avec un peu de chance, ils gagneront la prochaine fois. Tout cela peut aboutir à une population bien réglée, mais le mécanisme reste la lutte individuelle.

Pratiquement tous les exemples d'altruisme apparent de Wynne-Edwards peuvent être présentés comme des cas d'égoïsme individuels. Dans de nombreuses troupes d'oiseaux, par exemple, le premier individu qui repère un prédateur émet un cri d'avertissement. La volée se disperse mais, selon les sélectionnistes de groupe, le crieur a sauvé ses congénères en appelant l'attention sur lui-même : il s'est sacrifié (ou du moins mis en danger) pour le bien de la troupe. Les groupes composés de crieurs altruistes l'ont emporté dans l'évolution sur tous les groupes égoïstes et silencieux, malgré les risques encourus par les individus altruistes. Mais le débat sur ce sujet a fait apparaître au moins une douzaine d'interprétations selon lesquelles les cris sont bénéfiques au crieur. Le cri peut faire partir la troupe en désordre, ce qui a pour effet de troubler le prédateur et de le rendre moins susceptible d'attraper un animal et donc le crieur lui-même. Ou bien le crieur peut désirer se mettre à l'abri mais n'ose pas faire bande à part, de peur que le prédateur ne remarque cet individu isolé. Alors il crie pour que tout le groupe l'accompagne dans sa fuite. En tant que crieur, il peut être désavantagé par rapport à ses congénères (ou avantagé, s'il est le premier à se mettre à l'abri), mais il peut cependant être en meilleure posture que s'il s'était tu et donc s'il avait laissé le prédateur s'emparer au hasard d'un animal (qui aurait pu être lui-même).

La seconde stratégie contre la sélection de groupe réinterprète les actes qui semblent altruistes et désintéressés comme des mécanismes égoïstes dont le but est de propager les gènes à travers les parents survivants : c'est la théorie de la sélection parentale *(kin selection)*. Les enfants issus des mêmes parents partagent, en moyenne, la moitié de leurs gènes. Si vous mourez pour sauver trois membres de votre fratrie, vous transmettez cent cinquante pour cent de vous-même à travers leur reproduction. De nouveau, vous avez agi au profit de votre évolution si ce n'est pour votre continuité corporelle. La sélection parentale est une forme de la sélection individuelle darwinienne.

Ces explications alternatives n'infirment pas la sélection de groupe, car elles ne font rien d'autre que raconter les mêmes histoires sur le mode darwinien le plus conventionnel, celui de la sélection individuelle. La poussière ne s'est pas encore accumulée sur ce sujet controversé mais un consensus (peut-être inexact) semble émerger. La plupart des évolutionnistes admettraient à présent que la sélection de groupe peut agir dans certaines situations particulières (chez des espèces composées de nombreux groupes très discontinus, à grande cohésion sociale en compétition directe les uns avec les autres). Mais ils considèrent que ces situations sont fort rares, ne serait-ce que parce que les groupes discontinus sont souvent des groupes d'individus appartenant à une même famille, ce qui conduit à préférer une explication de l'altruisme dans le groupe par la sélection parentale.

Mais au moment où la sélection individuelle se sortait sans trop de dommage de l'offensive menée contre elle depuis le haut par la sélection de groupe, d'autres évolutionnistes déclenchèrent une attaque par le bas. Les gènes, prétendirent-ils, sont les unités de sélection, non les individus. Ils présentèrent une autre mouture du célèbre aphorisme de Butler : la poule n'est que le moyen utilisé par l'œuf pour faire un autre œuf. Un animal, selon eux, n'est que le moyen utilisé par l'ADN pour faire plus d'ADN. Richard Dawkins a énoncé ses arguments de la manière la plus vigoureuse dans un livre récent, *Le Gène égoïste* (paru également sous le titre *Le Nouvel Esprit biologique*). « Un corps, écrit-il, est le moyen utilisé par les gènes pour préserver les gènes de toute altération. »

Car, pour Dawkins, l'évolution est une bataille entre les gènes, chacun d'eux cherchant à faire des doubles de lui-même. Les corps ne sont que les lieux où les gènes se rassemblent pour un moment. Les corps sont des réceptacles temporaires, des machines de survie manipulées par les gènes et mises au rebut géologique une fois que les gènes se sont dédoublés et ont étanché la soif inextinguible qu'ils ont de laisser des doubles d'eux-mêmes dans les corps de la génération suivante.

« Nous sommes des machines de survie, écrit Dawkins, des véhicules robots programmés aveuglément pour préserver ces molécules égoïstes connues sous le nom de gènes...

« Ils s'assemblent en vastes colonies, bien à l'abri de robots gigantesques et encombrants [...] ils sont en vous et en moi ; ils nous ont créés, corps et esprit ; et leur préservation est l'ultime raison d'être de notre existence. »

Dawkins abandonne explicitement le concept des individus comme unités de sélection : « Je soutiens que l'unité fondamentale de sélection, et donc l'unité à la recherche de son propre intérêt, n'est pas l'espèce, ni le groupe, ni même, au sens strict, l'individu. L'unité d'hérédité, c'est le gène. » Ainsi nous ne devrions pas parler de sélection parentale et d'altruisme apparent. Les corps ne sont pas les unités appropriées. Les gènes ne font que tenter de reconnaître les doubles d'eux-mêmes partout où ils apparaissent. Ils n'agissent que pour préserver leurs doubles et en fabriquer davantage. Ils se moquent complètement du corps qui se trouve être leur domicile temporaire.

Je commencerai ma critique en disant que je ne suis pas gêné par ce qui frappe la plupart des gens comme étant l'élément le plus extravagant de ce texte, le fait d'attribuer aux gènes des actions conscientes. Dawkins sait aussi bien que vous et moi que les gènes n'établissent ni plans ni prévisions ; ils ne sont pas sciemment les agents de leur propre sauvegarde. Il ne fait que perpétuer, d'une manière plus pittoresque que de coutume, la tradition des raccourcis métaphoriques utilisés (peut-être imprudemment) par tous les vulgarisateurs scientifiques qui ont écrit sur l'évolution et dont je fais partie (mais j'espère n'avoir pas abusé du procédé). Quand il déclare que les gènes s'efforcent de faire davantage de doubles d'eux-mêmes, il veut dire : « La sélection a agi pour favoriser les gènes qui, par chance, ont varié de telle façon que davantage de doubles ont survécu dans les générations suivantes. » La seconde formulation est assez indigeste ; la première est directe et acceptable en tant que métaphore bien qu'elle soit littéralement inexacte.

Je trouve cependant un défaut rédhibitoire dans l'attaque de Dawkins. Quel que soit le pouvoir que Dawkins désire attribuer aux gènes, il y a une chose qu'il ne peut pas leur donner, la visibilité directe aux yeux de la sélection naturelle. La sélection ne peut pas voir les gènes et choisir directement parmi eux. Elle doit utiliser des intermédiaires, les corps. Un gène est un morceau d'ADN caché dans une cellule. La sélection voit des corps. Elle avantage certains corps car ils sont plus forts, mieux isolés, plus précoces dans leur maturation sexuelle, plus farouches au combat ou plus beaux à regarder.

Si, en favorisant un corps plus fort, la sélection agissait directement sur un gène de la force, la théorie de Dawkins pourrait se justifier. Si, sans prêter à la moindre ambiguïté, les corps étaient de simples reflets de leurs gènes, alors les morceaux d'ADN en lutte y déploieraient leurs couleurs extérieurement et la sélection pourrait agir directement sur eux. Mais les corps ne se présentent pas ainsi.

Il n'y a pas de gène « pour » des éléments de morphologie aussi peu ambigus que votre rotule gauche ou que votre ongle. Les corps ne peuvent pas être atomisés en éléments qui seraient chacun construits par un gène individuel. Des centaines de gènes participent à la construction de la plupart des éléments du corps et leur action est coordonnée à travers une série kaléidoscopique d'influences du milieu : embryonnaires et postnatales, internes et externes. Les éléments ne sont pas des gènes ayant subi un mouvement de translation et la sélection n'agit pas directement sur les éléments. Elle accepte ou rejette des organismes entiers parce que des assemblages d'éléments, au fonctionnement complexe, confèrent ou non des avantages. L'image de gènes individuels programmant le cours de leur propre survie ne présente que peu de rapport avec la génétique du développement telle que nous la comprenons. Dawkins aurait besoin d'une autre métaphore : les gènes s'y réuniraient en groupes de pression, formeraient des alliances, y témoigneraient de la déférence pour obtenir une chance de participer à un pacte, y évalueraient les milieux probables. Mais lorsque vous fusionnez de si nombreux gènes, lorsque vous les liez ensemble dans des chaînes hiérarchiques d'action unies par le milieu, nous appelons l'objet qui en résulte un corps.

En outre, la thèse de Dawkins sous-entend que les gènes ont une influence sur les corps. La sélection ne peut pas les voir à moins qu'ils ne se transfèrent dans les fragments de morphologie, de physiologie ou de comportement qui établissent une différence quant au succès d'un organisme. Non seulement nous avons besoin que soit dressée une carte univoque entre le gène et le corps (dont nous avons montré l'impossibilité précédemment), mais nous avons également besoin d'une carte *adaptative* univoque. Il est amusant de constater que la théorie de Dawkins est arrivée au moment précis où un nombre croissant d'évolutionnistes rejettent l'idée pan-sélectionniste selon laquelle tous les éléments du corps seraient façonnés dans le creuset de la sélection naturelle. Il se peut que de nombreux gènes, si ce n'est pas la plupart, fonctionnent avec la même efficacité (ou au moins suffisamment bien) dans toutes leurs variantes et que la sélection ne choisisse pas parmi eux. Si la plupart des gènes ne s'offrent pas à la révision, ils ne peuvent pas être l'unité de la sélection.

En bref, je pense que la fascination exercée par la théorie de Dawkins provient de certaines mauvaises habitudes prises par la pensée scientifique occidentale, de trois attitudes que nous appelons (pardonnez-moi le jargon) atomisme, réductionnisme et déterminisme. La première consiste à croire que les ensembles devraient être appréhendés en les décomposant en unités fondamentales ; la deuxième que les propriétés des unités microscopiques peuvent entraîner et influencer le comportement des résultantes macroscopiques ; selon la troisième, tous les événements et tous les objets ont des causes précises, prévisibles et déterminées. Ces idées ont montré leur valeur pour l'étude des objets simples, composés de quelques éléments et sur lesquels l'histoire n'a pas eu d'influence. Je suis sûr que mon radiateur va s'allumer lorsque je vais le mettre en marche. Les lois qui régissent les molécules du gaz permettent de prévoir les propriétés des plus gros volumes. Mais les organismes sont plus que des agrégats de gènes. Ils ont une histoire qui pèse de tout son poids ; leurs organes présentent des interactions complexes. Les organismes sont bâtis par des gènes agissant de conserve sous l'influence du milieu et transmis dans des éléments que la sélection voit et dans d'autres qui lui sont invisibles. Les molécules qui déterminent les propriétés de l'eau ne sont que de pauvres analogues des gènes et des corps. Je ne suis peut-être pas maître de ma destinée, mais l'intuition de mon unicité reflète une vérité biologique.

TROISIÈME PARTIE

L'ÉVOLUTION HUMAINE

9

UN HOMMAGE BIOLOGIQUE A MICKEY

L'âge change souvent le feu en placidité. Lytton Strachey, dans le portrait incisif qu'il a dressé de Florence Nightingale[1], a écrit de ses dernières années :

« Après avoir patiemment attendu, le destin joua à Miss Nightingale un tour à sa façon. Au cours de sa longue vie, sa bienveillance et son esprit du bien public n'avaient eu d'égal que son aigreur. Sa vertu s'était nourrie de sa dureté. [...] Et les années, sarcastiques, apportaient à cette femme fière son châtiment. Elle ne devait pas mourir comme elle avait vécu. Son dard devait lui être ôté ; elle devait s'adoucir, être réduite à la soumission et à la complaisance. »

Je ne fus donc pas surpris — bien que l'analogie puisse paraître sacrilège à certains — de découvrir que la créature dont le nom est synonyme de mièvrerie avait eu dans sa jeunesse beaucoup plus de mordant. En 1978, Mickey Mouse atteignit l'âge respectable de cinquante ans. Pour marquer l'événement, plusieurs salles de cinéma ont reprogrammé « *Steamboat* Willie », 1928 (« Le vapeur *Willie* »), où Mickey faisait sa première apparition à l'écran. C'était alors un personnage exubérant, légère-

---

1. Infirmière britannique (1820-1910) qui organisa des hôpitaux militaires, notamment pendant la guerre de Sécession et la guerre franco-allemande de 1870 (N.d.T.).

ment sadique même. Au cours d'une remarquable séquence où sont exploitées les possibilités nouvelles offertes par le son, Mickey et Minnie rouent de coups et maltraitent les animaux qui se trouvent à bord du bateau à vapeur pour donner une vibrante interprétation chorale de « Turkey in the Straw ». Ils font couiner un canard dans une étreinte fougueuse, tournent la queue d'une chèvre comme une manivelle, tordent les mamelles d'une truie, se servent des dents d'une vache comme d'un xylophone et jouent de la cornemuse avec son pis.

L'évolution de Mickey au cours de ses cinquante ans d'existence (de gauche à droite). Alors qu'au fil des années, Mickey présentait de plus en plus de savoir-vivre dans son comportement, sa silhouette rajeunissait. Les mesures prises au cours des trois étapes de son développement ont montré que la taille relative s'était accrue, que les yeux et le crâne avaient grossi. Ces trois traits sont des caractéristiques juvéniles.

© WALT DISNEY PRODUCTIONS.

Christopher Finch, dans son officieuse histoire en images de l'œuvre de Disney, a écrit : « Le Mickey Mouse qui est apparu dans les salles obscures un peu avant 1930 n'était pas exactement le personnage bien élevé que nous connaissons aujourd'hui. Il était espiègle, pour ne pas dire plus, et faisait même preuve de quelque cruauté. » Mais Mickey bientôt acheta une conduite, ne laissant qu'aux mauvaises langues le soin de résoudre le problème de ses rapports avec Minnie et du statut de Michou et Jojo (Morty et Ferdie). « Mickey, poursuit Finch, était pratiquement devenu un symbole national et, en tant que tel, on attendait de lui qu'il se comportât comme il faut en toutes circonstances. S'il lui arrivait occasionnellement de s'écarter du droit chemin, le Studio se retrouvait submergé de lettres de particuliers ou d'organisations qui se sentaient détenteurs du bien moral de la nation. [...] Plus tard les pressions le contraignirent à jouer un rôle d'honnête homme. »

En même temps que la personnalité de Mickey s'adoucissait, sa silhouette changeait. De nombreux admirateurs de Disney n'ignorent pas cette transformation progressive, mais peu nombreux, je crois, sont ceux qui ont su en discerner le thème coordonnateur unissant tous ces avatars — en fait, je ne suis pas sûr que les artistes de Disney eux-mêmes se soient exactement rendu compte de ce qu'ils faisaient, car les changements sont intervenus au coup par coup et de façon bien hésitante. En bref, le Mickey doucereux et inoffensif a acquis peu à peu une silhouette plus juvénile. (L'âge chronologique de Mickey n'ayant jamais varié — comme la plupart des héros de bandes dessinées, il reste imperméable aux ravages du temps — ce changement d'apparence à un âge constant est une véritable transformation évolutive. Le rajeunissement progressif en tant que phénomène de l'évolution est appelé néoténie. Nous aurons l'occasion d'y revenir.)

Du reste, la retraite de Mickey vers sa propre jeunesse n'est pas un incident isolé dans le monde de la BD. En France, le bonhomme Michelin, une figure très populaire, a évolué dans la même direction : le Bibendum d'origine, à la tête aplatie, aux yeux bridés et fumant le

En quatre-vingts ans, le bonhomme Michelin a bien changé. De gauche à droite : 1898, sa première manifestation ; 1901, Bibendum a désormais des jambes ; 1926, la création du pneu « Confort » modifie la taille de « Bib » ainsi que le nombre de ses tores ; 1980, enfin, il est devenu un jeune homme dynamique et rieur.

AVEC L'AIMABLE AUTORISATION DE MICHELIN.

cigare, est devenu ce gros poupon, à la tête ronde et aux grands yeux, qui orne désormais le guide Michelin.

Les changements caractéristiques de forme qui se produisent pendant la croissance humaine ont inspiré une abondante littérature biologique. Puisque l'extrémité-tête de l'embryon se différencie d'abord et croît plus rapidement *in utero* que l'extrémité-pied (on parle, en langage technique, d'un gradient antéro-postérieur), un nouveau-né possède une tête relativement grosse sur un corps de dimension moyenne avec des jambes et des pieds réduits. Ce gradient s'inverse au cours de la croissance, les jambes et les pieds l'emportant sur la partie antérieure. La tête continue à croître, mais plus lentement que le reste du corps et donc sa taille relative décroît.

En outre, plusieurs changements s'effectuent dans la tête elle-même pendant la croissance. Le cerveau croît très lentement après l'âge de trois ans, et le crâne bulbeux du jeune enfant cède la place au profil plus incliné de l'adulte dont le front est plus bas. Les yeux grossissent à peine et la taille relative des yeux décline abruptement. Mais la mâchoire devient de plus en plus grosse. Les enfants, quand on les compare aux adultes, ont une tête et des yeux plus grands, des mâchoires plus petites, un crâne plus proéminent et bombé des pieds et des jambes plus petits et plus potelés. Je suis navré de dire que, en tous points, la tête des adultes est plus simiesque.

Mickey, cependant, durant les cinquante ans qu'il a

passés parmi nous, a parcouru le chemin ontogénique inverse. Il a pris une apparence de plus en plus enfantine, en même temps que le personnage grincheux de *Steamboat* Willie devenait l'hôte adorable et inoffensif d'un royaume magique. En 1940, l'ancien pinceur de mamelles de truie reçoit un coup de pied dans le derrière pour désobéissance (il était alors l'apprenti sorcier de *Fantasia*). En 1953, dans son derner dessin animé, il est à la pêche et ne parvient pas à venir à bout d'une moule qui l'asperge.

Les artistes de Disney ont subrepticement et habile-

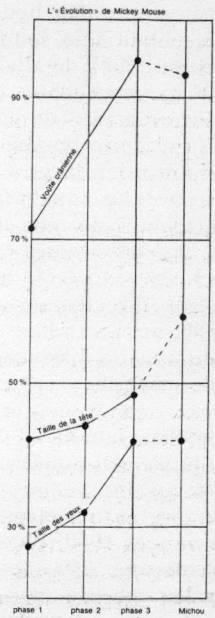

Durant la première phase de son évolution, Mickey avait une tête, une voûte crânienne et des yeux plus petits. Il a ensuite évolué vers les caractéristiques de son jeune neveu Michou (relié à Mickey par une ligne au pointillé).

ment transformé Mickey en utilisant des astuces suggestives qui imitent les propres changements de la nature par d'autres itinéraires. Pour lui donner les jambes plus courtes et plus potelées d'un enfant, ils abaissèrent la taille et couvrirent les jambes efflanquées d'une sorte de pantatlon flottant. (Les bras et jambes s'épaissirent aussi notablement et acquirent des articulations qui leur donnèrent une allure plus floue.) Sa tête devint relativement plus grosse et ses traits plus juvéniles. La longueur du museau de Mickey n'a pas varié, mais plus subtilement, c'est un épaississement prononcé qui le fait apparaître moins saillant. L'œil de Mickey a grossi grâce à deux stratagèmes distincts : en premier lieu, par une transformation majeure, présentant une solution de continuité dans le processus évolutif, l'œil de Mickey ancestral étant devenu la pupille de ses descendants et, en second lieu, par un accroissement progressif de l'œil ensuite.

L'amélioration du caractère bombé du crâne de Mickey a suivi un itinéraire intéressant, car son évolution a toujours été gênée par une convention qui est restée inchangée depuis l'origine : la tête est représentée par un cercle surmonté par les oreilles et prolongé par un museau oblong. La forme en cercle ne pouvait pas être modifiée pour obtenir directement un crâne bombé. Devant cette impossibilité, les oreilles de Mickey se sont reculées, augmentant ainsi la distance séparant le nez et les oreilles et lui donnant un front plus arrondi qu'incliné.

Pour donner à ces observations un caractère d'authentique science quantitative, j'ai utilisé mon compas à calibrer et l'ai appliqué aux trois étapes de la phylogenèse officielle : le personnage au nez étroit et aux oreilles en avant du début des années 1930 (phase 1), le Mickey de *Mickey et le haricot magique*, 1947 (phase 2) et la souris actuelle (phase 3). J'ai mesuré trois signes de juvénilité insidieuse : l'accroissement de la taille de l'œil (hauteur maximum) calculé en pourcentage de la longueur de la tête (de la base du nez au sommet de l'oreille postérieure) ; l'accroissement de la longueur de la tête calculé en pourcentage de la longueur du corps ; et l'accroissement de la taille de la voûte crânienne mesuré par le déplacement vers l'arrière de l'oreille antérieure (de la base du nez au sommet de l'oreille antérieure calculé en pourcentage de la base du nez au sommet de l'oreille postérieure).

Les trois pourcentages ont tous augmenté régulièrement : la taille de l'œil de 25 à 42 % de la longueur de la tête ; la longueur de la tête de 42,7 à 48,1 % de la longueur du corps ; et la distance nez-oreille antérieure de 71,7 % à un énorme 95,6 % de la distance nez-oreille postérieure. En comparaison, j'ai mesuré le jeune « neveu » de Mickey, Michou. Dans chaque cas, Mickey a nettement évolué vers les phases juvéniles de sa lignée, bien qu'il ait encore du chemin à parcourir en ce qui concerne la longueur de la tête.

Vous devez sans doute vous demander quel intérêt un homme de science, au moins marginalement respectable, peut bien trouver à une souris comme celle-ci. C'est en partie, bien sûr, pour m'amuser. (Je préfère toujours *Pinocchio* à *Citizen Kane*.) Mais j'ai une remarque — en fait deux — à faire. Nous devons d'abord nous poser cette question : pourquoi Disney a-t-il voulu modifier son personnage le plus célèbre de manière si progressive et toujours dans la même direction ? On ne change pas les symboles nationaux selon son propre caprice et les spécialistes des études de marché (dans l'industrie de la poupée par exemple) ont passé beaucoup de temps et consacré en pratique beaucoup d'efforts à déceler les caractéristiques susceptibles d'attirer la sympathie du public. Les biologistes ont, eux aussi, longuement étudié un sujet similaire chez de nombreux animaux très divers.

Dans un de ses articles les plus célèbres, Konrad Lorenz affirme que les humains utilisent des différences caractéristiques de forme entre les bébés et les adultes comme d'importantes indications de comportement. Il pense que des traits juvéniles entraînent chez les adultes humains des « mécanismes de déclenchement innés » pour l'affection et le soin des petits. Lorsque nous voyons un être vivant possédant des traits de bébé, nous ressentons immédiatement un élan automatique de tendresse désarmante. La nature adaptative de cette réponse peut difficilement être mise en doute, car nous devons élever nos bébés. Signalons, à ce propos, que Lorenz inclut dans la liste de ses déclencheurs les traits caractéristiques de la petite enfance que Disney a peu à peu donnés à Mickey : « Une tête relativement importante, un crâne disproportionné, de grands yeux placés bas, le devant des joues fortement bombé, les extrémités courtes et épaisses, une consistance ferme et élastique et des gestes gauches. » (Je propose de laisser de côté, pour cet article, la question controversée suivante : notre réponse aux traits de la première enfance est-elle véritablement innée et directement héritée de nos ancêtres primates, comme le soutient Lorenz, ou est-elle simplement apprise à partir de notre expérience immédiate avec les bébés et greffée sur une prédisposition de l'évolution qui nous pousse à nous attacher par des liens d'affection à certains signaux appris ? Mon argumentation s'applique aussi bien dans les deux cas, car je prétends seulement que des traits de bébé ont tendance à provoquer de forts sentiments d'affection chez les humains adultes, que la base biologique en soit la programmation directe ou la capacité à apprendre et se fixer selon des signaux appris. Je n'aborderai pas non plus — c'est là un sujet annexe — la thèse principale de l'article de Lorenz selon laquelle nous ne répondons pas à la totalité ou *Gestalt,* mais à un ensemble de traits spécifiques qui jouent le rôle de déclencheurs. Cet argument est important pour Lorenz qui désire ainsi démontrer l'identité, dans l'évolution, des modes de comportement entre les autres vertébrés et les humains, et nous savons que de nombreux oiseaux par exemple répondent aux caractères abstraits et non aux *Gestalten.* L'article de Lorenz, publié en 1950, s'intitule *Ganzheit und Teil in der tierischen und menschlichen Gemeinschaft,* « Le tout et la partie dans la société animale et humaine ». Le changement progressif opéré par Disney sur l'apparence de Mickey n'est pas dénué de signification dans ce contexte : Disney a en effet agi de manière successive sur les principaux déclencheurs fondamentaux de Lorenz.)

Lorenz souligne le pouvoir que les traits juvéniles exercent sur nous, et la qualité abstraite de leur influence, en faisant remarquer que nous jugeons les autres animaux selon ces mêmes critères — bien que notre jugement puisse être complètement déplacé dans un contexte d'évolution. Nous sommes en quelque sorte trompés par notre réponse devant les bébés et nous transposons notre réaction au même ensemble de caractères rencontrés chez d'autres animaux.

Les humains ressentent des sentiments d'affection pour les animaux présentant des traits juvéniles : grands yeux, crâne rebondi, menton fuyant (colonne de droite). Les animaux à petits yeux et à long museau (colonne de gauche) ne provoquent pas la même réponse. (D'après *Essais sur le comportement animal et humain*, par Konrad Lorenz, Le Seuil, Paris, 1970.)

De nombreux animaux, pour des raisons qui n'ont rien à voir avec l'inspiration de l'affection chez les humains, partagent avec les bébés humains certains traits que ne possèdent pas les adultes humains : de grands yeux, un front bombé et un menton fuyant notamment. Ils nous attirent, nous en faisons des animaux domestiques, dans la nature nous nous arrêtons pour les admirer, alors que nous avons de l'aversion pour leurs cousins à petits yeux et à long museau qui pourraient constituer des compagnons affectueux et plus dignes de notre admiration.

Lorenz signale que les noms allemands de nombreux animaux qui évoquent les caractéristiques des bébés humains se terminent par le suffixe diminutif *-chen* bien que les animaux soient souvent de taille plus grande que leurs proches parents ne possédant pas ces caractéristiques : *Rotkechlchen*, le rouge-queue, *Eichhörnchen*, l'écureuil et *Kaninchen*, le lapin, par exemple.

Dans un chapitre passionnant, Lorenz étend notre capacité de réaction, biologiquement déplacée, à d'autres animaux et même à des objets inanimés évoquant des traits humains. « Les objets les plus étonnants sont connotés de valeurs sentimentales et affectives hautement spécifiques qui sont tout à fait remarquables, et simultanément des qualités humaines leur sont dans une certaine mesure "infusées". [...] Un escarpement qui se dresse, des falaises quelque peu en surplomb, ou des nuages d'orage qui s'amoncellent, ont très directement la même valeur expressive qu'un homme qui se dresse de toute sa hauteur, et qui, en pareille occasion, se penche un peu vers l'avant », c'est-à-dire qui menace.

Nous ne pouvons pas nous empêcher de trouver au chameau une expression d'arrogance et de mépris, car il imite, bien involontairement et pour d'autres raisons, un « geste de retrait dédaigneux » commun à de nombreuses cultures. Dans ce geste, nous relevons la tête et plaçons notre nez en position relativement haute par rapport aux yeux. Ensuite nous fermons à demi les paupières et soufflons légèrement du nez, comme sait le faire l'aristocrate anglais stéréotypé et son domestique stylé. « Le tout, dit à juste titre Lorenz, symbolise le refus des excitations sensorielles provenant de l'individu qui est l'objet du mépris. » Mais le pauvre chameau ne peut s'empêcher d'avoir l'orifice nasal plus haut que ses yeux allongés et les coins de sa bouche quelque peu tirés vers le bas. Comme Lorenz nous le rappelle, si l'on veut savoir si le chameau va manger dans la main de l'observateur ou lui cracher dessus, ce sont les oreilles qu'il faut regarder et non le reste de la face.

Dans son important ouvrage, *L'Expression des émotions chez l'homme et les animaux*, paru en 1872, Charles Darwin a retrouvé l'origine évolutive de nombreux gestes ordinaires dans des actions, jadis adaptatives chez les animaux, qui s'intériorisèrent ensuite chez les humains sous forme de symboles. Ce faisant, il cherchait à démontrer que la continuité de l'évolution se traduisait dans les émotions et non pas seulement dans les formes. Nous grondons et relevons la lèvre supérieure au cours d'un accès de colère, pour découvrir des canines de combat qui n'existent plus. Notre geste de dégoût est une répétition des mouvements du visage accompagnant les vomissements, acte adaptatif rendu nécessaire en certaines occasions. Darwin, au grand dam de ses contemporains victoriens, concluait ainsi : « Chez l'être humain, certaines réactions, comme les cheveux qui se redressent sous l'influence d'une frayeur extrême, ou les dents qui se découvrent sous l'emprise de la colère, ne peuvent pratiquement pas se comprendre, sauf si l'on croit que l'homme a existé jadis dans un état inférieur s'apparentant à celui de l'animal. »

En tout cas, les caractéristiques abstraites de l'enfance humaine provoquent en nous de puissantes réactions émotionnelles, même lorsqu'elles apparaissent chez d'autres animaux. J'émets l'opinion que l'évolution régressive suivie par Mickey au cours de sa croissance reflète la découverte inconsciente de ce principe biologique par Disney et ses artistes. En fait, le statut émotionnel de la plupart des personnages de Disney repose sur le même ensemble de caractéristiques distinctives. Dans ce domaine, le royaume magique de Disney abuse d'une illusion biologique, à savoir notre capacité d'abstraire et notre propension à transposer, de manière déplacée, à d'autres animaux les réactions que nous présentons devant les changements de forme qui surviennent dans notre corps au cours de notre croissance.

Donald, lui aussi, a rajeuni avec le temps. Son bec élancé s'est raccourci et ses yeux se sont agrandis ; il converge vers Fifi, Riri et Loulou aussi sûrement que Mickey se rapproche de Michou. Mais Donald, ayant hérité de la mauvaise conduite qui était originellement celle de Mickey, reste plus adulte dans ses formes avec un bec en avant et un front plus incliné.

Les méchantes souris, adversaires de Mickey, ont, au contraire, toujours une silhouette plus adulte, bien qu'elles partagent souvent avec Mickey le même âge chronologique. En 1936, par exemple, Disney a réalisé un court métrage intitulé « Le rival de Mickey » *(Mickey's Rival)*. Ratino *(Mortimer)*, un dandy roulant à bord d'une voiture de sport jaune, surgit au beau milieu du pique-nique de Mickey et de Minnie. Ce personnage de Ratino, vraiment peu avenant, a une tête qui ne représente que 29 % de la longueur du corps (45 % dans le cas de Mickey) et un museau occupant 80 % de la longueur de la tête, à comparer avec les 49 % de Mickey. (Ce qui n'empêche nullement Minnie de reporter son affection sur le rival de Mickey jusqu'à ce qu'un taureau complaisant, venu d'un champ voisin, le mette en fuite.) On peut aussi observer cette exagération des traits adultes chez d'autres personnages de Disney, comme le tyran fanfaron Pat Hibulaire, alias Jean Bambois *(Peg-leg Pete)* ou le grand nigaud de Dingo *(Goofy)*, sympathique au demeurant.

La seconde partie de mon commentaire biologique sérieux, sur l'odyssée de Mickey dans l'univers de la

Le dandy Ratino, individu louche par excellence (on le voit ici séduisant Minnie), a des traits nettement plus adultes que Mickey. Sa tête est plus petite, proportionnellement au corps ; son nez représente 80 % de la longueur de la tête.

© WALT DISNEY PRODUCTIONS.

forme, consistera à signaler que le chemin suivi par notre héros vers la jeunesse éternelle répète, en raccourci, l'histoire de notre propre évolution. Car les humains sont des êtres néoténiques. Au cours de notre évolution, nous avons conservé à l'âge adulte les traits qui étaient originellement, chez nos ancêtres, ceux de la jeunesse. Nos aïeux, les australopithèques, avaient, comme Mickey dans *Steamboat* Willie, des mâchoires proéminentes et une voûte crânienne basse.

Le crâne de l'embryon humain diffère peu de celui des chimpanzés. Au cours de leur croissance, les formes des deux espèces suivent le même chemin : diminution relative de la voûte crânienne, le cerveau se développant beaucoup plus lentement que le corps après la naissance, et accroissement relatif continu de la mâchoire. Mais alors que les chimpanzés accentuent ces transformations et que les adultes présentent un aspect extérieur profondément différent de celui du nouveau-né, nous poursuivons notre croissance beaucoup plus lentement et n'allons jamais aussi loin qu'eux. C'est-à-dire qu'à l'état adulte, nous conservons des caractéristiques de la jeunesse. Il est certain qu'une différence notable existe entre le bébé et l'adulte, mais notre modification est beaucoup moins poussée que celle des chimpanzés et des autres primates.

Le ralentissement sensible de notre développement a entraîné la néoténie. Les primates, comparés aux autres mammifères, ont un développement lent, mais nous avons accentué cette tendance plus qu'aucun autre mammifère. Nous avons une très longue période de gestation, une enfance qui se prolonge de façon remarquable et une longévité supérieure à celle de tous les autres mammifères. Les caractéristiques morphologiques de jeunesse éternelle nous ont rendu bien des services. L'accroissement de la taille de notre cerveau est, au moins en partie, dû au report de la rapide croissance prénatale à des âges plus tardifs. (Chez tous les mammifères, le cerveau croît rapidement *in utero*, mais souvent fort peu après la naissance. Nous avons reporté cette phase fœtale dans la vie postnatale.)

Mais les changements dans le temps ont été tout aussi importants. Nous sommes au tout premier chef des animaux capables d'apprendre et notre enfance prolongée permet la transmission de la culture par l'éducation. De nombreux animaux font preuve de souplesse et jouent durant leur enfance mais, devenus adultes, obéissent à des programmes rigides. Lorenz écrit, dans l'article cité plus haut : « Rester durablement un être en devenir, cette propriété si essentielle à la condition humaine de l'homme authentique, est sans aucun doute un don que nous devons à la nature néoténique de l'être humain. »

En bref, comme Mickey, nous ne devenons jamais adultes bien qu'hélas ! nous vieillissions. Tous nos bons vœux à toi, Mickey, pour ton second demi-siècle. Puissions-nous rester aussi jeunes que toi, mais devenir un peu plus sages.

Les méchants des bandes dessinées ne sont pas les seuls personnages de Disney présentant des traits adultes exagérés. Goofy, alias Dingo, comme Ratino, a une tête relativement petite par rapport à son corps et un museau proéminent.

© WALT DISNEY PRODUCTIONS.

10

L'AFFAIRE DE L'HOMME DE PILTDOWN
REVUE ET CORRIGÉE

Rien n'est aussi fascinant qu'un mystère qui a pris de l'âge. Nombreux sont les connaisseurs qui considèrent que le plus grand roman policier de tous les temps est *The Daughter of Time* de Josephine Tey parce que le protagoniste en est Richard III et non un assassin contemporain et sans importance comme celui qui tua Roger Ackroyd[1]. Les vieilles histoires rabâchées sont des sources inépuisables de controverses passionnées et vaines. Qui était Jack l'Éventreur ? Shakespeare était-il bien Shakespeare ?

La paléontologie — mon métier — a apporté, voici un quart de siècle, une contribution de tout premier ordre aux énigmes historiques. En 1953, on présenta l'homme de Piltdown comme une supercherie certaine dont l'auteur demeurait incertain. Depuis, l'intérêt ne s'est jamais relâché. Des gens incapables de faire la différence entre un tyrannosaure et un allosaure étalent les plus fermes convictions quant à l'identité du faussaire de Piltdown. Plutôt que de me lancer dans une nouvelle enquête à la recherche du coupable, je me pose dans cet essai une question qui me semble intellectuellement plus

---

1. Allusion au roman d'Agatha Christie, *Le Meurtre de Roger Ackroyd* (N.d.T.).

fructueuse : comment se fait-il tout d'abord que l'on ait pu accepter l'homme de Piltdown ? C'est la grande presse qui m'a amené à aborder le sujet lorsque, récemment, elle a publié une dépêche qui ajoutait — avec des preuves, à mon avis, d'une pauvreté affligeante — un autre suspect de premier plan à la liste. En tant que déchiffreur professionnel de vieux mystères, je ne peux pas m'empêcher d'exprimer ma propre opinion et mon propre préjugé, mais nous verrons cela plus loin.

En 1912, Charles Dawson, avoué et archéologue amateur du Sussex, apporta plusieurs fragments de crâne à Arthur Smith Woodward, conservateur de géologie au British Museum (Histoire naturelle). Le premier, dit-il avait été découvert par des ouvriers dans une sablière en 1908. Depuis lors, il avait fouillé les déblais et avait trouvé quelques fragments supplémentaires. Les ossements, usés et fortement teintés, semblaient bien contemporains du sable ancien ; ils n'appartenaient pas aux couches plus récentes. Et cependant le crâne paraissait remarquablement moderne dans sa forme, malgré l'épaisseur peu commune des os.

Smith Woodward, ému autant que pouvait l'être cet homme posé, accompagna Dawson à Piltdown et là, en compagnie du père Teilhard de Chardin, ils cherchèrent d'autres preuves parmi les déblais. (Oui, il s'agit bien du même Teilhard qui, devenu un homme de science et un théologien reconnu, fut l'objet, il y a quinze ans, d'un véritable culte pour avoir tenté de concilier l'évolution, la nature et Dieu dans *Le Phénomène humain*. Teilhard était arrivé en Angleterre en 1908 pour poursuivre ses études au collège jésuite de Hastings, près de Piltdown. Il rencontra Dawson dans une carrière le 31 mai 1909 ; l'homme de loi et le jeune jésuite français devinrent bons amis et s'associèrent dans leurs prospections.)

Au cours de leurs expéditions communes, Dawson découvrit la célèbre mandibule, ou mâchoire inférieure. Comme les fragments du crâne, la mâchoire était fortement teintée, mais elle semblait aussi simiesque que le crâne était humain. Néanmoins elle renfermait deux molaires présentant une usure plate, phénomène commun chez les humains, mais jamais rencontré chez les singes. Malheureusement, la mâchoire était cassée exactement aux deux endroits qui auraient pu établir de façon formelle son rapport avec le crâne : la zone du menton, avec tous les signes qui y distinguent le singe de l'homme, et l'articulation avec le crâne.

Brandissant les fragments du crâne et du maxillaire inférieur et une collection de silex et d'ossements travaillés récoltés au même endroit, auxquels s'ajoutaient de nombreux fossiles de mammifères pour confirmer l'ancienneté de la trouvaille, Smith Woodward et Dawson firent une communication fracassante devant la Société géologique de Londres le 18 décembre 1912. L'accueil fut mitigé, bien que dans l'ensemble favorable. Personne ne soupçonna la supercherie, mais l'association de ce crâne humain avec cette mâchoire simiesque laissa penser à quelques critiques que les restes de deux animaux distincts avaient pu être mélangés dans la carrière.

Durant les trois années suivantes, Dawson et Smith Woodward répliquèrent par une série de découvertes ultérieures qui, considérées rétrospectivement, n'auraient pas pu être mieux programmées si l'on avait voulu dissiper le doute. En 1913, le père Teilhard trouva la très importante canine inférieure. Elle aussi avait une forme simienne et présentait une forte usure de dent humaine. Ensuite, en 1915, Dawson parvint à convaincre la plupart de ses détracteurs en trouvant dans un second site, à trois kilomètres du premier, la même association de deux fragments de crâne humain épais et d'une dent simienne usée comme une dent humaine.

Henry Fairfield Osborn, un des maîtres de la paléontologie américaine, émit des doutes sur cette coïncidence :

« S'il y a une Providence intervenant dans les questions d'hommes préhistoriques, elle s'est de toute évidence manifestée ici, car les trois fragments du second homme de Piltdown trouvés par Dawson sont très exactement ceux qu'on aurait choisis si l'on avait désiré confirmer la comparaison avec le type original. [...] Mis à côté des fossiles correspondants du premier homme de Piltdown, ils s'accordent parfaitement ; il n'y a pas l'ombre d'une différence. »

La Providence, inconnue aux yeux d'Osborn, avait à Piltdown pris forme humaine.

Pendant les trente années qui suivirent, Piltdown occupa une place inconfortable mais reconnue dans la préhistoire humaine. Puis, en 1949, Kenneth P. Oakley soumit les vestiges de Piltdown à l'épreuve du fluor. Les ossements en effet s'imprègnent de fluor en fonction du temps passé dans un dépôt et de la quantité de fluor contenue dans les roches et le sol environnants. Le crâne ainsi que le maxillaire de Piltdown ne renfermaient que des quantités infimes de fluor, à peine décelables ; ils n'avaient donc pas pu rester très longtemps dans les graviers. Oakley, tout d'abord, ne crut pas à un truquage. Selon lui, les ossements avaient pu, après tout, être enterrés dans des graviers anciens à une époque relativement récente.

Mais quelques années plus tard, avec la collaboration de W.E. Le Gros Clark, Oakley admit finalement l'autre terme évident de l'alternative : l'« inhumation » avait été pratiquée pendant ce siècle dans une intention frauduleuse. Il découvrit que le crâne et la mâchoire avaient été

Le crâne de l'homme de Piltdown
AVEC L'AUTORISATION DU MUSEUM AMÉRICAIN D'HISTOIRE NATURELLE.

teintés artificiellement, les silex et les ossements travaillés avec des lames modernes et que les mammifères associés, bien qu'étant d'authentiques fossiles, provenaient d'ailleurs. En outre, les dents avaient été limées pour simuler une usure humaine. L'anomalie que constituait l'association d'un crâne humain avec un maxillaire simien était résolue de la manière la plus simple qui soit : le crâne appartenait bien à un homme moderne et la mâchoire était celle d'un orang-outan.

Mais qui a bien pu jouer une plaisanterie aussi monstrueuse à des savants qui désiraient si fort tomber sur une telle découverte qu'ils restèrent aveugles, incapables de trouver devant ces anomalies la solution évidente qui s'imposait ? Du trio d'origine, on rejetait Teilhard qui n'était qu'une jeune dupe inconsciente. Personne (et à juste raison à mon avis) n'a jamais soupçonné Smith Woodward, un homme tout d'une pièce qui consacra sa vie à démontrer la réalité de Piltdown et qui, à plus de quatre-vingts ans et aveugle, dicta son dernier livre au titre si chauvin, *The Earliest Englishman* (« Le premier Anglais »), 1948.

Les soupçons se sont surtout portés sur Dawson. Les occasions ne lui ont certes pas manqué, mais personne n'a jamais pu lui trouver une motivation satisfaisante. Dawson était un amateur jouissant du plus grand respect et comptait à son actif plusieurs trouvailles d'importance. Il faisait preuve d'un enthousiasme excessif et de peu de sens critique ; sans doute a-t-il même parfois manqué de scrupules dans des rapports avec les autres amateurs, mais aucune preuve directe de sa complicité n'a jamais pu être apportée. Néanmoins, il existe de fortes présomptions qui ont été bien résumées par J.S. Weiner dans *The Piltdown Forgery* (« La falsification de Piltdown »), 1955.

Ceux qui soutenaient Dawson ont prétendu, devant l'habileté des contrefaçons, qu'un homme de science plus professionnel avait dû y participer, au moins comme complice. J'ai toujours considéré que c'était là un argument de peu de valeur, avancé surtout par des savants désireux d'apaiser la gêne qu'ils éprouvaient de ne pas avoir détecté plus tôt une supercherie assez mal montée.

La coloration des ossements, il est vrai, avait été réalisée avec un art consommé. Mais les « outils » avaient été médiocrement taillés et les dents grossièrement limées : les savants y remarquèrent des rayures dès qu'ils les regardèrent avec dans l'esprit la bonne hypothèse. « Les marques d'abrasion artificielle, écrivit Le Gros Clark, sautèrent immédiatement aux yeux. En vérité, elles semblaient si évidentes qu'on peut se demander comment il se faisait qu'elles n'aient pas attiré l'attention plus tôt. » La suprême habileté du faussaire a consisté à savoir ce qu'il devait laisser de côté, le menton et l'articulation.

En novembre 1978, Piltdown revint au premier plan de l'actualité car un autre savant fut impliqué dans l'affaire en tant que complice. Peu de temps avant sa mort, à l'âge de quatre-vingt-treize ans, J.A. Douglas, professeur honoraire de géologie à Oxford, enregistra une bande magnétique où il accusait son prédécesseur à cette même chaire, W.J. Sollas, d'être le coupable. Pour appuyer ses dires, Douglas n'apporta que trois arguments qui, à mon avis, pourraient difficilement être considérés comme des preuves : 1. Sollas et Smith Woodward étaient des ennemis jurés. (Et puis après ? L'Université est un nid de vipères, mais les échanges verbaux et la mystification délibérée sont des réactions d'une échelle bien différente.) 2. En 1910, Douglas a donné à Sollas des ossements de mastodonte qui auraient pu être utilisés dans la faune importée à Piltdown. (Mais ces ossements et ces dents ne sont pas rares.) 3. Sollas a reçu une fois un paquet de bichromate de potassium et ni Douglas ni le photographe de Sollas n'ont compris pourquoi Sollas en avait eu besoin. Le bichromate de potassium fut utilisé pour teindre les ossements de Piltdown. (C'était également un produit chimique employé couramment pour la photographie et je ne considère pas que les prétendus doutes du photographe de Sollas impliquent que le professeur ait eu quelque sombre dessein.) Pour me résumer, les preuves apportées contre Sollas sont, à mon avis, si minces que je me demande pourquoi les grandes revues scientifiques d'Angleterre et des États-Unis leur ont donné un tel écho. Je mettrais donc Sollas hors de cause, si ce n'était que, paradoxalement, son célèbre livre *Ancient Hunters* (« Les anciens chasseurs ») soutient les thèses de Smith Woodward sur Piltdown avec tant de chaleureuse obséquiosité qu'on pourrait l'interpréter comme de l'ironie déguisée.

Trois hypothèses seulement me semblent avoir quelque fondement. Voyons la première : Dawson était l'objet de soupçons largement répandus parmi certains archéologues amateurs qui le détestaient (autant que d'autres l'encensaient). Certains de ses compatriotes le considéraient comme un escroc. D'autres étaient amèrement jaloux de la position qu'il avait acquise parmi les professionnels. Peut-être l'un de ses collègues a-t-il imaginé cette forme complexe et singulière de revanche ? Selon la seconde hypothèse, la plus plausible à mes yeux, Dawson aurait agi seul, soit pour la gloire, soit pour accéder au monde des professionnels, on ne sait.

La troisième hypothèse est beaucoup plus intéressante. Elle ferait de Piltdown une plaisanterie qui aurait été trop loin plutôt qu'une contrefaçon malfaisante. C'est la théorie préférée de nombreux paléontologistes des vertébrés qui ont connu l'homme. J'ai passé toutes les preuves au crible et ai tenté de démolir cette thèse. Je n'y suis pas parvenu ; je l'ai trouvée cohérente et plausible, bien qu'elle ait une rivale mieux établie. Alfred S. Romer, ancien directeur du muséum de Harvard où j'habite et l'un des grands spécialistes américains de la paléontologie des vertébrés, m'a souvent fait part de ses soupçons. Louis Leakey y croyait également. Son autobiographie fait anonymement référence à un « second homme », mais les preuves intrinsèques mettent clairement en cause un individu bien précis que peuvent reconnaître les gens au courant.

Il est souvent difficile de se souvenir d'un homme dans sa jeunesse après que l'âge a imposé une image différente. Teilhard de Chardin devint, dans les dernières années de sa vie, un personnage austère et presque divin aux yeux de beaucoup ; il fut salué comme un des prophètes de notre temps. Mais il fut aussi, dans ses jeunes années, un étudiant aimant s'amuser. Il rencontra Dawson trois ans avant que Smith Woodward entrât dans l'histoire. D'une première affectation en Égypte, il a fort bien pu ramener les ossements de mammifères (provenant probablement de Malte ou de Tunisie) qui firent partie de la faune « importée » à Piltdown. Je m'imagine aisément Dawson et Teilhard, au cours des longues heures qu'ils passaient ensemble sur le terrain ou au pub, fomentant leur complot. Ils pouvaient avoir pour cela plusieurs raisons : Dawson pour mettre au jour la crédulité de ces professionnels qui se donnaient de grands airs ; Teilhard pour se gausser une nouvelle fois des Anglais qui ne possédaient aucun fossile humain légitime, alors que la France s'enorgueillissait d'une surabondance qui en faisait la reine de l'anthropologie. Peut-être ont-ils travaillé ensemble sans jamais se douter que les plus gros pontes de la science anglaise mordraient à l'hameçon avec tant de voracité ? Peut-être espéraient-ils tout révéler mais en furent-ils empêchés ?

Teilhard quitta l'Angleterre pour devenir brancardier pendant la Première Guerre mondiale. Dawson, selon cette hypothèse, persévéra et paracheva le complot par la deuxième trouvaille de Piltdown en 1915. Mais la plaisanterie lui échappa et se transforma en cauchemar. Dawson tomba soudainement malade et mourut en 1916. Teilhard ne put revenir en Grande-Bretagne avant la fin de la guerre. Entre-temps, les trois gros bonnets de l'anthropologie et de la paléontologie britanniques — Arthur Smith Woodward, Grafton Elliot Smith et Arthur Keith — avaient joué toute leur carrière sur la réalité de Piltdown. (Ils finiront du reste dans la peau d'un Sir Arthur pour deux d'entre eux et d'un Sir Grafton pour l'autre, en grande partie pour avoir mis l'Angleterre en vedette sur la scène anthropologique.) Si Teilhard avait avoué en 1918, sa carrière prometteuse (au cours de laquelle il eut l'occasion de jouer un des tout premiers rôles dans la description de l'homme de Pékin, authentique celui-là) se serait achevée brutalement. Aussi suivit-il, jusqu'au jour de sa mort, le conseil du psalmiste et la devise de l'université du Sussex, qui devait s'établir plus tard à quelques kilomètres de Piltdown : « Sois calme, et sais... » C'est là un scénario possible. Possible sans plus.

Toutes ces hypothèses sont fort amusantes et donnent l'occasion de controverses sans fin, mais elles nous ont éloignés de cette question primordiale et bien plus intéressante : pourquoi, en premier lieu, a-t-on cru à l'homme de Piltdown ? C'était, dès le départ, une créature peu plausible. Pourquoi a-t-on admis dans notre lignée cet ancêtre doté d'un crâne moderne en tous points et d'une mâchoire de singe non modifiée ?

Il faut dire que l'homme de Piltdown n'a jamais manqué de détracteurs. Son règne temporaire est né dans une atmosphère de conflit et a sans cesse alimenté moult controverses. De nombreux hommes de science ont cru avec constance que l'homme de Piltdown n'était qu'un assemblage composé de deux animaux accidentellement réunis dans le même dépôt. Au début des années 40 par exemple, Franz Weidenreich, peut-être le plus grand spécialiste mondial de l'anatomie humaine, écrivait (avec une exactitude qui, rétrospectivement, nous apparaît accablante) : « L'*Eoanthropus* ["l'homme de l'aurore", désignation officielle de l'homme de Piltdown] devrait être éliminé du catalogue des fossiles humains. C'est la combinaison artificielle de fragments de la boîte crânienne d'un homme moderne avec une mandibule et des dents de type orang-outan. » A cette thèse hérétique, Sir Arthur Keith répondit avec une ironie amère : « C'est une façon de se débarrasser de faits qui n'entrent pas dans une théorie préconçue : généralement le moyen utilisé par les hommes de science consiste, non pas à se débarrasser des faits, mais à concevoir une théorie qui s'y accorde. »

En outre, si l'on avait été tenté d'approfondir le sujet, on aurait pu se référer à des publications qui, dès le début de l'affaire, donnaient des raisons de soupçonner la supercherie. Un spécialiste de l'anatomie dentaire, C.W. Lyne, affirma que la canine trouvée par Teilhard était une dent jeune qui venait de sortir avant la mort de l'homme de Piltdown et que son taux d'usure ne pouvait se concilier avec son âge. D'autres émirent de sérieux doutes sur l'ancienneté des outils de Piltdown. Dans les cercles des amateurs du Sussex, certains collègues de Dawson en conclurent que Piltdown était un faux, mais ils ne le firent pas savoir dans des publications.

Si l'on veut tirer un enseignement sur la nature de la recherche scientifique — et non pas seulement s'amuser à colporter des ragots — il faudra résoudre le paradoxe de son acceptation si aisée. Je pense être en mesure de dénombrer au moins quatre catégories de raisons expliquant l'accueil réservé par les plus grands paléontologistes anglais à cet être hybride. Toutes les quatre s'inscrivent en faux contre les mythes concernant la pratique scientifique : les faits priment et ont la vie dure et le savoir scientifique s'accroît grâce au recueil patient et à l'examen minutieux des données objectives de pure information. Bien au contraire, ces quatre catégories de raisons présentent la science comme une activité humaine mue par l'espoir, les préjugés culturels, la recherche de la gloire, et progressant cependant d'un pas hésitant sur le chemin capricieux menant à une meilleure compréhension de la nature.

Comment une forte espérance l'emporte sur des preuves douteuses. Avant Piltdown, la paléoanthropologie anglaise s'enfonçait dans le même bourbier que connaissent à présent ceux qui étudient la vie extraterrestre : un immense champ de spéculations sans limites et aucune preuve directe. Hormis quelques « cultures » du silex de facture humaine douteuse et quelques ossements qu'on soupçonnait fort d'avoir été enterrés récemment dans des graviers anciens, l'Angleterre ne connaissait rien de ses ancêtres les plus reculés. La France, au contraire, avait eu le privilège de trouver sur son sol une surabondance d'hommes de Néanderthal et de Cro-Magnon, avec leur art et leurs outils. Les anthropologues français prenaient un malin plaisir à faire sentir aux Anglais cette disparité. L'homme de Piltdown venait à point nommé pour retourner la situation. Il semblait considérablement plus vieux que les néanderthaliens. Si des fossiles humains possédaient un crâne entièrement moderne des centaines de milliers d'années avant que l'homme de

Néanderthal, avec ses sourcils épais, n'apparût, l'homme de Piltdown devait bien être notre ancêtre et les néanderthaliens français une branche annexe. « La race de Néanderthal, déclara Smith Woodward, était un rameau dégénéré alors que l'homme moderne survivant doit provenir directement de cette source primitive dont la découverte du crâne de Piltdown fournit la première preuve. » Cette rivalité internationale a souvent été mentionnée dans les commentaires sur l'affaire de Piltdown, mais plusieurs facteurs d'égale importance sont généralement passés inaperçus.

Comment des anomalies sont acceptées lorsqu'elles s'accordent avec les préjugés culturels. Aujourd'hui l'association d'un crâne humain et d'une mâchoire de singe nous semblerait suffisamment incohérente pour qu'on la mette de suite en doute. Il n'en allait pas de même en 1913. A cette époque, de nombreux paléontologistes de premier plan conservaient a priori une préférence, en grande partie d'origine culturelle, pour la « primauté du cerveau » dans l'évolution humaine. L'argument reposait sur une déduction fausse faisant découler l'importance contemporaine du cerveau d'une antériorité historique. Nous régnons aujourd'hui grâce à notre intelligence ; donc, dans notre évolution, un cerveau plus gros a dû précéder et entraîner toutes les autres modifications de notre corps. Nous devrions nous attendre à trouver des ancêtres humains avec un gros cerveau, peut-être presque moderne, et un corps nettement simien. (Ironiquement, la nature a suivi un chemin inverse. Nos ancêtres les plus anciens, les australopithèques, connaissaient la station verticale, mais avaient encore de petits cerveaux.) Ainsi, l'homme de Piltdown venait habilement appuyer un résultat que beaucoup attendaient. Grafton Elliot Smith écrivait en 1924 :

« L'intérêt exceptionnel du crâne de Piltdown réside dans la confirmation qu'il apporte à la thèse selon laquelle, dans l'évolution de l'homme, le cerveau a montré le chemin. C'est le plus parfait truisme de dire que l'homme a émergé de sa condition simienne grâce à l'enrichissement de la structure de son esprit. [...] Le cerveau a atteint ce que l'on peut appeler le rang humain à une époque où les mâchoires et le visage, et sans aucun doute le corps également, présentaient encore en grande partie les caractères grossiers des ancêtres simiens de l'homme. En d'autres termes, l'homme ne fut d'abord [...] qu'un singe doté d'un cerveau surdéveloppé. L'importance du crâne se révèle dans la confirmation tangible qu'il apporte à ces déductions. »

Piltdown étayait aussi certaines thèses raciales largement répandues parmi les Blancs européens. Dans les années 1930 et 1940, à la suite de la découverte de l'homme de Pékin dans des strates approximativement contemporaines des graviers de Piltdown, des arbres phylétiques fondés sur l'homme de Piltdown et affirmant l'ancienneté de la suprématie blanche firent leur apparition dans les publications (mais ils ne furent jamais adoptés par les principaux défenseurs de l'homme de Piltdown, Smith Woodward, Smith et Keith). L'homme de Pékin (originellement appelé *Sinanthropus*, mais à présent classé parmi les *Homo erectus*) vivait en Chine avec un cerveau qui était les deux tiers du nôtre alors que l'homme de Piltdown, avec son cerveau complètement développé, habitait l'Angleterre. Si l'homme de Piltdow, le plus vieil Anglais, était l'ancêtre des races blanches, alors que les autres variétés devaient faire remonter leur ascendance à l'*Homo erectus*, cela signifiait que les Blancs avaient franchi le seuil de l'humanité pleine et entière avant les autres hommes. Étant restés plus longtemps dans cette haute position, les Blancs se devaient de l'emporter dans les arts de la civilisation.

Comment des anomalies sont acceptées quand elles permettent d'accorder les faits avec les attentes. On sait rétrospectivement que l'homme de Piltdown avait un crâne humain et une mâchoire de singe. Il fournit donc une occasion idéale pour examiner les réactions des savants lorsqu'ils sont confrontés à une anomalie gênante. Grafton Elliot Smith et d'autres ont pu être partisans d'une nette avance du cerveau dans l'évolution de l'homme, mais aucun n'avait songé à une indépendance si complète que le cerveau serait devenu humain avant que la mâchoire ait subi la moindre transformation ! L'homme de Piltdown était trop beau pour être vrai.

Si Keith avait eu raison dans les sarcasmes qu'il adressait à Weidenreich, les défenseurs de Piltdown auraient dû modeler leurs théories à ces faits gênants, un crâne humain et une mâchoire de singe. Au lieu de cela, ils modelèrent les « faits », ce qui, une fois encore, montre bien que les informations nous parviennent à travers les filtres de notre culture, de nos espoirs et de nos attentes. Dans les « pures » descriptions des restes de Piltdown qui sont données par les principaux défenseurs, un thème revient avec persistance : le crâne, bien que remarquablement moderne, présente un ensemble de caractères absolument simiens ! Smith Woodward, en fait, avait d'abord estimé la capacité crânienne à un modeste 1 070 cm^3 (elle oscille chez l'homme moderne entre 1 400 et 1 500 cm^3), bien que Keith le convainquît plus tard d'élever ce chiffre jusqu'à le rapprocher de la moyenne inférieure actuelle. Grafton Elliot Smith, en décrivant la boîte crânienne dans l'article original de 1913, a trouvé des signes indubitables d'amorces d'expansion dans des zones qui abritent, dans le cerveau actuel, les plus hautes facultés mentales. « Nous devons en conclure, écrivit-il, qu'il s'agit bien du cerveau humain le plus primitif et le plus simien de tous ceux qui ont été découverts jusqu'à présent ; en outre, on devait raisonnablement s'attendre à voir associé ce cerveau dans un seul et même individu avec cette mandibule qui atteste si clairement le rang zoologique de son possesseur d'origine. » Une année exactement avant la révélation de Oakley, Sir Arthur Keith écrivait dans son dernier grand ouvrage (1948) : « Son front était comme celui de l'orang-outan, dépourvu de torus sus-orbitaire (bourrelet frontal formant une arcade sourcilière proéminente) ; dans sa configuration, son os frontal présentait de nombreux points de ressemblance avec l'orang-outan de Bornéo et de Sumatra. » L'*Homo sapiens* moderne, je m'empresse de l'ajouter, ne possède pas non plus de torus sus-orbitaire.

L'examen attentif de la mâchoire mit également au

jour un ensemble de caractéristiques remarquablement humaines pour une mâchoire simiesque (outre l'usure artificielle des dents). A plusieurs reprises, Sir Arthur Keith souligna, par exemple, le fait que les dents s'inséraient dans la mâchoire d'une manière plus humaine que simienne.

Comment les pratiques font obstacle aux découvertes. Jadis le British Museum n'était pas à l'avant-garde pour ce qui est de l'accessibilité de ses collections — la tendance s'est heureusement inversée ces dernières années et a contribué à dissiper l'odeur de renfermé (au propre et au figuré) qui régnait dans les grands muséums de recherche. Comme le stéréotype du bibliothécaire qui protège les livres en empêchant qu'on les lise, les gardiens de l'homme de Piltdown limitaient strictement l'accès aux ossements originaux. Les chercheurs obtenaient souvent l'autorisation de les regarder mais sans les toucher ; seuls les duplicata en plâtre pouvaient être manipulés. Tout le monde s'accordait à trouver les moulages parfaitement exacts dans leurs proportions et leurs détails, mais on ne pouvait découvrir la mystification qu'en ayant accès aux originaux : l'usure des dents artificielles ainsi que la coloration ne pouvaient être détectées sur le plâtre.

« En écrivant ce livre en 1972, dit Louis Leakey dans son autobiographie, et en me demandant comment cette falsification avait pu rester ignorée pendant de si nombreuses années, je me suis revu en 1933 quand, pour la première fois, je rendis visite au docteur Bather, le successeur de Smith Woodward [...]. Je lui fis part de mon désir d'examiner attentivement les fossiles de Piltdown, car je préparais alors un manuel sur les hommes primitifs. On me conduisit au sous-sol pour me montrer les pièces que l'on sortit d'un coffre-fort et que l'on posa sur une table. A côté de chaque fossile se trouvait un excellent moulage. On ne m'autorisa pas à manipuler les originaux de quelque manière que ce soit, mais uniquement à les regarder et à me contenter du fait que les moulages étaient des répliques de très bonne facture. Puis, soudainement, on ôta les originaux qui furent remis sous clef et on me laissa pendant tout le reste de la matinée avec les seuls moulages à étudier. »

Je crois sincèrement à présent que ce fut dans ces conditions que tous les savants en visite purent examiner les fossiles de Piltdown et que la situation ne changea que lorsqu'ils furent sous la garde de mon ami et contemporain Kenneth Oakley. Il ne vit pas la nécessité de traiter ces fragments comme s'il se fût agi de joyaux de la couronne mais les considéra plus simplement comme des fossiles importants dont il convenait de prendre grand soin, mais desquels il fallait tirer le maximum de renseignements scientifiques.

Henry Fairfield Osborn, bien qu'il ne passât pas pour un homme généreux, a rendu un hommage presque obséquieux à Smith Woodward dans son traité sur le cheminement historique du progrès humain, *Man Rises to Parnassus* (« L'homme s'élève au Parnasse »), 1927. Il faisait partie des sceptiques avant sa visite au British Museum en 1921. Puis le matin du dimanche 24 juillet, « après avoir assisté, écrit Osborn, à l'abbaye de Westminster à un office qui me laissa un souvenir impérissable, je me rendis au British Museum pour voir les restes fossiles de l'homme de l'aurore de Grande-Bretagne, dont maintenant la véracité a été fermement établie ». (En tant que directeur du Muséum américain d'histoire naturelle Osborn eut le droit de voir les originaux.) Il se convertit rapidement et déclara que Piltdown était une « découverte d'une importance transcendante pour la préhistoire de l'homme ». « Nous devons nous rappeler sans cesse, ajoutait-il plus loin, que la nature est pleine de paradoxes et que l'ordre de l'univers n'est pas l'ordre humain. » Mais Osborn n'avait guère vu autre chose que l'ordre humain à deux niveaux : la comédie de la supercherie et l'emprise, plus subtile mais inéluctable, de la théorie sur la nature. Pourtant je ne m'afflige pas de voir l'ordre humain voiler toutes nos interactions avec l'univers, car le voile est translucide, aussi solide que soit sa texture.

Addendum

La fascination exercée par l'affaire de Piltdown ne semble pas se ralentir. Cet article, publié originairement en mars 1979, me valut un flot de lettres de félicitations et de critiques. Cette correspondance se concentrait sur Teilhard, bien entendu. Je n'ai pas cherché à jouer au plus fin en écrivant longuement sur Teilhard tout en mentionnant brièvement que la version selon laquelle Dawson aurait agi seul rendait mieux compte des faits. Le réquisitoire contre Dawson avait été admirablement dressé par Weiner et je n'avais rien à y ajouter. Je persistais à penser que l'hypothèse de Weiner était la plus probable. Mais j'estimais également que la seule solution raisonnable de remplacement (puisqu'à mon avis le second gisement de Piltdown démontrait la culpabilité de Dawson) était l'existence d'un complice. Les autres propositions mettant en cause Sollas, et même Grafton Elliot Smith lui-même, m'ont paru si improbables ou si farfelues que je me suis demandé pourquoi on s'était si peu intéressé au seul savant reconnu qui ait été avec Dawson depuis le début de l'affaire. D'autant que plusieurs collègues éminents de Teilhard dans le domaine de la paléontologie des vertébrés ont émis en privé quelques soupçons (ou ont fait en public des allusions sibyllines) sur son rôle possible.

Ashley Montagu m'a écrit le 3 décembre 1979 pour me dire qu'il avait annoncé la nouvelle à Teilhard après que Oakley eut révélé la supercherie et que la surprise de Teilhard lui avait semblé trop réelle pour être feinte : « Je suis certain que vous faites erreur. Je connaissais bien Teilhard et, en fait, je fus le premier à lui annoncer la découverte de la fraude, le lendemain de sa divulgation dans le *New York Times*. Sa réaction ne peut pas avoir été simulée. Je ne doute pas un instant que le faussaire soit Dawson. » A Paris, en septembre dernier, je me suis entretenu avec plusieurs contemporains et collègues scientifiques de Teilhard, y compris Pierre-Paul Grassé et Jean Piveteau ; tous ont considéré que les allégations sur sa complicité étaient monstrueuses. Le père François

Russo, de la Compagnie de Jésus, m'a envoyé plus tard copie de la lettre que Teilhard a écrite à Kenneth P. Oakley après que ce dernier eut dévoilé la mystification. Il espérait que ce document apaiserait mes doutes sur son coreligionnaire. Mais il ne fit au contraire que les amplifier, car dans cette lettre, Teilhard s'est trahi. Pris au jeu par mon nouveau rôle de détective, je rendis visite à Kenneth Oakley en Angleterre le 16 avril 1980. Celui-ci me montra d'autres textes de Teilhard et partagea avec moi d'autres soupçons. Je pense maintenant que ce surplus de preuves désigne clairement Teilhard comme complice de Dawson dans le complot de Piltdown. J'exposerai toute l'affaire dans le *Natural History Magazine* de l'été ou de l'automne 1980 ; mais, pour le moment, je me contenterai de mentionner les éléments de preuve tirés de cette première lettre que Teilhard adressa à Oakley.

Teilhard y exprime tout d'abord sa satisfaction. « Je vous félicite très sincèrement pour la solution que vous avez apportée au problème de Piltdown. [...] Je suis fondamentalement satisfait de vos conclusions, malgré le fait que, sentimentalement parlant, cela gâche l'un de mes premiers et de mes plus brillants souvenirs paléontologiques. » Il poursuit en faisant part de ses pensées sur « l'énigme psychologique », à savoir sur l'auteur de la mystification. En accord avec tous les autres, il rejette l'idée de la culpabilité de Smith Woodward, mais il refuse également d'impliquer Dawson, en s'appuyant sur la connaissance parfaite qu'il avait du tempérament et des talents de Dawson : « C'était une personne méthodique et enthousiaste. [...] En outre, son amitié profonde pour Sir Arthur rend presque impossible la pensée qu'il ait pu systématiquement tromper son associé pendant plusieurs années. Lorsque nous étions sur le terrain, je n'ai jamais rien remarqué de suspect dans son comportement. » Teilhard achève sa lettre en proposant, sans trop y croire, de son propre aveu, que l'affaire a pu être un accident créé par un amateur qui aurait jeté des ossements de singe sur un tas de déblais qui aurait également renfermé des fragments de crâne humain (bien que Teilhard ne nous dise pas comment une telle hypothèse pourrait expliquer la même association à trois kilomètres de là, sur le second site de Piltdown).

Teilhard s'est trahi lorsqu'il décrit la seconde découverte de Piltdown : « Il se borna à me conduire sur l'emplacement du deuxième site et m'expliqua *(sic)* qu'il avait trouvé la molaire isolée et les petits morceaux de crâne dans les tas de gravats et pierraille qui avaient été ratissés à la surface du champ. » Maintenant nous savons (voir Weiner, page 142) que Dawson a bien amené Teilhard sur le second gisement pour une sortie de prospection en 1913. Il y a également conduit Smith Woodward en 1914. Mais aucune de ces deux visites ne se traduisit par une découverte quelconque ; aucun fossile ne fut trouvé sur le second site avant 1915. Dawson écrivit à Smith Woodward le 20 janvier 1915 pour lui annoncer la découverte de deux fragments crâniens. En juillet 1915, il lui écrivit de nouveau pour lui annoncer une autre excellente nouvelle, la découverte d'une molaire. Smith Woodward supposa (et affirma dans ses publications) que Dawson avait déterré ces pièces en 1915 (voir Weiner, page 144). Dawson tomba sérieusement malade peu de temps après, en 1915, et mourut l'année suivante. Smith Woodward n'obtint jamais de précision supplémentaire sur la seconde trouvaille. Maintenant, voyons le point crucial : Teilhard déclare explicitement, dans la lettre citée plus haut, que Dawson lui avait parlé de la dent et des fragments de crâne du second site. Mais selon Claude Cuénot, le biographe de Teilhard, celui-ci fut mobilisé en décembre 1914 ; et nous savons qu'il se trouvait sur le front le 22 janvier 1915 (pages 22-23). Mais si Dawson n'a « officiellement » découvert la molaire qu'en juillet 1915, comment Teilhard pouvait-il être au courant *à moins d'avoir participé à la supercherie* ? Je pense qu'il est très improbable que Dawson ait montré le matériel en 1913 à un Teilhard innocent et l'ait ensuite caché à Smith Woodward pendant deux ans (surtout après avoir amené Smith Woodward sur le second site pour deux jours de prospection en 1914). Teilhard et Smith Woodward étaient amis et auraient pu comparer leurs notes à tout moment ; et un Dawson agissant seul n'aurait jamais commis cette inconséquence qui aurait pu le faire démasquer.

En second lieu, Teilhard déclare dans sa lettre à Oakley qu'il n'avait jamais rencontré Dawson avant 1911 : « J'ai très bien connu Dawson puisque j'ai travaillé trois ou quatre fois avec lui et Sir Arthur à Piltdown (après une rencontre fortuite en 1911 dans une carrière près de Hastings). » Cependant il est certain que Teilhard a rencontré Dawson pendant le printemps ou l'été 1909 (voir Weiner, page 90). Dawson a présenté Teilhard à Smith Woodward et Teilhard, vers la fin de l'année 1909, a soumis à Smith Woodward plusieurs fossiles qu'il avait trouvés, y compris la dent d'un mammifère primitif très rare. Lorsque Smith Woodward décrivit ce matériel devant la Société géologique de Londres en 1911, Dawson, dans la discussion qui suivit la communication de Smith Woodward, rendit hommage à « l'aide patiente et avisée » qui lui fut apportée par Teilhard et un autre prêtre à partir de 1909. Je ne condamne pas Teilhard pour cet écart de dates. Même si Teilhard et Dawson ne s'étaient rencontrés qu'en 1911, il leur serait resté suffisamment de temps pour devenir complices (Dawson « trouva » son premier élément de crâne de Piltdown durant l'automne 1911, bien qu'il ait déclaré qu'un ouvrier lui avait donné un fragment « quelques années » plus tôt), et je n'en voudrais pas pour une erreur de deux ans à un homme qui a essayé de rassembler des souvenirs vieux de quarante ans. Il reste que cette date tardive (et inexacte), peu avant la découverte de Dawson, semble faite pour détourner les soupçons.

J'abandonne à présent la passionnante recherche du coupable pour en revenir au thème de mon premier essai (pourquoi a-t-on cru si aisément à Piltdown ?), car un autre collègue m'a envoyé un article fort intéressant paru dans la principale revue scientifique d'Angleterre le 13 novembre 1913 au beau milieu des controverses soulevées par la découverte. Dans ce texte, David Waterston, du King's College de l'université de Londres, affirmait avec fermeté que le crâne était celui d'un homme et la mâchoire celle d'un singe. « Il me semble aussi incohérent, concluait-il, d'attribuer la mandibule et le crâne au même individu qu'il le serait d'articuler un pied de chimpanzé avec un fémur ou un tibia essentiellement humain. » Dès le départ la solution du problème scientifique avait été trouvée, mais les espoirs, les désirs et les préjugés avaient empêché qu'on l'acceptât.

11

UN GRAND PAS POUR L'HUMANITÉ

Dans mon livre précédent, *Darwin et les grandes énigmes de la vie*, un de mes essais sur l'évolution humaine commence par ces mots :
« On a découvert un si grand nombre de fossiles humains au cours de ces dernières années que chaque année, quand arrive le moment de traiter ce sujet, j'ouvre mon vieux dossier et classe le contenu dans les archives. Et on recommence tout. »

Je me félicite chaudement de les avoir écrits car ils me permettent à présent de réfuter une thèse avancée dans ce même article.

J'y mentionnais en effet la découverte faite par Mary Leakey à Laetoli, à cinquante kilomètres au sud de la gorge d'Olduvai en Tanzanie, du plus vieux fossile d'hominidé connu — dents et mâchoires de 3,35 à 3,75 millions d'années. Mary Leakey déclarait alors (et pour autant que je sache, croit toujours) que ces restes devaient être classés dans notre genre *Homo*. J'en avais déduit que la lignée évolutive de l'homme que l'on faisait aller de l'australopithèque, doté d'un petit cerveau mais se tenant droit, à l'*Homo* au gros cerveau, devrait éventuellement être rectifiée, les australopithèques ne pouvant représenter qu'un rameau annexe de l'arbre généalogique de l'homme.

Dans les premiers jours de 1979, la presse annonça avec fracas la découverte d'une nouvelle espèce — plus ancienne et d'apparence plus primitive que tout autre hominidé fossile —, l'*Australopithecus afarensis*, ainsi dénommée par Don Johanson et Tim White. Était-il possible d'imaginer deux conceptions aussi radicalement opposées, celle de Mary Leakey pour qui les plus vieux hominidés appartenaient à notre genre *Homo* et celle de Johanson et de White qui avaient pris la décision de baptiser ainsi cette nouvelle espèce au vu de caractéristiques simiesques que ne possède aucun autre hominidé fossile ? Johanson et White ont-ils découvert des ossements nouveaux et fondamentalement différents ? Pas du tout. Le désaccord entre Leakey et Johanson-White porte sur les mêmes ossements. Nous sommes les témoins d'un débat sur une interprétation, non sur une nouvelle découverte.

Johanson a travaillé en Éthiopie dans la région de l'Afar de 1972 à 1977 et y a mis au jour une série exceptionnelle de restes d'hominidés. Ils ont été datés entre 2,9 et 3,3 millions d'années. Le plus remarquable de ces vestiges est le squelette d'une australopithèque baptisée Lucy. Il est complet à 40 %, ce qui est beaucoup plus que tout ce qu'on a pu posséder sur un seul individu de ces premiers temps de notre histoire. (La plupart des hominidés fossiles, bien qu'ils soient à la base de discussions sans fin et d'élucubrations laborieuses, ne sont que des fragments de mâchoires et des morceaux de crâne.)

Selon Johanson et White, les restes trouvés dans l'Afar et les fossiles de Laetoli découverts par Mary Leakey sont identiques quant à leur forme et appartiennent à la même espèce. Ils font également remarquer que les os et les dents de l'Afar et de Laetoli représentent tout ce que nous savons sur les hominidés qui ont plus de 2,5 millions d'années — tous les autres fossiles africains sont plus récents. Selon eux, les dents et les fragments de crâne ont en commun un ensemble de caractères que l'on ne retrouve pas dans les fossiles ultérieurs et qui rappellent les singes. C'est pour cela qu'ils ont classé les restes de l'Afar et de Laetoli dans une nouvelle espèce, *A. afarensis*.

Le débat ne fait que commencer, mais d'ores et déjà trois opinions s'affrontent. Certains anthropologues, s'appuyant sur des caractères différents, considèrent que les fossiles de l'Afar et de Laetoli appartiennent à notre genre *Homo*. D'autres pensent, avec Johanson et White, que ces fossiles sont plus proches de l'australopithèque d'Afrique orientale et australe — qui, lui, est moins âgé — que du genre *Homo*. Mais ils ne lui trouvent pas de différence suffisamment marquée pour justifier la création d'une nouvelle espèce et préfèrent inclure les fossiles de l'Afar et de Laetoli dans l'espèce *A. africanus*, nom donné originairement aux fossiles trouvés en Afrique du Sud dans les années 1920. D'autres encore s'accordent avec Johanson et White pour estimer que les fossiles de l'Afar et de Laetoli méritent une nouvelle dénomination. Moi-même n'étant qu'un profane dans le domaine de l'anatomie, mon avis n'est guère autorisé. Mais je dois dire que si une illustration vaut toutes les phrases de ce chapitre, le palais de l'hominidé de l'Afar m'apparaît bien comme celui d'un « singe ». (Je dois avouer aussi que l'appellation *A. afarensis* vient conforter plusieurs de mes préjugés favoris. Johanson et White soulignent que les fossiles de l'Afar et de Laetoli sont séparés par un espace de temps de 1 million d'années, mais qu'ils sont pratiquement identiques. Je pense que la plupart des espèces ne se modifient guère pendant la longue période de leur succès et que les transformations évolutives interviennent au cours de rapides événements durant lesquels les espèces s'écartent de leur souche ancestrale — voir les chapitres 17 et 18. En outre, puisque à mes yeux l'évolution humaine se présente davantage comme un buisson que comme une échelle, plus il y a d'espèces, mieux cela vaut. Johanson et White cependant acceptent une progressivité beaucoup plus grande que celle dont je serais partisan en ce qui concerne l'évolution humaine ultérieure.)

Au cours de cette discussion portant sur le crâne, les dents et la classification taxonomique, une autre caractéristique des fossiles de l'Afar beaucoup plus intéressante n'a pas été prise en considération. Les os du bassin et de la jambe de Lucy montrent de toute évidence que l'*A. afarensis* marchait aussi droit que vous et moi. Ce

Le palais de l'*Australopithecus afarensis* (au centre), comparé à celui d'un chimpanzé actuel (à gauche) et à celui d'un humain (à droite).

Avec l'aimable autorisation de Tim White
et du Muséum d'histoire naturelle de Cleveland.

fait a été longuement commenté dans la presse, mais d'une manière qui ne peut que prêter à confusion. Les journaux ont presque unanimement accrédité l'idée que, dans la pensée orthodoxe précédente, l'apparition d'un cerveau volumineux et de la station droite s'était faite de façon progressive et parallèle, avec peut-être une avance pour le cerveau. Cette transition allait de quadrupèdes à la cervelle minuscule à des êtres à la silhouette courbée et au cerveau à moitié développé jusqu'à l'*Homo*, parfaitement droit et doté d'un gros cerveau. Le *New York Times* a écrit en janvier 1979 : « On pensait que la bipédie avait été un processus graduel qui aurait inclus des hommes-singes, intermédiaires des êtres humains actuels, marchant courbés en traînant les pieds, créatures plus intelligentes que les singes, mais moins intelligentes que les êtres humains actuels. » Ce qui est absolument faux, au moins pour les cinquante dernières années de nos connaissances.

On sait, depuis les découvertes réalisées dans les années 1920, que les australopithèques avaient un cerveau peu développé et connaissaient la station verticale. (L'*A. africanus* avait un cerveau trois fois plus petit que le nôtre et marchait complètement droit. Même si l'on corrige sa capacité crânienne en fonction de sa taille réduite, son cerveau reste considérablement plus petit que le nôtre.) Cette « anomalie » que constitue la coexistence d'un cerveau réduit et de la station droite a fait couler beaucoup d'encre pendant des dizaines d'années et a occupé une place éminente dans tous les textes importants.

La dénomination d'*A. afarensis* n'établit donc pas la priorité historique de la station droite sur les cerveaux volumineux. Mais, conjointement avec deux autres idées, elle éclaire l'antériorité de la station droite d'un jour nouveau qui était resté curieusement absent dans les comptes rendus de la presse ou enfoui sous des masses d'informations erronées. L'*A. afarensis* est important car il nous apprend que la station verticale perfectionnée était déjà acquise il y a près de 4 millions d'années. La structure du bassin de Lucy montre qu'elle utilisait la bipédie dont les remarquables empreintes de pieds que l'on vient de découvrir à Laetoli apportent une preuve plus éclatante encore. Les australopithèques plus tardifs d'Afrique australe et orientale ne remontent guère à plus de 2,5 millions d'années. Nous avons ainsi ajouté près de 1,5 million d'années à l'histoire de la station droite.

Pour faire comprendre à quel point ce nouvel apport est important, il me faut abandonner le cours de mon exposé et me déplacer vers l'extrémité opposée de la biologie, c'est-à-dire aller des fossiles d'animaux complets aux molécules. Durant ces quinze dernières années, les spécialistes de l'évolution moléculaire ont accumulé une grande quantité d'informations sur les séquences des acides aminés d'enzymes et de protéines similaires chez de nombreux organismes variés. Ces données ont permis d'aboutir à des résultats surprenants. Si l'on prend deux espèces dont on connaît avec certitude la date à laquelle elles ont divergé d'un ancêtre commun, on remarque que les différences des acides aminés correspondent exactement au temps écoulé depuis la disjonction : plus la période de séparation est éloignée, plus la différence moléculaire est grande. Cette régularité a autorisé l'établissement d'une horloge moléculaire pour déterminer les dates de divergence chez des couples d'espèces pour lesquels les fossiles ont apporté la preuve d'une ascendance commune. Il est vrai que cette horloge ne bat pas avec la fiabilité d'une montre de haute précision — un de ses chauds partisans l'a même qualifiée de « tocante » — mais elle a rarement battu tout à fait la breloque.

Les darwiniens ont généralement été surpris par la régularité de l'horloge, car la sélection naturelle devrait normalement, selon les différentes lignées et les différentes périodes, travailler à des vitesses présentant des variations prononcées : très rapides dans les formes complexes s'adaptant à des milieux changeant fréquemment, très lentes au sein de populations stables et bien adaptées. Si la sélection naturelle est la cause principale de l'évolution au sein d'une population, on devrait alors s'attendre à une bonne corrélation entre le changement génétique et le temps, à moins que les vitesses de sélection ne demeurent assez constantes — comme cela ne devrait pas être le cas si l'on s'en réfère à l'argument exposé plus haut. Les darwiniens ont évité cette contradiction en affirmant que les irrégularités dans la vitesse de sélection s'aplanissaient sur de longues périodes. La sélection peut être très intense pendant quelques générations et pratiquement absente durant la période suivante sans que le changement global, enregistré sur de longues périodes, perde de sa régularité. Mais les darwiniens se sont vus dans l'obligation d'envisager une autre possibilité : la régularité de l'horloge moléculaire serait le reflet d'un processus évolutif que ne provoquerait pas la sélection naturelle, la fixation fortuite de mutations neutres. (Je dois reporter ce sujet brûlant à plus tard car il mérite un long développement.)

En tout cas, la mesure des différences d'acides aminés entre les humains et les grands singes d'Afrique (gorilles et chimpanzés) a apporté les plus surprenants des résultats. Pour les gènes qui ont été étudiés, nous sommes pratiquement identiques malgré notre divergence morphologique prononcée. La différence moyenne dans les séquences d'acides aminés entre l'homme et les singes africains est inférieure à 1 % (0,8 % pour être précis), ce qui, sur l'échelle moléculaire, correspond seulement à une période de 5 millions d'années depuis la divergence d'un ancêtre commun. En tenant compte de l'imprécision de cette « tocante » moléculaire, Allan Wilson et Vincent Sarich, les chercheurs de Berkeley qui ont découvert cette anomalie, sont prêts à accepter le chiffre de 6 millions d'années, mais guère plus. En bref, si l'horloge donne l'heure exacte, l'*A. afarensis* se retrouve très proche de la limite théorique de la branche des hominidés.

Jusqu'à une date récente, les anthropologues tendaient plutôt à refuser cette horloge car, selon eux, les hominidés constituaient une véritable exception à une règle admise. Ils fondaient leurs réticences sur l'existence d'un animal appelé *Ramapithecus*, fossile africain et asiatique dont on ne connaît guère que quelques fragments de mâchoires et qui vivait voici environ 14 millions d'années. Pour de nombreux anthropologues, le ramapithèque pouvait se placer de notre côté de la disjonction singe-homme, ce qui signifiait en d'autres termes que la divergence entre les hominidés et les singes s'était produite il y a plus de 14 millions d'années. Mais cette thèse qui s'appuie sur une série d'arguments techniques — les dents et leurs proportions — a récemment perdu du terrain. Certains des partisans les plus ardents du ramapithèque comme hominidé sont à présent prêts à réexaminer leur position et à en faire un singe ou une créature proche de la descendance commune aux singes et aux humains, mais cependant antérieure à la divergence. L'horloge moléculaire s'est trouvée vérifiée trop souvent pour qu'on la rejette pour quelques arguments sujets à révision fondés sur des fragments de mâchoires. (Je sens que je vais bientôt perdre un pari de dix dollars que j'ai fait avec Allan Wilson il y a quelques années. Généreusement il m'avait accordé 7 millions d'années comme l'âge maximal du plus vieil ancêtre commun aux singes et aux hommes alors que je penchais pour un chiffre plus élevé. Je n'ai pas encore payé, mais je ne m'attends pas vraiment à empocher de l'argent cette fois-ci[1].)

Nous pouvons à présent rassembler les trois éléments qui vont nous permettre d'envisager une réorientation

---

1. Janvier 1980. Je viens de payer. Autant commencer la nouvelle décennie dans les règles.

importante des thèses sur l'évolution humaine : l'âge et la station verticale de l'*A. afarensis*, la divergence singe-homme sur l'horloge moléculaire et la perte du titre d'hominidé par le ramapithèque.

Nous n'avons jamais pu nous débarrasser de cette vision de l'évolution humaine centrée sur le cerveau, bien que celle-ci n'ait jamais représenté autre chose qu'un puissant préjugé culturel plaqué que la nature. Les premiers évolutionnistes pensaient que le développement de la taille du cerveau devait avoir précédé toutes les modifications importantes de notre corps (voir les thèses de Grafton Elliot Smith dans le chapitre 10. Smith fondait sa conviction en faveur de l'homme de Piltdown sur une croyance presque fanatique en la priorité de l'encéphale). Mais l'*A. africanus*, avec sa station verticale et son cerveau réduit, mit fin à cette conception dans les années 1920, comme l'avaient prévu avec beaucoup de clairvoyance certains évolutionnistes et philosophes, d'Ernst Haeckel à Friedrich Engels. Néanmoins, cette « priorité cérébrale », comme je me plais à l'appeler, n'a pas lâché prise, mais a adopté une forme modifiée. Certains évolutionnistes, tout en admettant la primauté historique de la station verticale, ont supposé qu'elle était intervenue sans hâte et que la réelle discontinuité — le saut qui nous rendit réellement humains — se produisit beaucoup plus tardivement, lorsque, dans une explosion évolutive sans précédent, notre cerveau tripla de volume en à peu près 1 million d'années.

Voyons ce qu'écrivait un spécialiste éminent il y a dix ans : « Le grand saut dans la céphalisation du genre *Homo* a eu lieu il y a 2 millions d'années, après quelque 10 millions d'années d'évolution préparatoire à travers la bipédie, la main préhensile, etc. » Dans son dernier livre, *Janus*, Arthur Koestler a porté cette thèse à des sommets de divagation erronée rarement atteints. Notre cerveau a grossi si vite, d'après lui, que le cortex extérieur, siège de l'astuce et de la rationalité, a perdu le contrôle des centres animaux émotifs situés au plus profond de notre cerveau. Cette bestialité primitive resurgit dans la guerre, l'assassinat et les autres formes de violence destructrice.

Je pense qu'il nous faut revoir de fond en comble la place accordée jusqu'à présent à la station droite et au développement de la taille du cerveau dans l'évolution humaine. On a considéré que la station droite avait été une tendance progressive ayant aisément atteint son terme et que l'augmentation du volume du cerveau avait pris la forme d'une rupture étonnamment rapide, c'est-à-dire aurait été quelque chose d'exceptionnel tout à la fois dans son mode d'évolution et dans l'ampleur de son effet. Je souhaite présenter la thèse diamétralement opposée. C'est la station verticale qui a été la surprise, l'événement difficile, la reconstruction rapide et fondamentale de notre anatomie. L'accroissement de la taille du cerveau n'a été, en termes d'anatomie, qu'un épiphénomène secondaire, une transformation facile s'inscrivant dans le schéma général de l'évolution humaine.

Il y a tout au plus 6 millions d'années, si l'horloge moléculaire donne l'heure exacte (et Wilson et Sarich penchent plutôt pour cinq), nous partagions avec les gorilles et les chimpanzés notre dernier ancêtre commun. On peut penser que cette créature a d'abord marché à quatre pattes, mais qu'elle devait se déplacer occasionnellement sur ses deux jambes, comme le font de nombreux singes aujourd'hui. Un peu plus de 1 million d'années plus tard, nos ancêtres étaient aussi bipèdes que vous et moi. C'est cela et non le grossissement ultérieur de notre cerveau qui a constitué la grande étape de l'évolution humaine.

La bipédie n'est en rien une performance aisée. Elle requiert une restructuration fondamentale de notre anatomie, en particulier du pied et de la hanche. En outre, cette reconstitution anatomique s'écarte du schéma général de l'évolution humaine. Comme je l'explique dans le chapitre 9 par l'entremise de Mickey, les humains sont néoténiques, c'est-à-dire que nous nous sommes développés en conservant les caractéristiques juvéniles de nos ancêtres. Notre gros cerveau, notre petite mâchoire et de nombreux autres caractères, qui vont de la répartition de la pilosité à la disposition du vagin tourné vers le ventre, sont des conséquences de notre jeunesse éternelle. Mais la station droite est un phénomène différent. On n'a pas pu y parvenir en se contentant de conserver un caractère déjà présent dans les phases juvéniles. Car les jambes de bébé sont relativement petites et faibles, alors que la station droite exige que les jambes deviennent plus grosses et plus solides.

Le temps que nous devenions droits comme l'était l'*A. afarensis*, la partie était déjà jouée, les modifications essentielles de notre architecture avaient été accomplies, les éléments nécessaires pour les changements à venir étaient en place. Le développement ultérieur de notre cerveau fut anatomiquement facile. Il s'explique par le programme même de notre propre croissance : les vitesses rapides de la croissance fœtale y ont été reportées à une période ultérieure et les proportions qui caractérisent le crâne d'un jeune primate ont été conservées à l'âge adulte. Le cerveau s'est développé de concert avec d'autres traits néoténiques, tous inscrits dans un schéma évolutif général.

Mais avant de clore ce chapitre, il me faut revenir en arrière pour éviter une erreur de raisonnement, à savoir la fausse équation entre l'ampleur de l'effet et l'intensité de la cause. En tant que simple problème de reconstruction architecturale, la station verticale est fondamentale et d'une grande portée, la taille du cerveau est superficielle et secondaire. Mais l'effet de notre cerveau volumineux a surpassé de beaucoup la relative facilité de sa construction. La chose la plus surprenante de tout ceci est peut-être cette propriété générale des systèmes complexes, de notre cerveau en premier lieu, consistant à transformer de simples changements structurels quantitatifs en qualités fonctionnelles merveilleusement différentes.

Il est maintenant deux heures du matin et j'ai terminé mon chapitre. Je pense que je vais aller prendre une bière dans le réfrigérateur, puis j'irai me coucher. La créature que je suis, produit de la culture, s'étonnera toujours beaucoup plus du rêve qu'elle va avoir dans une heure en position horizontale que des quelques pas qu'elle va faire perpendiculairement au plancher.

12

AU BEAU MILIEU DE LA VIE...

Les grands conteurs ajoutent souvent des passages humoristiques pour réduire la tension dramatique. Ainsi les fossoyeurs de *Hamlet* ou les courtisans Ping, Pong et Pang du *Turandot* de Puccini nous préparent à la torture et à la mort qui vont suivre. Parfois, cependant, certains épisodes nous font sourire ou même rire alors qu'ils n'ont pas été écrits dans cette intention ; le temps en a modifié le contexte et a donné aux mots eux-mêmes un sens comique involontaire. C'est ce type de mésaventure qui est survenu à un passage du document géologique le plus célèbre et le plus sérieux qui soit, les *Principes de géologie* de Charles Lyell, qui parut en trois volumes entre 1830 et 1833. Lyell y déclare que les grands animaux du temps jadis reviendront sur Terre pour l'honorer de nouveau :

« Alors toutes ces espèces animales dont les monuments sont conservés dans les anciennes roches de nos continents pourraient revenir. L'énorme iguanodon pourrait réapparaître dans les bois et l'ichtyosaure dans la mer, tandis que le ptérodactyle volerait de nouveau à l'ombre des fougères arborescentes. »

L'image choisie par Lyell est assez surprenante, mais l'idée qu'elle véhicule est indissociable du thème central de sa grande œuvre. Lyell a écrit ses *Principes* afin d'exposer son concept d'uniformité, sa croyance en une

Terre qui, après s'être remise des effets de sa formation initiale, est restée à peu près la même sans catastrophes généralisées ni progression régulière vers un état plus élevé. L'extinction des dinosaures semblait poser un défi à la thèse de l'uniformité de Lyell. Après tout, n'avaient-ils pas été remplacés par des mammifères supérieurs ? Et ceci n'indiquait-il pas que l'histoire de la vie se déroulait dans une direction donnée ? Lyell répliquait que le remplacement des dinosaures par les mammifères s'inscrivait dans un grand cycle périodique — la « grande année » — mais ne constituait pas le franchissement d'un échelon supplémentaire sur l'échelle de la perfection. Les climats sont cycliques et la vie d'adapte aux climats. Ainsi, lorsque l'été de la grande année reviendra, les reptiles à sang froid réapparaîtront pour régner de nouveau.

Dans un dessin humoristique dû à la plume d'un des collègues de Lyell en réponse au passage cité sur le retour des ichtyosaures et des ptérodactyles sur la Terre, on voit le futur professeur Ichtyosaurus donnant une conférence à ses étudiants sur le crâne d'un être étrange de la dernière création.

Cependant, en dépit de sa conviction uniformiste, Lyell admettait *une* exception plutôt importante à sa vision d'une Terre faisant résolument du surplace : l'origine de l'*Homo sapiens* dans les derniers instants des temps géologiques. Notre arrivée, selon lui, devait être considérée comme une discontinuité dans l'histoire de notre planète : « Prétendre qu'un tel pas, ou plutôt un tel saut, fait partie d'une série régulière de transformations du monde animal en revient à forcer l'analogie au-delà de toute limite raisonnable. » Il est certain que Lyell tentait ainsi d'adoucir le coup asséné à son propre système. Il affirma que cette discontinuité traduisait un événement survenu dans la seule sphère morale, c'est-à-dire une addition dans un autre domaine, non pas une rupture de la continuité et de la stabilité du monde purement matériel. Le corps humain, après tout, ne pouvait pas être considéré comme une Rolls Royce parmi les mammifères.

« Quand on dit que la race humaine est d'un rang beaucoup plus élevé que tous les autres êtres qui ont existé sur la Terre, ce sont les seuls attributs intellectuels et moraux de notre race qui sont pris en compte, et non pas l'animal ; et il n'est pas évident du tout que l'organisme de l'homme soit tel qu'il conférerait à celui-ci une prééminence quelconque, si, à la place de ses pouvoirs de raisonnement, il n'était pourvu que des instincts que possèdent les animaux qui lui sont inférieurs. »

Il n'en reste pas moins que l'argument de Lyell est un exemple classique d'une tendance commune à bien des naturalistes : ériger une barrière autour de leur propre espèce. La barrière porte un panneau : « Point extrême à ne pas dépasser. » Sans cesse, on trouve ces visions grandioses, où la pensée englobe tout, depuis le nuage de poussière intial jusqu'au chimpanzé. Puis, alors même qu'un système complet pouvait être élaboré, l'orgueil et les préjugés traditionnels interviennent pour que soit accordé un statut exceptionnel à un primate bien particulier. J'ai déjà mentionné un exemple du même défaut dans le chapitre 4 en exposant l'argumentation d'Alfred Russell Wallace pour qui l'intelligence humaine ne pouvait être qu'une création spéciale, la seule intervention divine sur un monde organique construit intégralement par la sélection naturelle. Le raisonnement peut prendre diverses formes, mais l'intention est toujours la même, séparer l'homme de la nature. Sous le panneau principal de sa barrière, Lyell en a accroché un autre : « L'ordre moral commence ici. » Sur la sienne, Wallace a placé l'avis suivant : « Au-delà de ce point, la sélection naturelle n'a plus d'effet. »

Darwin, au contraire, a montré une grande cohérence de pensée en étendant sa révolution à tout le règne animal. Qui plus est, il s'est avancé de façon explicite dans les domaines les plus sensibles de la vie humaine. L'évolution du corps humain apportait déjà son lot de bouleversements ; au moins laissait-elle l'esprit virtuellement inviolé. Mais Darwin ne s'arrête pas là. Il écrivit un ouvrage entier où il affirma que les expressions les plus raffinées de l'émotion humaine ont une origine animale. Et si les sentiments avaient évolué, les pensées ne pouvaient guère faire autre chose que les suivre de près.

La barrière dressée autour de l'*Homo sapiens* repose sur plusieurs bases : les poteaux les plus importants portent les noms de *préparation* et *transcendance*. Les humains ont non seulement transcendé les forces ordinaires de la nature, mais tout ce qui est apparu auparavant fut une préparation pour notre venue à venir. De ces deux arguments, je considère que la préparation est de loin le plus douteux et celui qui exprime le mieux les préjugés persistants que nous devrions nous efforcer de rejeter.

La transcendance, dans sa version actuelle, déclare que l'histoire de notre espèce a été dirigée par des processus que l'on n'avait jamais encore connus sur Terre. Comme je le montre dans le chapitre 7, l'évolution culturelle est notre innovation première. Elle agit par la transmission des techniques, des connaissances et des comportements grâce à l'éducation, c'est-à-dire grâce à l'hérédité culturelle des caractères acquis. Ce processus non biologique agit rapidement selon le mode « lamarckien », alors que le changement biologique franchit laborieusement les étapes darwiniennes avec une lenteur de glacier. Je ne considère pas que cette liberté laissée aux processus lamarckiens soit une transcendance dans le sens habituel de dépassement. L'évolution biologique n'est ni annulée ni détournée. Elle se poursuit comme avant et elle tient sous sa dépendance les types de culture ; mais elle est trop lente pour avoir un impact important sur le rythme frénétique de nos civilisations.

La préparation, d'autre part, est la marque d'un orgueil démesuré de nature beaucoup plus profonde. La transcendance ne nous contraint pas à considérer les 4 milliards d'années d'histoire qui nous ont précédés comme la préfiguration de nos propres talents. Nous pouvons fort bien être ici par le seul jeu d'un hasard imprévisible et n'en représenter pas moins quelque chose de neuf et de puissant. Mais la préparation nous conduit à rechercher la trace de notre arrivée à venir dans toutes les périodes précédentes d'une histoire démesurément longue et compliquée. Pour une espèce qui est sur Terre depuis environ un cent millième de l'existence de cette planète (cinquante mille ans sur cinq milliards), voilà qui s'appelle se donner bien de l'importance.

Lyell et Wallace ont tous deux prôné la notion de préparation ; pratiquement tous les bâtisseurs de barrières en ont fait autant. Lyell a décrit une Terre stable attendant, et presque désirant, l'arrivée d'un être conscient qui pourrait comprendre et apprécier son dessein sublime et uniforme. Quant à Wallace, qui se tourna vers le spiritualisme à la fin de sa vie, il énonça cette pensée plus commune : l'évolution physique a eu pour but, en fin de compte, de fournir un lien entre l'esprit préexistant et un corps capable de l'utiliser :

« Nous qui acceptons l'existence d'un monde spirituel, pouvons considérer l'univers comme un tout grandiose et cohérent dont tous les éléments sont adaptés au développement d'êtres spirituels capables de vivre et de se perfectionner indéfiniment. A nos yeux, le but global, la seule *raison d'être*[1] du monde — avec toutes les complexités de sa structure physique, avec sa grande marche en avant géologique, la lente évolution des règnes végétal et animal et finalement l'apparition de l'homme — était le développement de l'esprit humain en liaison avec le corps humain. »

Je pense que tous les évolutionnistes réprouveraient à présent la version de Wallace de la préparation, à savoir

1. En français dans le texte (N.d.T.).

la prédestination de l'homme au sens littéral. Mais peut-il y avoir une forme légitime et moderne de ce raisonnement général ? Je crois qu'on peut en effet élaborer ce type d'argument, mais je pense aussi que c'est là une fausse vision de l'histoire de la vie.

La version moderne rejette la prédestination pour adopter la prévisibilité. Elle abandonne l'idée que le germe de l'*Homo sapiens* était enfoui au sein de la bactérie primordiale ou qu'une force spirituelle présidait à l'évolution organique, s'apprêtant à infuser l'esprit dans le premier corps digne de le recevoir. Au contraire, cette version maintient que le processus totalement naturel de l'évolution organique emprunte certains cheminements, car son agent premier, la sélection naturelle, forge des organismes toujours plus efficaces qui l'emportent dans la compétition qui les oppose aux modèles précédents. Les voies du progrès sont étroitement limitées par la nature des matériaux de construction et par l'environnement terrestre. Il n'y a que quelques moyens — peut-être un seul — qui aboutissent à un animal bien adapté au vol, à la nage ou à la course. Si nous pouvions retourner à la bactérie primordiale et recommencer tout le processus, l'évolution suivrait à peu près le même chemin. L'évolution est plus semblable à une roue à rochet qui ne peut tourner que dans un seul sens qu'à de l'eau que l'on jette sur une pente large et uniforme. Chaque étape emboîte le pas à la précédente et s'élève un peu plus chaque fois.

Puisque la vie a commencé sous la forme de la chimie microscopique et qu'elle a maintenant atteint la conscience, les nombreuses dents de la roue à rochet représentent une longue série d'étapes. Ces différents stades peuvent ne pas être des « préparations » dans le sens ancien de prédestination, mais c'étaient des phases tout à la fois prévisibles et nécessaires, intégrées dans une suite sans surprise. En un sens, ils préparent donc la voie à l'évolution humaine. Il y a une raison, après tout, à notre présence ici-bas, même si cette raison se trouve dans les mécanismes de fabrication plutôt que dans une volonté divine.

Mais si l'évolution avançait comme une roue à rochet, on devrait retrouver parmi les fossiles une progression et une organisation séquentielle. Or il n'en est rien et je considère cette absence comme l'argument le plus convaincant contre l'idée d'une roue à rochet évolutive. Comme je l'expose dans le chapitre 21, la vie est apparue peu après la formation de la Terre ; puis elle a marqué un long palier de 3 milliards d'années, c'est-à-dire peut-être les cinq sixièmes de son histoire. Pendant cette énorme période, la vie est restée au niveau procaryotique : des organismes monocellulaires, bactéries ou algues bleuvert, dépourvus des structures internes (noyau, mitochondries et autres) qui rendent la sexualité et le métabolisme complexe possibles. Car il se peut que, durant 3 milliards d'années, la forme de vie la plus haute ait été un tapis de fines couches d'algues procaryotiques piégeant et retenant les sédiments. Puis, il y a environ 600 millions d'années, pratiquement toutes les principales formes de vie apparurent dans les fossiles que nous connaissons, et cela en quelques millions d'années. Nous ne savons pas pourquoi l'« explosion du cambrien » s'est produite à ce moment-là, mais nous n'avons aucune raison de penser qu'elle devait forcément se produire à cet instant précis ou qu'elle devait même se produire du tout.

Certains chercheurs ont pensé que le niveau d'oxygène, trop bas, avait empêché l'évolution antérieure des formes de vie complexe. Si telle était la vérité, l'image de la roue à rochet pourrait toujours être valable. La phase resta immobile pendant 3 milliards d'années. L'engrenage devait bien tourner dans un sens donné, mais ayant besoin d'oxygène, il dut attendre que les photosynthétiseurs procaryotiques apportent peu à peu le précieux gaz qui faisait défaut à l'atmosphère de la Terre. Il est vrai que l'oxygène était probablement rare, voire absent, dans l'atmosphère originelle de la Terre, mais on sait à présent que de grandes quantités d'oxygène ont été produites par photosynthèse plus de 1 milliard d'années avant l'explosion du cambrien.

Ainsi, nous n'avons aucune raison de considérer l'explosion du cambrien comme autre chose qu'un événement heureux qui ne devait pas forcément arriver ni prendre la forme qu'il a prise. L'explosion du cambrien a pu être la conséquence de l'évolution de la cellule eucaryotique (pourvue d'un noyau) à partir de l'association symbiotique d'organismes procaryotiques au sein d'une même membrane. Elle a pu se produire parce que la cellule eucaryotique se serait développée grâce à une reproduction sexuelle efficace, la sexualité distribuant et réaménageant la variabilité requise par les processus darwiniens. Mais le point crucial est le suivant : si l'explosion du cambrien avait effectivement la possibilité de se réaliser à tout moment pendant la période de plus de 1 milliard d'années qui a précédé sa date réelle, c'est-à-dire deux fois plus de temps que la vie en a passé à évoluer depuis, la roue à rochet ne semble guère l'image appropriée pour représenter l'histoire de la vie.

Si l'on doit utiliser une métaphore, je préfère celle d'une pente très large, basse et uniforme. L'eau tombe au hasard au sommet et généralement s'assèche avant de s'écouler. De temps à autre, un ruissellement parvient à dévaler la pente et y creuse une vallée qui canalise les écoulements futurs. Ces innombrables vallées auraient pu apparaître à n'importe quel endroit du paysage. Leur position réelle n'est que le résultat du hasard. Si l'on répétait l'expérience, on pourrait fort bien n'obtenir aucune vallée ou aboutir à un système totalement différent. Mais comme nous nous trouvons maintenant sur le rivage et que nous contemplons l'admirable agencement des vallées qui viennent se jeter avec régularité dans la mer, il est très facile d'être induit en erreur et de penser qu'aucun autre paysage n'aurait pu être façonné.

Je dois reconnaître que la métaphore du paysage partage avec sa rivale, la roue à rochet, le même point faible. La pente initiale impose une direction préférentielle à l'eau qui tombe à son sommet, bien que presque toutes les gouttes s'assèchent avant même de s'écouler et puissent emprunter, lorsqu'elles y parviennent, des millions de cheminements. La pente initiale n'implique-t-elle pas une faible prévisibilité ? Peut-être le domaine de la conscience occupe-t-il une portion du rivage si large qu'une des vallées se devait fatalement de l'atteindre un jour.

Mais à ce point de l'exposé, le raisonnement se heurte à une autre difficulté, celle-là même qui m'a poussé à écrire cet essai (bien que, je l'avoue, j'aie mis du temps avant d'y arriver). Presque toutes les gouttes s'assèchent. Il a fallu 3 milliards d'années pour qu'une vraie vallée se forme sur la pente initiale de la Terre. Pour ce que nous en savons, il aurait pu en falloir 6, 12 ou 20 milliards. Si la Terre était éternelle, nous pourrions parler d'inévitabilité. Mais elle ne l'est pas.

Selon l'astrophysicien William A. Fowler, le soleil aura épuisé l'hydrogène qui lui sert de carburant après 10 à 12 milliards d'années de vie. Il explosera alors et se transformera en une étoile rouge géante si grande qu'elle dépassera l'orbite de Jupiter, englobant donc la Terre. C'est là une pensée impressionnante — de celles qui vous font méditer ou sentir passer un frisson dans le dos — que de reconnaître que les hommes sont apparus sur la Terre à peu près à mi-chemin de l'existence de notre planète. Si la métaphore du paysage a quelque valeur, malgré ce qu'elle implique de fortuit et d'imprévisible, on doit en conclure que la Terre aurait pu ne jamais développer cette vie complexe. Il a fallu 3 milliards d'années pour dépasser le stade du tapis d'algues. Le processus aurait fort bien pu prendre cinq fois plus de temps, si la Terre avait duré jusque-là. Autrement dit, si l'on pouvait recommencer l'expérience, l'événement le plus spectaculaire de l'histoire de tout notre système solaire, la fin explosive de son géniteur, aurait pu n'avoir comme seul témoin muet qu'un tapis d'algues.

Alfred Russel Wallace lui aussi songea à la destruction de la vie sur Terre (bien qu'à son époque les physiciens crussent que le Soleil s'arrêterait de brûler et que la Terre se congèlerait). Et il ne put se résoudre à l'accepter. Il parla de l'« écrasant fardeau mental supporté par ceux qui [...] sont obligés de croire que tout le lent cheminement de notre race vers une vie plus haute, toutes les souffrances des martyrs, toutes les plaintes des victimes, toutes les douleurs, la misère et les maux immérités endurés au long des siècles, toutes les luttes pour la liberté, tous les efforts pour la justice, toutes les aspirations à la vertu et le bien-être de l'humanité, disparaîtront totalement ». Wallace en fin de compte choisit la solution chrétienne conventionnelle, l'éternité de la vie spirituelle : « Des êtres [...] qui possèdent des facultés latentes capables d'un tel développement, sont assurément destinés à une existence plus élevée et plus permanente. »

J'avancerais un argument différent. Les invertébrés fossiles, tels que les montrent les exemplaires recueillis, vivent en moyenne de 5 à 10 millions d'années. (Le plus ancien peut remonter, bien que je mette personnellement en doute cette donnée, à plus de 200 millions d'années.) Les espèces vertébrées tendent à avoir une durée de vie plus courte. Si nous sommes toujours ici pour assister à la destruction de notre planète dans quelque 5 milliards d'années, ou davantage, nous aurons alors accompli une chose si nouvelle dans l'histoire de la vie que c'est avec joie que nous devrons chanter notre chant du cygne : *Sic transit gloria mundi*. Bien entendu, nous pourrions aussi nous enfuir à bord de ces escadrilles de vaisseaux spatiaux, pour mieux nous condenser un peu plus tard dans le prochain *big bang*. Mais je n'ai jamais été très féru de science-fiction.

QUATRIÈME PARTIE

SCIENCE ET POLITIQUE DES DIFFÉRENCES HUMAINES

13

CHAPEAUX LARGES ET ESPRITS ÉTROITS

En 1861, de février à juin, le fantôme du baron Georges Cuvier hanta la Société anthropologique de Paris. Le grand Cuvier, l'Aristote de la biologie française (surnom immodeste qu'il ne reniait pas), mourut en 1832, mais l'enveloppe physique de son esprit continua à vivre pendant tout le temps que dura l'affrontement qui opposa Paul Broca et Louis-Pierre Gratiolet, débat dont l'enjeu était la taille du cerveau et son influence sur l'intelligence.

Gratiolet ouvrit les hostilités en osant prétendre que l'on ne pouvait reconnaître les esprits les meilleurs et les plus brillants d'après la grosseur de leur tête. (Gratiolet, monarchiste fervent, n'était pas pour autant partisan de l'égalitarisme. Il cherchait ailleurs d'autres mesures qui permettraient d'affirmer la supériorité des hommes européens de race blanche.) Broca, fondateur de la Société anthropologique et le plus grand craniométricien (mesureur de têtes) du monde, lui répliqua que « l'étude du cerveau des races humaines perdrait la majeure partie de son intérêt et de son utilité » si les variations de taille ne signifiaient rien. Pourquoi, demanda-t-il, les anthropologues avaient-ils passé tant de temps à mesurer les têtes si les résultats n'avaient aucun rapport avec ce qu'il considerait comme la question la plus importante entre toutes, la valeur relative des différents peuples ?

« Parmi les questions qui ont été jusqu'ici mises en discussion dans le sein de la Société d'anthropologie, il n'en est aucune qui soit égale en intérêt et en importance à la question actuelle [...]. La haute importance de la craniologie a tellement frappé les anthropologistes que beaucoup d'entre eux ont négligé les autres parties de notre science pour se vouer presque exclusivement à l'étude des crânes. Cette préférence est légitime sans doute, mais elle ne le serait pas [...] si l'on n'espérait y trouver quelques données relatives à la valeur intellectuelle des diverses races humaines. »

Broca et Gratiolet bataillèrent pendant cinq mois, tout au long de presque deux cents pages de bulletin de la société. Les esprits s'échauffèrent. Dans le feu du combat, un des lieutenants de Broca décocha le coup le plus bas de tous : « J'ai remarqué depuis longtemps qu'en général ceux qui nient l'importance intellectuelle du volume du cerveau ont la tête petite. » A la fin, Broca l'emporta haut la main. Au cours du débat, il ne fut aucun élément plus précieux pour Broca, aucun qui n'ait été commenté avec autant de vivacité ou attaqué avec autant de vigueur que le cerveau de Georges Cuvier.

Cuvier, le plus grand anatomiste de son temps, l'homme qui réforma complètement notre vision des animaux en les classant selon des critères physiologiques et non d'après le rang qu'ils occupent sur l'échelle anthropocentrique, des inférieurs aux supérieurs. Cuvier, fondateur de la paléontologie, l'homme qui le premier prouva l'existence d'espèces disparues et qui souligna l'importance des catastrophes dans la compréhension de l'histoire de la vie comme de celle de la Terre. Cuvier, grand homme d'État qui, comme Talleyrand, réussit à servir tous les gouvernements français, de la Révolution à la monarchie, et à mourir dans son lit. (En fait, Cuvier passa les années les plus tumultueuses de la Révolution comme précepteur en Normandie bien que, dans sa correspondance, il feignît d'éprouver des sympathies révolutionnaires. Il arriva à Paris en 1795 et ne quitta plus la capitale.) Franck Bourdier, un de ses derniers biographes, retrace l'ontogenèse corporelle de Cuvier, mais cette description donne également une excellente image de son pouvoir et de son influence : « Cuvier était de petite taille et, pendant la Révolution, il était très mince ; il prit de l'embonpoint durant l'Empire ; et devint franchement obèse après la Restauration. »

Les contemporains de Cuvier s'émerveillaient de sa « tête massive ». Un de ses admirateurs déclara qu'elle « donnait à sa personne tout entière un indéniable cachet de majesté et à son visage une expression de profonde méditation ». Aussi, lorsque Cuvier mourut, ses collègues, dans l'intérêt de la science et par curiosité, décidèrent d'ouvrir le crâne du grand homme. Le mardi 15 mai 1832, à sept heures du matin, les plus éminents des médecins et biologistes de France se retrouvèrent pour disséquer le corps de Georges Cuvier. Ils commencèrent par les organes internes et, ne trouvant « rien de remarquable », reportèrent leur attention sur le crâne. « Ainsi, écrivit le médecin responsable de l'autopsie, nous étions sur le point de contempler l'instrument de cette puissante intelligence. » Et leur attente fut récompensée. Le cerveau de Cuvier pesait 1 830 grammes, soit 400 grammes de plus que la moyenne et 200 grammes de plus que tous les cerveaux non malades pesés jusqu'alors. Des rumeurs et des déductions incertaines attribuaient au cerveau d'Oliver Cromwell, de Jonathan Swift et de Lord Byron le même ordre de grandeur, mais Cuvier avait apporté la première preuve directe de la liaison entre l'intelligence supérieure et la taille du cerveau.

Broca avait marqué un point et reporta une bonne part de son argumentation sur le cerveau de Cuvier. Mais Gratiolet mena une enquête et trouva un point faible. Dans leur crainte et leur enthousiasme, les médecins de Cuvier avaient négligé de conserver son cerveau ou son crâne. En outre, ils n'avaient fourni aucune mesure de son crâne. Le chiffre de 1 830 grammes ne pouvait pas être vérifié, peut-être s'agissait-il tout simplement d'une erreur. Gratiolet, à la recherche d'un succédané possible, eut une inspiration soudaine : « Tous les cerveaux ne sont pas mesurés par les médecins, déclara-t-il, mais toutes les têtes sont mesurées par les chapeliers et j'ai réussi à obtenir, de cette nouvelle source, des renseignements qui, j'ose l'espérer, ne vous paraîtront pas dépourvus d'intérêt. » En bref, Gratiolet annonçait une découverte qui offrait un contraste presque ridicule avec le cerveau du grand homme : il avait trouvé le chapeau de Cuvier ! Et voilà comment, durant deux séances de la société, certains des plus fins esprits de France se penchèrent avec le plus grand sérieux sur la signification d'un morceau de feutre usagé.

Le chapeau de Cuvier, déclara Gratiolet, mesurait 21,8 cm de long et 18 cm de large. Il consulta ensuite un certain M. Puriau, « l'un des chapeliers les plus intelligents et les plus réputés de Paris ». Puriau lui dit que les plus grandes tailles normales de chapeau mesuraient 21,5 sur 18,5 cm. Bien que peu d'hommes portassent un chapeau aussi grand, Cuvier n'était pas hors de la norme. D'ailleurs, Gratiolet signala, avec une satisfaction évidente, que le chapeau était extrêmement flexible et « assoupli par un très long usage ». Il n'était probablement pas si grand lorsque Cuvier l'avait acheté. En outre, Cuvier avait une chevelure exceptionnellement fournie et qu'il gardait toujours très épaisse. « Cela semble prouver très clairement, affirma Gratiolet, que si la tête de Cuvier était très grosse, sa taille n'était absolument pas exceptionnelle ou unique. »

Les adversaires de Gratiolet préférèrent croire les médecins et refusèrent d'accorder beaucoup de poids à un morceau de tissu. Plus de vingt ans plus tard, en 1883, G. Hervé s'intéressa de nouveau au cerveau de Cuvier et découvrit une pièce manquant au dossier : la tête de Cuvier avait bien été mesurée, mais les chiffres avaient été omis dans le rapport d'autopsie. Le crâne était en réalité très gros. Rasé et débarrassé de sa célèbre tignasse, comme il l'était pour l'autopsie, sa circonférence n'était égalée que par le tour de tête de six pour cent des « savants et hommes de lettres ». Quant au fameux chapeau, Hervé reconnut n'en rien savoir, mais il cita l'anecdote suivante : « Cuvier avait l'habitude de laisser son chapeau sur une table de sa salle d'attente. Il est souvent arrivé qu'un professeur ou un homme d'État l'essayât. Le chapeau leur descendait sous les yeux. »

Cependant, au moment où la doctrine liant qualité et quantité allait triompher, Hervé priva Broca d'une victoire quasi certaine. Un avantage poussé trop loin peut être aussi gênant qu'une déficience, et Hervé s'inquiéta. Pourquoi le cerveau de Cuvier pesait-il à ce point plus lourd que celui des autres « hommes de génie » ? Il passa en revue les détails de l'autopsie et le dossier médical du jeune Cuvier dont la santé était fragile. Il parvint ainsi à diagnostiquer une « hydrocéphalie juvénile passagère ». Si le crâne de Cuvier avait été artificiellement élargi par la pression des fluides à un moment donné de sa croissance, un cerveau d'une taille normale aurait pu tout simplement occuper l'espace disponible en diminuant de densité sans pour autant devenir plus grand. Ou bien est-ce l'importance de l'espace libre qui a permis au cerveau d'atteindre une taille inhabituelle ? Hervé ne put résoudre cette question essentielle, le cerveau de Cuvier ayant été jeté après avoir été mesuré. Il ne restait que ce chiffre péremptoire : 1 830 grammes. « Avec le cerveau de Cuvier, écrivit Hervé, la science a perdu l'un des documents les plus précieux qu'elle ait jamais possédés. »

Superficiellement, cette histoire semble risible. A la pensée des plus grands anthropologistes français discutant passionnément sur la signification du chapeau d'un collègue décédé, on pourrait aisément tirer les conclusions les plus trompeuses et les plus dangereuses qui soient sur le passé : celui-ci ne serait que le domaine de faibles d'esprit naïfs, et seul le présent, bénéficiaire des progrès de l'histoire, aurait appréhendé la complexité des choses et détiendrait la vérité.

Mais si nous nous contentons d'en rire, nous n'y comprendrons jamais rien. Les capacités intellectuelles humaines, pour autant que l'on puisse en juger, n'ont pas varié depuis des millénaires. Si les personnes intelligentes ont investi autant d'énergie dans des sujets qui nous semblent aujourd'hui stupides, la faille réside dans notre inaptitude à comprendre le monde qui était le leur, non dans leurs perceptions faussées. Même cet exemple classique de l'absurdité des temps passés, à savoir le débat sur les anges et les têtes d'épingle, prend son sens lorsqu'on se rend compte que les théologiens ne discutaient pas pour savoir si cinq ou dix-huit anges pourraient tenir sur la tête d'une épingle, mais si celle-ci pouvait en contenir un nombre fini ou infini. Dans certains systèmes théologiques, la matérialité ou l'immatérialité des anges est véritablement un sujet important.

Dans l'affaire qui nous concerne, la dernière ligne du texte de Broca cité plus haut nous apprend pourquoi le cerveau de Cuvier revêtait une telle importance pour les anthropologues du XIXe siècle : « On espérait y trouver quelques données relatives à la valeur intellectuelle des diverses races humaines. » Broca et son école voulaient montrer que la taille du cerveau, par sa liaison avec l'intelligence, pouvait résoudre ce qu'ils considéraient comme le but primordial d'une « science de l'homme » : expliquer pourquoi certains individus ou groupes réussissent mieux que d'autres. Pour ce faire, ils divisèrent l'espèce humaine en groupes contrastés selon une conviction *a priori* sur leur valeur respective — les hommes contre les femmes, les Blancs contre les Noirs, les « hommes de génie » contre les gens ordinaires — et tentèrent de faire apparaître les différences dans la taille du cerveau. Le cerveau des hommes (mâles) éminents constituait un maillon essentiel de leur argumentation — et Cuvier était la *crème de la crème*[1].

« En moyenne, concluait Broca, la masse de l'encéphale est plus considérable [...] chez l'homme que chez la femme, chez les hommes éminents que chez les hommes médiocres, et chez les races supérieures que chez les races inférieures. *Toutes choses égales,* il y a un rapport remarquable entre le développement de l'intelligence et le volume du cerveau. »

Broca mourut en 1880, mais ses disciples poursuivirent son catalogue de cerveaux éminents (et bien entendu ajoutèrent celui de Broca à leur liste — quoiqu'il ne

---

1. En français dans le texte (N.d.T.).

parvînt qu'au modeste poids de 1 484 grammes). La dissection de collègues célèbres devint en quelque sorte une petite industrie privée parmi les anatomistes et les anthropologues. E.A. Spitzka, le praticien américain le plus éminent de la profession, cherchait à convaincre ses amis célèbres : « A mes yeux, une autopsie est certainement moins répugnante que ce que j'imagine être le processus de décomposition cadavérique dans la tombe. » Les deux pionniers de l'ethnologie américaine, John Wesley Powell et W.J. McGee firent un pari sur celui des deux qui avait le plus gros cerveau. Spitzka s'engagea à apporter la solution à titre posthume. (Ce fut un match nul. Les cerveaux de Powell et de McGee étaient fort peu différents, pas plus que ne l'exigeait l'écart de taille entre les deux hommes.)

En 1907, Spitzka fut en mesure d'aligner les chiffres concernant 115 hommes éminents. En s'allongeant, la liste mit en évidence des résultats d'une ambiguïté croissante. Dans le haut du tableau, Cuvier fut finalement dépassé par Tourgueniev qui franchit la barre des 2 000 grammes en 1883. Mais à l'autre extrémité, c'était plutôt la gêne et le camouflet qui régnaient. Walt Whitman était parvenu à chanter le Moi et la Démocratie américaine dans son recueil de poèmes *Feuilles d'herbe*, avec seulement 1 282 grammes. Franz Josef Gall, fondateur de la phrénologie — la « science » qui prétendait juger les facultés mentales d'après la taille des zones du cerveau —, ne put dépasser les 1 198 grammes. Plus tard, en 1924, Anatole France n'atteignit qu'un peu plus de la moitié des 2 012 grammes de Tourgueniev avec un petit 1 017 grammes.

Spitzka ne se démonta pas pour autant. Il sélectionna scandaleusement ses données pour soutenir son préjugé et présenta, dans l'ordre, le gros cerveau d'un homme blanc éminent, celui d'une femme Boschiman et celui d'un gorille. (Il aurait pu tout aussi bien inverser les deux premières données en choisissant un cerveau de Noir plus gros et un cerveau de Blanc plus petit.) Spitzka concluait, en invoquant de nouveau l'ombre de Georges Cuvier : « La distance qui sépare un Cuvier ou un Thackeray d'un Zoulou ou d'un Boschiman n'est pas plus importante que celle qui sépare ces derniers d'un gorille ou d'un orang-outan. »

Un racisme aussi patent ne se rencontre plus parmi les hommes de science et j'espère que personne ne tenterait de nos jours de classer les races et les sexes par la taille moyenne des cerveaux. Mais la fascination qu'exerce sur nous la base physique de l'intelligence est (comme il se doit) toujours aussi vive et l'espoir naïf demeure dans certains milieux que la taille ou quelque autre caractéristique extérieure dépourvue d'ambiguïté puisse traduire cette complexité interne. En vérité, cette doctrine liant quantité et qualité est toujours en nous sous sa forme la plus grossière consistant à utiliser une quantité aisément mesurable pour évaluer abusivement une qualité beaucoup plus complexe et difficile à saisir. Cette méthode, que certains hommes emploient pour estimer la valeur de leur pénis ou de leur automobile, est toujours utilisée pour le cerveau. Cet essai a été inspiré par les récentes rumeurs sur le cerveau d'Einstein. Oui, le cerveau d'Einstein a été prélevé à fin d'étude, mais un quart de siècle après sa mort, les résultats n'ont toujours pas été publiés. Les morceaux restants — les autres ont été expédiés à divers spécialistes — reposent à présent dans une urne maçonnique emballée dans un carton portant les mots « Costa Cider » (Cidre Costa) et conservée dans un bureau de Wichita au Kansas. Rien n'a été publié, car rien d'extraordinaire n'a été trouvé. « Jusqu'ici, il n'y a rien qui ait dépassé les limites normales pour un homme de son âge », a commenté le propriétaire de l'urne.

Est-ce que par hasard je ne viendrais pas d'entendre, venant de là-haut, les rires de Georges Cuvier et d'Anatole France ? Sont-ils en train de répéter cette fameuse devise de leur pays : *Plus ça change, plus c'est la même chose*[1] ? La structure physique du cerveau doit enregistrer l'intelligence d'une manière ou d'une autre, mais le poids brut et la forme extérieure ne sont pas en mesure

---

1. En français dans le texte (N.d.T.).

de fournir la moindre indication valable. Je suis, de toute façon, moins intéressé par la taille et les circonvolutions du cerveau d'Einstein que par la quasi-certitude que des individus d'un talent égal ont vécu et sont morts dans les champs de coton et dans les mines.

14

LE CERVEAU DES FEMMES

Dans son prélude à *Middlemarch*, la romancière anglaise George Eliot s'affligeait du gâchis que représentait la vie inaccomplie des femmes de talent :

« Certains ont senti que ces vies gâchées sont imputables à la fâcheuse imprécision dont le Pouvoir Suprême, en créant la femme, a doté sa nature. Si le niveau de l'incompétence féminine pouvait se définir par le fait de savoir compter jusqu'à trois et pas au-delà, on pourrait discuter avec une rigueur scientifique la place de la femme dans la société. »

George Eliot poursuit sa dénonciation de l'idée d'une limitation innée, mais au moment même où elle écrit, en 1872, les maîtres de l'anthropométrie européenne tentaient de mesurer « avec une certitude scientifique » l'infériorité des femmes. L'anthropométrie, ou mesure du corps humain, n'est plus à la mode de nos jours, mais elle a dominé toutes les sciences humaines pendant une grande partie du XIXe siècle et resta en vogue jusqu'à ce que les tests d'intelligence viennent remplacer les mensurations crâniennes comme technique favorite pour dresser des comparaisons désobligeantes entre les races, les classes et les sexes. La craniométrie surtout forçait l'admiration et le respect. Son maître incontesté, Pierre Paul Broca (1824-1880), professeur de chirurgie clinique à la Faculté de médecine de Paris, regroupait autour de lui disciples et imitateurs. Leurs travaux, si méticuleux et apparemment si irréfutables, exercèrent une grande influence et leur valurent d'être tenus en haute estime et considérés comme un fleuron de la science du XIXe siècle.

Le travail de Broca semblait particulièrement peu propice à la réfutation. N'avait-il pas pris ses mesures avec les soins les plus scrupuleux ? (Ce qui était parfaitement exact. J'ai le plus grand respect pour les méthodes rigoureuses de Broca. Ses chiffres sont sûrs. Mais la science est un exercice déductif, non une accumulation de faits. Les chiffres, en eux-mêmes, ne signifient rien. Tout dépend de ce qu'on en fait.) Broca se définissait comme un apôtre de l'objectivité, comme un homme s'inclinant devant les faits et rejetant la superstition et le sentimentalisme. Il déclara qu'« il n'y a pas de foi, aussi respectable soit-elle, pas d'intérêt, aussi légitime soit-il, qui ne doivent s'accommoder du progrès de la connaissance humaine et se plier devant la vérité ». Les femmes, que cela plaise ou non, avaient un cerveau plus petit que les hommes et, en conséquence, ne pouvaient pas les égaler en intelligence. Ce fait, commentait Broca, peut venir renforcer un préjugé commun dans une société d'hommes, mais c'est aussi une vérité scientifique. Léonce Manouvrier, brebis galeuse dans le troupeau de Broca, réfuta la thèse de l'infériorité des femmes et écrivit des lignes pleines de sensibilité sur le fardeau que faisaient peser sur elles les chiffres de Broca.

« Les femmes faisaient valoir leurs illustrations et leurs diplômes. Elles invoquaient aussi des autorités philosophiques. Mais on leur opposait des chiffres que ni Condorcet, ni Stuart Mill, ni Émile de Girardin n'avaient connus. Ces chiffres tombaient comme des coups de massue sur les pauvres femmes, accompagnés de commentaires et de sarcasmes plus féroces que les plus misogynes imprécations de certains Pères de l'Église. Des théologiens s'étaient demandé si la femme avait une âme. Des savants furent bien près, un certain nombre de siècles plus tard, de lui refuser une intelligence humaine. »

L'argumentation de Broca reposait sur deux ensembles

de données : la taille supérieure des cerveaux des hommes dans les sociétés modernes et une augmentation supposée de la supériorité masculine à travers l'histoire. L'essentiel des données de Broca provenait des autopsies qu'il pratiquait lui-même dans quatre hôpitaux parisiens. Sur un total de 292 cerveaux masculins, il calcula que le poids moyen s'établissait à 1 325 grammes et sur 140 cerveaux féminins à 1 144 grammes, soit une différence de 181 grammes ou 14 %. Broca admit, bien sûr, qu'une partie de cet écart pouvait être attribuée à la différence de taille. Mais il n'essaya pas pour autant de mesurer cette influence comme un facteur distinct et déclara tout de go qu'elle ne pouvait pas rendre compte de toute la différence car l'on savait, a priori, que les femmes n'étaient pas plus intelligentes que les hommes. (L'affirmation que les données étaient censées mettre à l'épreuve devenait postulat de base.)

« On s'est demandé si la petitesse du cerveau de la femme ne dépendait pas exclusivement de la petitesse de son corps. Cette explication a été admise par Teidemann. Pourtant il ne faut pas perdre de vue que la femme est *en moyenne* un peu moins intelligente que l'homme, différence qu'on a pu exagérer, mais qui n'en est pas moins réelle. Il est donc permis de supposer que la petitesse relative du cerveau de la femme dépend à la fois de son infériorité physique et de son infériorité intellectuelle. »

En 1873, l'année qui suivit la publication de *Middlemarch* de George Eliot, Broca mesura les capacités crâniennes des squelettes préhistoriques de la grotte de l'Homme-Mort. Il ne trouva qu'une différence de 99,5 cm^3 entre les hommes et les femmes, alors que les populations actuelles varient de 129,5 à 220,7. Topinard, le principal disciple de Broca, expliqua l'accroissement de cet écart par l'influence grandissante qu'exerce l'évolution sur les hommes dominants et les femmes passives :

« L'homme qui combat pour deux ou davantage dans la lutte pour l'existence, qui a toute la responsabilité et les soucis du lendemain, qui est constamment actif vis-à-vis des milieux, des circonstances et des individualités rivales et anthropocentriques, a besoin de plus de cerveau que la femme qu'il doit protéger et nourrir, que la femme sédentaire, vaquant aux occupations intérieures, dont le rôle est d'élever les enfants, d'aimer et d'être passive. »

En 1879, Gustave Le Bon, champion de la misogynie de l'école de Broca, utilisa ces données pour publier ce qui doit être la plus virulente attaque contre les femmes de toute la littérature scientifique moderne (rien ne peut dépasser les écrits d'Aristote). Je ne prétends pas que ce point de vue était représentatif de l'école de Broca, mais il fut néanmoins publié dans la revue anthropologique française la plus réputée de toutes.

« Dans les races les plus intelligentes, comme les Parisiens, concluait Le Bon, il y a une notable proportion de la population féminine dont les crânes se rapprochent plus par le volume de ceux des gorilles que des crânes du sexe masculin les plus développés. [...] Cette infériorité est trop évidente pour être contestée un instant, et on ne peut guère discuter que sur son degré. Tous les psychologistes qui ont étudié l'intelligence des femmes ailleurs que chez les romanciers ou les poètes reconnaissent aujourd'hui qu'elles représentent les formes les plus inférieures de l'évolution humaine et sont beaucoup plus près des enfants et des sauvages que de l'homme adulte civilisé. Elles ont des premiers la mobilité, et l'inconstance, l'absence de réflexion et de logique, l'incapacité à raisonner ou à se laisser influencer par un raisonnement, l'imprévoyance et l'habitude de n'avoir que l'instinct du moment pour guide. [...] On ne saurait nier, sans doute, qu'il existe des femmes fort distinguées, très supérieures à la moyenne des hommes, mais ce sont là des cas aussi exceptionnels que la naissance d'une monstruosité quelconque, telle par exemple qu'un gorille à deux têtes, et par conséquent négligeables entièrement. »

Et Le Bon ne recula pas devant les implications sociales de ses thèses. Il était scandalisé par la proposition de certains réformateurs américains d'accorder aux femmes une éducation équivalente à celle des hommes :

« Vouloir donner aux deux sexes, comme on commence à le faire en Amérique, la même éducation, et par suite leur proposer les mêmes buts, est une chimère dangereuse. [...] Le jour où, méprisant les occupations inférieures que la nature lui a données, la femme quittera son foyer et viendra prendre part à nos luttes, ce jour-là commencera une révolution sociale où disparaîtra tout ce qui constitue aujourd'hui les liens sacrés de la famille et dont l'avenir dira qu'aucune n'a jamais été plus funeste. »

Ça vous dit quelque chose, non[1] ?

J'ai réexaminé les données de Broca sur lesquelles se fondent ces opinions péremptoires et ses chiffres me sont apparus rigoureux mais leur interprétation mal fondée, c'est le moins que l'on puisse dire. On peut aisément écarter les données que Broca a utilisées pour démontrer un prétendu accroissement dans le temps de la différence entre hommes et femmes. Il s'est en effet uniquement appuyé sur les vestiges humains de l'Homme-Mort, c'est-à-dire, en tout, 7 hommes et 6 femmes. Jamais données aussi minces n'avaient entraîné des conclusions d'une portée aussi vaste.

En 1888, Topinard publia les chiffres bruts, nettement plus nombreux, recueillis par Broca dans les hôpitaux parisiens. Broca ayant noté, en regard du poids du cerveau, la taille et l'âge de chaque individu, nous pouvons aujourd'hui appliquer les méthodes statistiques modernes pour déduire l'effet de ces deux facteurs. Le poids du cerveau diminue avec l'âge et les femmes de Broca étaient, en moyenne, nettement plus âgées que ses hommes. Le cerveau grossit proportionnellement à la taille et ses hommes avaient en moyenne presque quinze centimètres de plus que ses femmes. J'ai utilisé la méthode de la régression multiple, technique qui m'a permis d'évaluer simultanément l'influence de la taille et de l'âge sur le poids du cerveau. En procédant à l'analyse des don-

---

1. Lorsque j'ai écrit cet essai, j'étais persuadé que Le Bon n'était qu'un personnage marginal, quoique haut en couleur. J'ai appris depuis que c'était un savant éminent, l'un des fondateurs de la psychologie sociale, surtout connu pour une étude féconde sur les comportements collectifs, toujours citée aujourd'hui (*La Psychologie des foules*, 1895), et pour son travail sur les motivations inconscientes.

nées concernant les femmes, j'ai trouvé qu'une femme ayant la taille et l'âge de l'homme moyen de Broca aurait un cerveau pesant 1 212 grammes. Cette correction réduit la différence mesurée par Broca de 181 à 113 grammes, soit de plus d'un tiers.

Je ne sais que faire de la différence restante, car je ne dispose d'aucun moyen pour évaluer les autres facteurs connus pour l'influence qu'ils exercent sur la taille du cerveau. La cause du décès joue un rôle important : les maladies s'accompagnant de dégénérescence entraînent souvent une diminution substantielle de la taille du cerveau. (Cet effet est distinct de la diminution attribuée à l'âge seul.) Eugene Schreider, qui a également étudié les données de Broca, a trouvé que les hommes tués accidentellement avaient un cerveau pesant en moyenne 60 grammes de plus que ceux morts de maladies infectieuses. Les meilleures données modernes que j'ai pu obtenir (provenant d'hôpitaux américains) font apparaître une différence nette de 100 grammes entre les morts violentes et les décès par artérioclérose dégénérante. Une proportion significative des sujets de Broca étant des femmes âgées, on peut supposer que les longues maladies occasionnant la dégénérescence étaient plus fréquentes chez elles que chez les hommes. Ce qui est plus important, c'est que les spécialistes actuels de la taille du cerveau ne se sont pas mis d'accord sur une mesure propre à éliminer le puissant effet des dimensions du corps. La taille est une notion partiellement satisfaisante, mais les hommes et les femmes de même taille n'ont pas la même carrure. Le poids est même pire que la taille, car ses variations sont, pour l'essentiel, le reflet de la nutrition du sujet plus que des dimensions réelles de son corps : être gros ou maigre n'influe guère sur le cerveau. Manouvrier, qui aborda cette question dans les années 1880, soutint que la masse et la force musculaires devaient être utilisées comme critères correcteurs. Il essaya de mesurer de diverses façons cette propriété difficilement cernable et trouva une nette différence à l'avantage des hommes, même chez les hommes et les femmes de taille semblable. Lorsqu'il apporta les corrections dues à ce qu'il appelait la « masse sexuelle », les femmes arrivèrent légèrement en tête pour ce qui est du poids du cerveau.

Ainsi, la différence corrigée de 113 grammes est certainement trop élevée ; le vrai chiffre avoisine vraisemblablement le zéro, et peut fort bien avantager les femmes aussi bien que les hommes. Et 113 grammes est exactement, notons-le, la différence moyenne entre un homme de 1,62 mètre et un de 1,93 mètre dans les données de Broca. Personne ne songe à considérer les hommes grands comme plus intelligents que les autres (et surtout pas nous autres, personnes de petite taille). En bref, que peut-on faire des données de Broca ? Elles ne permettent certainement pas d'affirmer en toute confiance que les hommes ont un cerveau plus gros que les femmes.

Pour bien juger du rôle social de Broca et de son école, il nous faut reconnaître que ses affirmations sur le cerveau des femmes ne reflètent pas un préjugé isolé dont ne serait victime qu'un seul groupe. Elles entrent dans le contexte d'une théorie globale selon laquelle les disparités sociales trouvent leur fondement dans la biologie. Les femmes, les Noirs et les pauvres souffraient du même discrédit, mais ce sont les femmes qui ont eu à subir les attaques de Broca pour la seule raison que celui-ci a eu plus de facilité pour obtenir des données les concernant. Les femmes furent particulièrement dénigrées, mais elles se sont substituées ainsi à d'autres groupes privés du droit de s'exprimer. Comme l'un des disciples de Broca l'a écrit en 1881 : « Les hommes des races noires ont un cerveau à peine plus lourd que celui des femmes blanches. » Ce rapprochement s'étendait à bien d'autres domaines de l'anthropologie ; on soutenait par exemple que les femmes et les Noirs étaient comme des enfants blancs, et que ces derniers, d'après la théorie de la récapitulation, représentaient une phase adulte ancestrale (primitive) de l'évolution humaine. Je ne considère pas comme de la vaine rhétorique d'affirmer que les luttes féministes nous concernent tous.

Maria Montessori n'a pas limité ses activités à la

réforme de l'éducation des jeunes enfants. Elle a enseigné l'anthropologie à l'université de Rome pendant plusieurs années et a écrit un *Traité sur l'anthropologie pédagogique*, 1913, qui connut un grand retentissement. Montessori n'était pas une égalitariste. Elle approuvait la plupart des travaux de Broca et la théorie de la criminalité innée proposée par son compatriote Cesare Lombroso. Dans ses écoles, elle mesurait la circonférence de la tête des enfants et en déduisait que ceux qui avaient une grosse tête étaient promis à l'avenir le plus brillant. Mais elle n'approuvait en rien les thèses de Broca sur les femmes. Elle commenta longuement les études de Manouvrier et faisait grand cas de sa démonstration tendant à prouver, après correction des données, que les femmes avaient un cerveau de taille légèrement supérieure à celui des hommes. Les femmes, concluait-elle, étaient intellectuellement supérieures, mais les hommes l'avaient emporté jusqu'alors par le seul effet de leur force physique. La technologie ayant ôté à la force son rôle d'instrument du pouvoir, il se pourrait que nous entrions prochainement dans l'ère des femmes : « C'est alors qu'il y aura réellement des êtres humains supérieurs, il y aura réellement des hommes forts en moralité et en sentiment. Peut-être est-ce ainsi qu'adviendra le règne des femmes, lorsque l'énigme de leur supériorité anthropologique sera éclaircie. La femme a toujours été la gardienne du sentiment humain, de la moralité et de l'honneur. »

Ce type d'attitude représente un antidote possible aux thèses « scientifiques » sur l'infériorité constitutionnelle de certains groupes. On peut affirmer la validité des disparités biologiques tout en soutenant que les données ont été mal interprétées par des hommes remplis de préjugés quant à l'issue finale des recherches et que les groupes désavantagés sont en vérité supérieurs. C'est cette stratégie qu'a appliquée récemment Elaine Morgan dans *La Fin du surmâle (The Descent of Woman)*, reconstitution imaginaire de la préhistoire humaine vue par une femme — et aussi grotesque que des récits plus célèbres écrits par et pour des hommes.

Je préfère une autre approche. Montessori et Morgan n'ont fait que suivre la philosophie de Broca pour aboutir à une conclusion qui leur convenait mieux. A mes yeux, cette entreprise consistant à assigner une valeur biologique aux différents groupes humains doit être ramenée à ce qu'elle est : une démarche sans fondement et parfaitement injurieuse. George Eliot a bien pris conscience de la tragédie particulière que la classification biologique imposait aux membres des groupes désavantagés. Elle l'a exprimée pour des personnes comme elle-même, c'est-à-dire des femmes au talent extraordinaire. Je voudrais l'appliquer de façon plus vaste — non seulement à toutes celles qui voient leurs rêves bafoués, mais aussi à celles qui ne se sont jamais rendu compte qu'elles pouvaient rêver. Dans l'impossibilité où je suis d'égaler la prose de George Eliot, voici, en conclusion, la suite du prélude de *Middlemarch* :

L'indétermination persiste et le champ de ses variations est beaucoup plus vaste qu'on aurait lieu de le supposer d'après la similitude de la coiffure des femmes et leur commune prédilection pour telle ou telle histoire d'amour en prose ou en vers. De temps en temps, il advient qu'un jeune cygne naisse parmi les canetons et grandisse, non sans peine, sur l'étang aux eaux sombres : faute de compagnons semblables à lui, il ne trouvera jamais le chemin de sa vie. Çà et là, naît une sainte Thérèse qui ne peut rien fonder, dont le cœur ardent aspire vainement à un bien qui lui est refusé, dont la passion frémissante s'épuise à lutter contre de petits obstacles au lieu de prendre forme en quelque création mémorable.

15

LE SYNDROME DU DOCTEUR DOWN

La méiose, la division de la cellule par séparation des paires de chromosomes du noyau, représente l'un des grands triomphes de la mécanique biologique. La reproduction sexuelle ne peut aboutir que si l'ovule et le spermatozoïde contiennent tous deux exactement la moitié de l'information génétique des cellules normales du corps. L'union des deux moitiés par la fécondation restitue la quantité totale de l'information génétique, tandis que, parallèlement, le mélange des gènes provenant des deux parents assure à chaque descendant la variabilité génétique requise par les processus darwiniens. Ce dédoublement ou « division réductionnelle » se produit au cours de la méiose lorsque les chromosomes s'alignent par paires et s'écartent, un membre de chaque paire se déplaçant vers chacune des cellules sexuelles. Notre admiration pour la précision de la méiose ne peut que s'accroître lorsque l'on apprend que les cellules de certaines fougères renferment plus de 600 paires de chromosomes et que, dans la plupart des cas, la méiose sépare chaque paire sans la moindre erreur.

Mais les machines organiques ne sont pas plus infaillibles que leurs équivalents industriels. Il se produit souvent des erreurs de division. En de rares occasions, ces erreurs amorcent des directions nouvelles de l'évolution. Dans la plupart des cas, elles font simplement le malheur des organismes descendant de cet ovule ou de ce spermatozoïde défectueux. Dans la plus banale des erreurs méiotiques, appelée la non-disjonction, les chromosomes ne parviennent pas à se diviser. Les deux éléments de la paire vont dans une cellule sexuelle, alors que l'autre se retrouve avec un chromosome manquant. Un enfant formé par l'union d'une cellule sexuelle normale et d'une cellule contenant un chromosome supplémentaire par non-disjonction portera trois doubles de ce chromosome dans chaque cellule au lieu de deux. Cette anomalie s'appelle une trisomie.

Chez les humains, le vingt et unième chromosome est très fréquemment victime d'une non-disjonction dont l'effet est assez catastrophique. Environ 1 sur 600 à 1 sur 1 000 nouveau-nés sont porteurs de ce vingt et unième chromosome surnuméraire, affection connue sous l'appellation technique de « trisomie-21 ». Ces malheureux enfants sont atteints d'arriération intellectuelle, de légère à profonde, et ont une durée de vie réduite. Ils présentent, en outre, un ensemble de caractères spécifiques, des mains courtes et larges, un palais étroit et haut, un visage rond et une tête large, un petit nez épaté à sa base et une langue épaisse et rugueuse. La fréquence de la trisomie-21 s'élève abruptement avec l'âge de la mère. Nous savons fort peu de chose sur les causes de la trisomie-21 ; du reste, ce n'est qu'en 1959 qu'on en découvrit le fondement chromosomique. Nous ignorons pourquoi elle se produit si souvent et pourquoi les autres chromosomes ne sont pas aussi fréquemment soumis à la non-disjonction. Et rien ne nous permet d'établir une liaison entre l'apparition de ce vingt et unième chromosome en surnombre et ce tableau d'anomalies si spécifique de la trisomie-21. Mais au moins pouvons-nous la déceler *in utero* en comptant les cellules fœtales, ce qui donne la faculté d'opter pour une interruption volontaire de grossesse.

Les quelques lignes que vous venez de lire ont pu vous sembler familières ; mais vous n'avez pas manqué d'y remarquer que je n'avais pas utilisé l'appellation traditionnelle de la trisomie-21, l'idiotie mongolienne ou mongolisme, alias syndrome de Down. Nous avons tous vu des enfants victimes du syndrome de Down et je suis certain de ne pas être le seul à m'être demandé pourquoi cette affection a été nommée idiotie *mongolienne*. On peut reconnaître immédiatement la plupart de ces enfants, mais (comme le montre la nomenclature donnée plus haut) leurs traits ne rappellent rien d'oriental. Certains, il est vrai, ont des yeux légèrement bridés à leur angle interne — un pli épicanthique –, typique de l'œil des Orientaux, et d'autres un teint de peau jaunâtre. Ces traits mineurs et inconstants ont amené le docteur John Langdon Haydon Down à les comparer à des Orientaux lorsqu'il décrivit le syndrome en 1866. Mais, dans l'appellation donnée par Down, il y a plus que quelques similitudes occasionnelles, trompeuses et superficielles ; elle nous raconte un épisode intéressant du racisme scientifique.

Peu de gens qui utilisent le terme savent que les deux mots, mongolien et idiot, possèdent pour le docteur Down une signification technique enracinée dans un préjugé culturel qui n'est toujours pas éteint de nos jours et qui consiste à classer les peuples sur une échelle linéaire dont le groupe du classificateur occupe le sommet. Le terme idiot définissait la plus basse des trois catégories de déficience mentale. Les idiots ne parvenaient jamais à maîtriser le langage parlé ; les imbéciles, le niveau au-dessus, pouvaient apprendre à parler, mais pas à lire. Le troisième groupe, les « faibles d'esprit », donnait lieu à des controverses terminologiques sans fin. En Amérique, la plupart des cliniciens adoptèrent le terme de H.H. Goddard, *moron*, dérivé d'un mot grec signifiant stupide. Goddard, l'un des trois principaux artisans de l'interprétation strictement héréditaire des tests de QI, pensait que sa distribution linéaire des valeurs mentales pouvait dépasser le stade des *morons* et s'appliquer à la classification naturelle des races humaines et des nationalités, avec les immigrants du sud et de l'est de l'Europe au bas de l'échelle (toujours, en moyenne, au niveau des idiots) et les WASP — White (blancs), Anglo-Saxons, Protestants — américains au sommet. (Après avoir fait subir des tests de QI aux immigrants à leur arrivée à Ellis Island, Goddard annonça que 80 % d'entre eux étaient des faibles d'esprit et conseilla vivement de les renvoyer en Europe.)

Le docteur Down était directeur de l'asile d'idiots d'Earlswood dans le Surrey lorsqu'il publia ses « Observations sur une classification ethnique des idiots » dans les *London Hospital Reports* de 1866. En trois pages, il réussit à décrire des « idiots » caucasiens qui lui faisaient penser aux peuples africains, malais, amérindiens et orientaux. De toutes ces comparaisons fantaisistes, seuls les « idiots qui se rangent dans le type mongolien » survécurent dans la littérature spécialisée sous la forme d'une désignation technique.

Celui qui lirait l'article de Down sans connaître le contexte théorique serait amené à grandement sous-estimer le caractère sérieux et convaincant du propos. A nos yeux, il ne représente plus qu'un ensemble d'analogies nébuleuses et superficielles, presque saugrenues, écrites par un homme plein de préjugés. A son époque, il s'agissait d'une tentative parfaitement sincère pour mettre au point une classification générale (et causale) des déficiences mentales fondée sur la meilleure théorie biologique de l'époque (et sur le racisme ambiant). Le docteur Down visait plus haut que la simple identification de quelques curieuses analogies sans lien de causalité. Down critiquait vivement les essais de classification de la déficience mentale qui avaient précédé le sien.

« Ceux qui se sont penchés avec attention sur les lésions mentales congénitales ont dû être fréquemment embarrassés pour classer de façon satisfaisante les différentes affections qu'ils ont eu l'occasion d'observer. Les difficultés ne seront pas aplanies en faisant appel à ce qui a été écrit sur le sujet. Les systèmes de classification sont généralement si vagues et si artificiels que non seulement ils ne parviennent que dans une médiocre mesure à classer les phénomènes présentés, mais encore ils ne permettent pas du tout de tirer la moindre conséquence pratique sur le sujet. »

A l'époque de Down, la théorie de la récapitulation

fournissait au biologiste le meilleur guide pour organiser la vie en une suite de formes inférieures et supérieures. (Cette théorie et l'image de l'échelle qu'elle suggérait pour l'élaboration d'une classification sont, ou devraient être, désuètes aujourd'hui. *Cf.* mon livre *Ontogeny and Phylogeny*, Harvard University Press, 1977.) Selon cette théorie, souvent résumée par la formule ampoulée, « l'ontogenèse récapitule la phylogenèse », les animaux les plus évolués traversent, au cours du développement de leur embryon, une série de phases qui reproduisent dans leur ordre d'apparition les formes adultes des créatures anciennes moins évoluées. Ainsi, l'embryon humain présente tout d'abord des ouvertures de branchies, comme un poisson, puis un cœur à trois compartiments, comme un reptile, et plus tard une queue de mammifère. La récapitulation a fourni un éclairage commode pour justifier le racisme des savants blancs : ils comparaient les activités de leurs propres enfants au comportement normal, adulte, des races inférieures.

Comme ligne directrice de leurs travaux, les « récapitulationnistes » tentèrent de démontrer l'existence de ce que Louis Agassiz avait appelé le « triple parallélisme », entre la paléontologie, l'anatomie comparée et l'embryologie — c'est-à-dire entre les ancêtres véritables dont on avait trouvé les restes fossiles, les représentants vivants des formes primitives et les phases embryonnaires ou juvéniles de la croissance chez les animaux supérieurs. Transposé dans le domaine de l'anthropologie raciste traditionnelle, le triple parallélisme s'établissait entre les ancêtres fossiles (qui n'avaient pas encore été découverts), les « sauvages », c'est-à-dire les membres adultes des races inférieures, et les enfants blancs.

Mais de nombreux récapitulationnistes ajoutèrent une quatrième parallèle : certaines catégories d'adultes anormaux appartenant aux races supérieures. Ils attribuèrent de nombreuses anomalies physiques ou de comportement soit à des « régressions », soit à des « arrêts de développement ». Les régressions, ou retours ataviques, constituent des réapparitions spontanées chez l'adulte de caractéristiques anciennes qui avaient disparu dans les lignées évoluées. Cesare Lombroso, par exemple, le fondateur de l'« anthropologie criminelle », pensait que de nombreux délinquants agissaient sous l'emprise d'une pulsion biologique due à la résurgence d'un passé bestial. Il chercha à reconnaître les « criminels nés » à des « stigmates » de morphologie simiesque — front fuyant, prognathisme, longs bras.

Les arrêts de dévoppement représentent la transmission à l'âge adulte de caractères qui apparaissent normalement au cours de la vie fœtale mais qui devraient être modifiés ou remplacés par quelque chose de plus élaboré ou de plus complexe. D'après la théorie de la récapitulation, ces phénomènes normaux de la vie fœtale sont les phases adultes des formes plus primitives. Si un Caucasien est victime d'un arrêt de son développement, il peut naître à un stade inférieur de la vie humaine, c'est-à-dire qu'il peut revenir aux formes spécifiques des races inférieures. Nous avons donc maintenant un quadruple parallélisme entre le fossile humain, l'adulte normal, les races inférieures, les enfants blancs et les malheureux adultes blancs affligés de retour atavique ou d'arrêt du développement. C'est dans ce contexte que le docteur Down eut cet éclair tout aussi soudain que trompeur : certaines idioties rencontrées chez des Caucasiens doivent provenir d'un arrêt du développement, ces déficiences mentales étant dues au maintien de caractères et de capacités que l'on estimerait normaux chez des adultes de races inférieures.

Pour vérifier ses allégations, le docteur Down se mit donc en quête des traits caractéristiques des races inférieures, tout comme Lombroso, vingt ans plus tard, mesurera les corps des criminels pour y déceler les signes de la morphologie simiesque. Cherchez avec ce qu'il faut de conviction préétablie et vous trouverez. Down décrivit son investigation avec une passion évidente : il avait, ou plutôt croyait avoir, dressé une classification naturelle et causale des déficiences mentales. « J'ai depuis quelque temps, écrivit-il, concentré mes efforts sur la possibilité d'élaborer une classification des faibles d'esprit en les ordonnant selon divers critères ethniques, c'est-à-dire, en d'autres termes, de concevoir un système naturel. » Plus la déficience est grave, plus profond est l'arrêt de développement et moins évoluée est la race représentée.

Il découvrit « plusieurs exemples manifestes de la variété éthiopienne » et donna une description des « yeux saillants », des « lèvres bouffies » et des « cheveux crépus [...] quoiqu'ils ne soient pas toujours noirs ». Ce sont, ajouta-t-il, des « nègres blancs, bien que de souche européenne ». Il décrivit ensuite d'autres idiots « qui sont à classer parmi la variété malaise », et d'autres encore « qui, avec leur front bas, leurs pommettes saillantes, leurs yeux enfoncés dans leur orbite et leur nez vaguement simiesque, » représentent ces peuples « ayant, à l'origine, habité le continent américain ».

Finalement, en escaladant l'échelle des races, il atteint le barreau inférieur à l'échelon caucasien, « la grande famille mongolienne ». « Un très grand nombre d'idiots congénitaux, poursuivit-il, sont des Mongols typiques. Cela est si manifeste que lorsqu'on les place côte à côte, il est difficile de ne pas les croire issus des mêmes parents. » Down continua donc en décrivant avec exactitude et sans mentionner de traits orientaux (hormis un « teint d'un jaune légèrement sale ») un garçon atteint de ce que l'on nomme à présent la trisomie-21, ou syndrome de Down.

Down ne limita pas sa description aux ressemblances anatomiques entre les peuples orientaux et les « idiots mongoliens ». Il attira également l'attention sur le comportement de ces enfants débiles : « Ils possèdent un grand pouvoir d'imitation, qui fait presque d'eux des mimes. » Il faut être familiarisé avec la littérature raciste du XIXe siècle pour lire entre ces lignes. La subtilité et la complexité de la culture orientale se révélèrent bien embarrassantes pour les racistes caucasiens, surtout en raison du fait que les plus hauts raffinements de la société chinoise étaient apparus alors même que la culture européenne pataugeait encore dans la barbarie. (Comme disait Benjamin Disraeli, en réponse à une injure antisémite : « Oui, je suis juif, et lorsque les ancêtres de cet honorable gentleman étaient encore des brutes sauvages [...] les miens étaient prêtres dans le temple de Salomon. ») Les Caucasiens résolurent cette difficulté en admettant la puissance intellectuelle des Orientaux, mais en l'attribuant à un don d'imitation plutôt qu'à un génie inventif.

Down acheva la description de l'enfant atteint de trisomie-21 en expliquant l'affection par l'arrêt de développement (dû, d'après Down, à la tuberculose de ses parents) : « L'aspect du garçon est tel qu'il est difficile de se rendre compte que c'est un enfant d'Européens, mais ces caractères se reproduisent si fréquemment que, sans le moindre doute, ces traits ethniques sont le résultat d'une dégénérescence. »

Par rapport aux normes de son temps, Down était un raciste « libéral ». Selon lui, tous les peuples descendaient de la même souche et pouvaient être réunis en une seule et même famille, avec des statuts échelonnés, cela va de soi. Il utilisa sa classification ethnique des idiots pour combattre la thèse de certains savants pour qui les races inférieures avaient été créées séparément et ne pouvaient pas « se perfectionner » en se rapprochant de la race blanche.

« Si ces grandes divisions raciales, écrivit-il, sont fixes et définitives, comment se fait-il que la maladie puisse rompre la barrière et simuler si exactement les traits des membres d'une autre catégorie ? Je ne peux pas m'empêcher de penser que les observations que j'ai consignées indiquent que les différences entre les races ne sont pas spécifiques mais variables. Ces exemples du résultat de la dégénérescence de l'humanité me semblent apporter des arguments en faveur de l'unité de l'espèce humaine. »

La théorie globale de la déficience mentale exposée par Down connut quelques succès, mais ne réussit jamais à faire l'unanimité. Son nom resta néanmoins attaché à une anomalie bien particulière, l'idiote mongolienne (le plus souvent adoucie en mongolisme), alors que les médecins ont oublié pourquoi Down avait proposé ce terme. Le propre fils de Down rejeta la comparaison que son père avait avancée entre les Orientaux et les enfants trisomiques, bien qu'il fût partisan tout à la fois du statut inférieur des Orientaux et de la théorie qui associait déficience mentale et régression évolutive.

« Il semblerait que les caractéristiques qui, à première vue, rappellent de façon frappante la silhouette et les traits mongoliens soient accidentelles et superficielles, car elles sont associées constamment à d'autres phénomènes qui ne sont en aucune manière typiques de cette race et, si c'est là un cas de régression, il doit s'agir d'une régression vers un type beaucoup plus reculé que la souche mongole, dont certains ethnologues pensent que toutes les diverses races sont issues. »

La théorie de Down sur la trisomie-21 perdit tout fondement rationnel — même à l'intérieur du système raciste de son auteur — lorsque les médecins la décelèrent chez les Orientaux eux-mêmes, ainsi que dans les races inférieures à la race orientale dans la classification de Down. (Un médecin proposa l'expression « mongoliens mongols » pour désigner les individus des races inférieures atteints de trisomie-21, mais cette persévérance maladroite ne trouva jamais prise.) L'affection pouvait difficilement être due à la dégénérescence si elle représentait l'état normal d'une race supérieure. Nous savons maintenant qu'un ensemble de caractères similaires se retrouve chez certains chimpanzés porteurs d'un chromosome surnuméraire, probablement l'homologue du vingt et unième chromosome chez les humains.

La théorie de Down ayant été écartée, que devrait-il advenir de l'expression qu'il a proposée ? Il y a quelques années, Sir Peter Medawar et un groupe d'hommes de science orientaux persuadèrent plusieurs publications britanniques de substituer « syndrome de Down » à « idiotie mogolienne » et « mongolisme ». Je perçois la même tendance aux États-Unis bien que mongolisme soit encore employé couramment. Certains trouveront sans doute que les efforts pour changer ce nom ne sont qu'une tentative malencontreuse de plus, menée par des libéraux à l'esprit brumeux, pour bouleverser les habitudes bien établies en introduisant des considérations sociales dans des domaines où elles n'ont rien à faire.

A la vérité, je ne suis par partisan de changer les noms en usage pour le simple plaisir de changer. Je me sens extrêmement mal à l'aise chaque fois qu'avec ma chorale je chante *La Passion selon saint Matthieu* de Bach et que je dois, en tant que membre en colère de la foule juive, crier le passage qui a, pendant des siècles, servi de justification « officielle » à l'antisémitisme : *Sein Blut komme über uns und unsere Kinder*, « Que son sang soit sur nous et sur nos enfants ». Néanmoins, comme celui auquel cette citation fait référence le disait dans un autre contexte, je ne voudrais pas changer « un iota » du texte de Bach.

Mais les noms scientifiques ne sont pas des monuments littéraires. Le terme idiotie mongolienne n'est pas seulement diffamatoire. Il est faux à tous points de vue. Nous ne classons plus les déficiences mentales dans une suite linéaire. Les enfants présentant le syndrome de Down ne ressemblent à des Orientaux que dans une faible mesure, si tant est qu'on leur trouve une quelconque ressemblance. Et, ce qui est plus important, le nom n'a de signification que dans le contexte de la théorie de Down, à présent complètement discréditée, qui faisait de la régression raciale la cause de la déficience mentale. Si nous devons honorer la mémoire du bon docteur, laissons son nom désigner la trisomie-21 — le syndrome de Down.

16

LES FAILLES D'UN MONUMENT VICTORIEN

Les victoriens nous ont laissé quelques romans magnifiques, quoique un peu longuets. Mais ils ont également offert à un monde apparemment consentant un genre littéraire probablement sans égal quant à son ennui et à son inexactitude : les « vie et correspondance » des hommes célèbres. Ces pensums qui s'étalent sur plusieurs volumes, généralement écrits par une veuve éplorée ou par une fille ou un fils déférent, prennent, sous leur allure de récits humblement objectifs, l'aspect d'un simple compte rendu des paroles et des activités de la personne en question. Si nous acceptions ces œuvres telles quelles, il nous faudrait croire que les grands hommes victoriens ont effectivement vécu dans le respect des valeurs éthiques qu'ils prônaient — affirmation saugrenue que Lytton Strachey a mise en pièces voilà plus de cinquante ans avec ses *Victoriens éminents*.

Elizabeth Cary Agassiz — Bostonienne distinguée, fondatrice et première présidente du Radcliffe College, et épouse dévouée du plus grand naturaliste d'Amérique — possédait tous les justificatifs pour devenir auteur (y compris un mari décédé et regretté). Son *Louis Agassiz, sa vie et sa correspondance* fit d'un homme fascinant, mauvais coucheur et d'une fidélité qui n'eut rien d'excessif, un parangon de retenue, de bonne conduite, de sagesse et de droiture.

J'écris cet essai dans le bâtiment que Louis Agassiz fit construire en 1859, l'aile originale du Muséum de zoologie comparée de Harvard. Agassiz, premier spécialiste mondial des poissons fossiles, protégé du grand Cuvier (voir le chapitre 13), quitta sa Suisse natale peu avant 1850 pour faire carrière aux États-Unis. Célèbre en Europe et homme plein de charme, Agassiz fut reçu à bras ouverts dans les cercles sociaux et intellectuels, de Boston à Charleston. Il dirigea en Amérique les recherches d'histoire naturelle jusqu'à sa mort en 1873.

Ses apparitions en public furent toujours des modèles de correction, mais je m'attendais à ce que ses lettres privées reflètent sa personnalité exubérante. Le livre d'Elizabeth, qui reproduit mot à mot les lettres de Louis, parvient à transformer ce foyer de controverse et cette source d'énergie inépuisable en un gentleman pondéré et digne.

Récemment, en étudiant les thèses de Louis Agassiz sur les races humaines et guidé par quelques indications fournies dans la biographie de E. Lurie, *Louis Agassiz : a Life in Science* (« Louis Agassiz, une vie au service de la science »), j'ai remarqué quelques divergences entre les lettres originales de Louis Agassiz et la version qu'en avait donnée Elizabeth. J'ai alors découvert que celle-ci avait purement et simplement expurgé le texte sans même signaler les passages sautés. Comme Harvard possédait l'original de ces lettres, je me transformai en limier et me lançai dans une véritable enquête qui ne manqua pas de révéler quelques aspects croustillants de la personnalité d'Agassiz.

Pendant la décennie qui a précédé la guerre de Sécession, Agassiz a exprimé ses fortes convictions sur le statut des Noirs et des Indiens. Fils adoptif du Nord, il réprouvait l'esclavage, mais, faisant partie de la fine fleur de la société humaine en tant que Caucasien, il n'associait certainement pas cette réprobation à la moindre notion d'égalité des races.

Agassiz présentait ses certitudes raciales comme des déductions mesurées et inéluctables, tirées de principes premiers. Il soutint que les espèces étaient des entités statiques, créées. (A sa mort en 1873, Agassiz resta pratiquement le seul parmi les biologistes à lutter contre le raz de marée darwinien.) Elles n'ont pas été placées sur Terre en un lieu unique, mais créées simultanément sur toute l'étendue de leur territoire. Les espèces apparentées ont souvent été créées dans des régions géographiques séparées, chacune d'entre elles étant adaptée à l'environnement spécifique de sa zone. Puisque les races humaines répondaient à ces critères avant que le commerce et les migrations ne les eussent mélangées, chaque race représentait une espèce biologique distincte.

Le biologiste le plus important d'Amérique s'engagea donc sans ambiguïté dans le mauvais camp d'une bataille qui faisait rage dans le pays déjà dix ans avant son arrivée : Adam fut-il le père de tous les peuples ou seulement le père des Blancs ? Les Noirs et les Indiens sont-ils nos frères ou simplement des êtres qui nous ressemblent ? Les *polygénistes,* parmi lesquels Agassiz se rangeait, soutenaient que toutes les races principales avaient été créées comme des espèces totalement distinctes ; les *monogénistes* étaient partisans d'une origine unique et classaient les races selon leur degré de dégénérescence à partir de la perfection primitive de l'Eden — le débat ne comprenait pas d'égalitaristes. En toute logique, distinct ne veut pas forcément dire inégal. Mais un groupe possédant le pouvoir confond toujours séparation et supériorité. Je ne connais aucun polygéniste américain pour qui les Blancs n'étaient pas à la fois distincts et supérieurs.

Agassiz insistait sur le fait que sa prise de position en faveur de la polygénie n'avait rien à voir avec une cause politique ou un préjugé social. Il n'était, prétendait-il, qu'un savant humble et désintéressé, tâchant de mettre au clair un point obscur de l'histoire naturelle.

« On a reproché aux thèses avancées ici d'aller dans le sens de la défense de l'esclavage [...]. Est-ce là une objection honnête à opposer à une investigation philosophique ? Ici, notre seul souci est la question de l'origine des hommes ; que les politiciens, que ceux qui se sentent appelés à gouverner la société humaine, voient ce qu'ils peuvent tirer des résultats [...]. Nous récusons tous les rapprochements avec ce qui peut toucher aux affaires politiques [...]. Les naturalistes ont le droit de considérer les questions que posent les rapports physiques des hommes comme de simples questions scientifiques et de les étudier sans référence à la politique ou à la religion. »

En dépit de ces belles paroles, Agassiz termine cette déclaration importante sur les races (publiée dans le *Christian Examiner*, 1850) par quelques recommandations sociales bien précises. Il commence par énoncer sa doctrine de ségrégation et d'inégalité : « Il y a sur la Terre des races d'hommes différentes qui habitent des régions différentes de sa surface [...] et ce fait nous contraint à établir une classification relative de ces races. » La hiérarchie qui en découle va de soi : « L'Indien indomptable, courageux, fier [...] nous apparaît dans une lumière ô combien différente du nègre soumis, obséquieux, imitateur ou du Mongol retors, fourbe et lâche ! Ces faits n'indiquent-ils pas clairement que les différentes races ne sont pas placées à un même niveau dans la nature ? » Enfin, au cas où il n'aurait pas rendu son message assez clair par cette généralisation, Agassiz termine en préconisant une politique sociale bien définie... contredisant ainsi sa profession de foi dans laquelle il avait chassé la politique de la pure vie de l'esprit. L'éducation, selon lui, doit s'adapter aux capacités innées, former les Noirs au travail manuel et les Blancs au travail intellectuel.

« Quelle serait la meilleure éducation à inculquer aux différentes races en fonction de leur différence originelle ? [...]. Nous ne doutons pas un seul instant que les affaires des hommes, quant aux races de couleur, seraient beaucoup plus judicieusement conduites si, dans nos relations avec elles, nous étions guidés par la pleine conscience des différences réelles qui existent entre eux et nous et par le désir d'encourager ces dispositions si éminemment manifestes en eux, plutôt que de les traiter en termes d'égalité. »

Puisque ces dispositions « éminemment manifestes »

sont la soumission, l'obséquiosité et l'imitation, on n'a pas de mal à imaginer ce qu'Agassiz voulait dire.

L'impact politique d'Agassiz reposait en grande partie sur son statut de savant et, à ce titre, on supposait que ses motivations se résumaient aux faits et à la théorie qu'ils sous-entendaient. Dans ce contexte, l'origine réelle des idées d'Agassiz sur les races revêt une importance certaine. Ne prêchait-il pas en réalité pour son saint ? N'avait-il pas quelque prédisposition, quelque impulsion propre au-delà de son amour pour l'histoire naturelle ? Les passages expurgés de *Sa vie et sa correspondance* jettent des lueurs essentielles sur le sujet. Ils nous montrent un homme bardé de vigoureux préjugés fondés primitivement sur des réactions viscérales immédiates et sur de profondes peurs sexuelles.

Le premier passage, presque choquant cent trente ans plus tard par sa force, rapporte la première expérience d'Agassiz avec des Noirs (il n'avait jamais rencontré de Noirs en Europe). Il visita l'Amérique pour la première fois en 1846 et envoya à sa mère une longue lettre lui racontant son voyage. Dans la section qui a trait à Philadelphie, Elizabeth Agassiz n'a laissé que les visites qu'il fit dans les musées et au domicile des savants. Elle a effacé, sans mentionner l'omission, la première impression ressentie par lui devant des Noirs, réaction irraisonnée qu'il eut en présence des serveurs d'un hôtel-restaurant. En 1846, Agassiz croyait encore à l'unité humaine, mais ce passage explique, de la façon la plus claire, sa conversion à la polygénie où toute considération scientifique est étonnamment absente. Voici donc ce texte inédit publié sans coupures :

« C'est à Philadelphie que je me suis retrouvé pour la première fois en contact prolongé avec des Noirs ; tous les domestiques de mon hôtel étaient des hommes de couleur. Je peux à peine vous exprimer la pénible impression que j'ai éprouvée, d'autant que le sentiment qu'ils me donnèrent est contraire à toutes nos idées sur la confraternité du genre humain et sur l'origine unique de notre espèce. Mais la vérité avant tout. Néanmoins, je ressentis de la pitié à la vue de cette race dégradée et dégénérée et leur sort m'inspira de la compassion à la pensée qu'il s'agissait véritablement d'hommes. Cependant, il m'est impossible de réfréner la sensation qu'ils ne sont pas du même sang que nous. En voyant leurs visages noirs avec leurs lèvres épaisses et leurs dents grimaçantes, la laine sur leur tête, leurs genoux fléchis, leurs mains allongées, leurs grands ongles courbes et surtout la couleur livide de leurs paumes, je ne pouvais détacher mes yeux de leurs visages et leur dire de s'éloigner. Et lorsqu'ils avançaient cette main hideuse vers mon assiette pour me servir, j'aurais souhaité partir et manger un morceau de pain ailleurs, plutôt que de dîner avec un tel service. Quel malheur pour la race blanche d'avoir dans certains pays, lié si étroitement son existence avec celle des Noirs! Que Dieu nous préserve d'un tel contact! »

Le deuxième jeu de documents remonte à l'époque de la guerre de Sécession. Samuel Howe, le mari de Julia Ward Howe (auteur de *The Battle Hymn of the Republic*), membre de la commission d'enquête du président Lincoln, écrivit à Agassiz et lui demanda son opinion sur le rôle que devaient tenir les Noirs dans une nation réunifiée. En août 1863, Agassiz rendit réponse à Howe en quatre longues lettres passionnées. Elizabeth Agassiz les a émasculées de manière à ce que l'opinion de son mari apparaisse énoncée avec mesure (en dépit de la teneur particulière du propos), qu'on la croie tirer son origine de principes premiers et qu'on la pense motivée par le seul amour de la vérité.

En résumé, Agassiz y soutient que les races devraient être maintenues séparées de peur que la supériorité blanche ne se dissolve. Cette séparation devrait se passer naturellement puisque les mulâtres, souche faible, finiront par s'éteindre d'eux-mêmes. Les Noirs quitteront les climats nordiques qui leur conviennent si mal (puisqu'ils ont été créés en une espèce séparée sur le sol africain); ils se déplaceront en foule vers le sud et deviendront un jour majoritaires dans quelques États de plaine, tandis que les Blancs conserveront leur pouvoir sur le rivage et les terres élevées. Nous devrons reconnaître ces États, les admettre même au sein de l'Union, car ce sera là la moins mauvaise solution possible ; après tout, nous reconnaissons bien « Haïti et le Liberia ».

Les copieux passages supprimés par Elizabeth montrent les influences d'Agassiz sous un jour bien différent. Ses peurs instinctives et ses préjugés aveugles s'y donnent libre cours. Elle a systématiquement éliminé trois types d'affirmation. D'abord, elle a ôté les références les plus diffamatoires envers les Noirs : « En tout, contrairement aux autres races, écrit Agassiz, on peut les comparer à des enfants ayant atteint une taille d'adulte tout en ayant conservé un esprit puéril. » En second lieu, elle a retiré tous les arguments élitistes sur la liaison entre sagesse, richesse et position sociale au sein des races. Dans ces passages, on voit poindre les craintes réelles qu'Agassiz manifestait envers le métissage :

« Je frémis en songeant aux conséquences. Nous devons déjà nous battre dans notre marche en avant contre l'influence de l'égalité universelle et préserver les acquis de notre position éminente, la richesse de nos mœurs et de notre culture née d'associations choisies. Dans quel état nous retrouverions-nous si l'on ajoutait à ces difficultés les influences beaucoup plus néfastes de l'incapacité physique ? Les perfectionnements de notre système d'éducation [...] pourront peut-être, un jour ou l'autre, contrebalancer les effets de l'apathie des gens sans culture et de la rudesse des classes inférieures et les élever à un niveau plus élevé. Mais comment pourra-t-on supprimer les stigmates d'une race inférieure lorsqu'on aura laissé son sang couler librement dans celui de nos enfants ? »

En troisième lieu, et cela revêt une plus grande importance encore, Elizabeth Agassiz n'a pas reproduit plusieurs longs passages sur le mélange des races qui restituent toute la correspondance dans un cadre différent de celui qu'elle a façonné. En lisant ces lignes, on prend conscience de la révulsion instinctive, intense, d'Agassiz à l'idée du contact sexuel entre les races. Cette peur profonde et irraisonnée fut chez lui une force motrice aussi puissante que les notions abstraites sur la création séparée : « La production de métis, écrivit-il, est autant un péché contre nature que l'inceste, dans une communauté civilisée, est un péché contre la pureté de caractère de la race. [...] J'estime qu'il s'agit là d'une perversion de tout sentiment naturel. »

Cette aversion est si forte que les idées abolitionnistes ne peuvent pas refléter la moindre sympathie innée pour les Noirs, mais doivent provenir du fait que du sang blanc coule en quantité non négligeable dans les veines de nombreux Noirs et que les Blancs sentent instinctivement cette part d'eux-mêmes : « Je ne doute pas que la sensation d'horreur devant l'esclavage, qui a conduit à l'agitation dont c'est maintenant l'apogée au cours de notre guerre civile, ait été principalement, bien qu'inconsciemment, entretenue par la reconnaissance de notre propre race dans les descendants des gentlemen du Sud qui nous entourent et que nous considérons comme des Noirs alors qu'ils ne le sont pas. »

Mais si les races se repoussent réciproquement, comment les « gentlemen du Sud » peuvent-ils consentir à profiter des femmes qu'ils tiennent en servitude ? Agassiz en impute la responsabilité aux domestiques métisses. Leur blancheur les rend attirantes ; leur noirceur lascives. C'est ainsi que les pauvres jeunes hommes innocents sont séduits et pris au piège.

« Dès que le désir sexuel s'éveille chez les jeunes hommes du Sud, il leur est aisé de le satisfaire avec les domestiques de couleur [mulâtresses] qu'ils croisent à tout moment dans la maison. [Ce contact] émousse leurs meilleurs instincts dans ce domaine et les conduit peu à peu à rechercher des partenaires « d'un goût plus relevé », comme je l'ai entendu dire des Noires de race pure par des jeunes hommes aux mœurs dissolues. Une chose est certaine : il n'y a aucun progrès que l'on puisse attendre de la liaison d'individus de races différentes ; il n'y a ni amour ni désir de perfectionnement d'aucune sorte. Ce n'est somme toute qu'une liaison physique. »

Comment une génération précédente de gentlemen parvint-elle à vaincre son aversion pour engendrer les premiers métis, Agassiz ne nous le dit pas.

On ne peut pas savoir avec précision pourquoi Elizabeth a choisi de caviarder tel ou tel paragraphe. Je me demande si seule la volonté consciente de convertir les préjugés de son mari en raisonnements logiques l'ont poussée à agir. La banale pruderie victorienne a pu la conduire à éviter tout exposé public de sujets touchant à la sexualité. Quoi qu'il en soit, les suppressions qu'elle a opérées ont nettement déformé la pensée de Louis Agassiz et l'ont rendue conforme à cette image trompeuse, élaborée par les hommes de science à leur propre profit, à savoir que les opinions se forgent dans l'examen d'informations brutes en dehors de tout contexte passionnel.

La restitution de ces passages censurés montre que Louis Agassiz fut incité à prendre fait et cause pour la théorie polygéniste — selon laquelle les races sont des espèces séparées — à la suite de la réaction viscérale qu'il eut lorsqu'il entra pour la première fois en contact avec les Noirs. Elle prouve également que ses thèses extrêmes sur le mélange des races furent davantage dues à une intense répulsion sexuelle qu'à une quelconque théorie abstraite de l'hybridité.

Le racisme a eu souvent pour défenseurs des hommes de science présentant une apparence d'objectivité masquant les préjugés qui les guident. Le cas d'Agassiz est peut-être lointain, mais les leçons qu'il nous apporte restent toujours d'actualité dans notre siècle.

CINQUIÈME PARTIE

LE RYTHME DU CHANGEMENT

17

LE CARACTÈRE ÉPISODIQUE
DU CHANGEMENT ÉVOLUTIF

Le 23 novembre 1859, le jour précédant la sortie de son livre révolutionnaire, Charles Darwin reçut une lettre extraordinaire de son ami Thomas Henry Huxley. Celui-ci lui offrait son soutien actif dans le combat à venir, allant même jusqu'au sacrifice suprême : « Je suis prêt à mourir sur le bûcher, s'il le faut. [...] Je me prépare en aiguisant mes griffes et mon bec. » Mais il ajoutait aussi un avertissement : « Vous vous êtes encombré d'une difficulté inutile en adoptant le *Natura non facit saltum* sans la moindre réserve. »

L'expression latine, généralement attribuée à Linné, signifie que « la nature ne fait pas de sauts ». Darwin approuvait totalement cette devise ancienne. Disciple de Charles Lyell, l'apôtre du « gradualisme » en géologie, Darwin décrivait l'évolution comme un processus majestueux et régulier, agissant avec une telle lenteur que personne ne pouvait espérer l'observer pendant la durée d'une vie. Les ancêtres et leurs descendants, selon Darwin, doivent être reliés par « une infinité de liens transitoires » qui forment « une belle succession d'étapes progressives ». Seule une longue période de temps a permis à un processus si lent de réaliser une telle œuvre.

Huxley avait le sentiment que Darwin creusait le fossé de sa propre théorie. La sélection naturelle n'avait besoin d'aucun postulat sur la vitesse ; elle pouvait agir tout aussi bien si l'évolution se déroulait sur un rythme rapide. Le chemin qui s'ouvrait était déjà bien semé d'embûches ; pourquoi atteler la théorie de la sélection à une supposition à la fois non nécessaire et probablement fausse ? Les fossiles que l'on connaissait ne confirmaient pas l'idée d'un changement progressif : des faunes entières avaient disparu durant des périodes étrangement brèves. De nouvelles espèces apparaissaient presque toujours soudainement sans que les fossiles découverts présentent de maillons intermédiaires entre elles et leurs ancêtres trouvés dans des roches plus anciennes de la même région. L'évolution, croyait Huxley, peut se produire si rapidement que le lent et capricieux processus de sédimentation ne l'a que rarement pris sur le fait.

Le conflit entre les partisans du changement rapide et ceux du changement progressif battait son plein dans les milieux géologiques pendant les années où Darwin faisait son apprentissage de savant. J'ignore pourquoi Darwin choisit de suivre si opiniâtrement Lyell et les gradualistes, mais je suis sûr d'une chose : la préférence pour l'une ou l'autre thèse n'avait rien à voir avec une meilleure perception des informations empiriques. Sur cette question, la nature parlait (et continue à parler) avec une voix changeante et voilée. Les préférences culturelles et méthodologiques ont eu en l'occurrence autant d'influence sur les décisions prises que les données de base.

Sur des sujets aussi fondamentaux que la philosophie générale du changement, la science et la société travaillent habituellement la main dans la main. Les systèmes statiques des monarchies européennes ont reçu l'appui de cohortes de penseurs qui y voyaient l'incarnation de la loi naturelle. Alexander Pope écrivait :

« L'ordre est la loi divine ; il nous faut bien l'admettre,
Les uns doivent dominer, les autres se soumettre. »

Lorsque les monarchies s'effondrèrent et que le XVIIIe siècle s'acheva dans la révolution, les hommes de science commencèrent à considérer le changement comme un élément normal de l'ordre universel, non comme un élément aberrant ou exceptionnel. Les hommes de savoir transposèrent alors dans la nature le programme libéral de changement lent et ordonné qu'ils préconisaient pour la transformation de la société humaine. Aux yeux de nombreux scientifiques, les cataclysmes naturels apparaissaient aussi menaçants que le règne de la terreur qui avait emporté leur grand collègue Lavoisier.

Mais la géologie semblait apporter autant de preuves d'un changement cataclysmique que d'un changement progressif. Donc, dans son argumentation en faveur du gradualisme comme rythme presque universel, Darwin dut employer la méthode caractéristique de Lyell : le rejet de la simple apparence et du bon sens au profit d'une « réalité » sous-jacente. (Contrairement à ce qu'accréditent les mythes en vogue, Darwin et Lyell n'étaient pas les héros de la vraie science, défendant l'objectivité contre les élucubrations théologiques des « catastrophistes » comme Cuvier ou Buckland. Les catastrophistes étaient des hommes aussi soucieux de vérité scientifique que les gradualistes ; ils avaient adopté en fait la thèse la plus « objective » selon laquelle on devait croire ce que l'on voyait sans intercaler des pièces manquantes pour transformer une succession de changements rapides en une évolution progressive.) En bref, Darwin affirmait que les éléments sur lesquels se fonde la géologie présentent d'énormes lacunes, que c'est un livre dont il ne reste que quelques pages, avec quelques lignes sur chaque page et peu de mots sur chaque ligne. On ne peut donc pas percevoir le lent changement de l'évolution dans les fossiles car on n'étudie qu'une phase sur des milliers. Le changement ne nous paraît abrupt qu'à cause de la disparition des étapes intermédiaires.

L'extrême rareté des formes fossiles transitoires reste le secret professionnel de la paléontologie. Les arbres généalogiques des lignées de l'évolution qui ornent nos manuels n'ont de données qu'aux extrémités et aux nœuds de leurs branches ; le reste est constitué de déductions, certes plausibles, mais qu'aucun fossile ne vient confirmer. Néanmoins Darwin était si obstinément attaché au gradualisme qu'il lia la validité de sa théorie au rejet de toute interprétation différente de la fréquence des fossiles :

« Les témoignages sur l'histoire géologique sont extrêmement imparfaits et ce fait à lui seul explique en grande partie pourquoi on ne trouve pas un nombre infini de variétés reliant entre elles toutes les formes de vie disparues et actuelles par une belle succession d'étapes progressives. Celui qui rejette ce point de vue sur la nature des témoins géologiques pourra à juste titre refuser toute ma théorie. »

L'argument de Darwin constitue toujours le refuge favori de la plupart des paléontologistes gênés par un matériau d'étude qui semble a priori rendre si peu compte de l'évolution. En mettant au jour ses fondements culturels et méthodologiques, je ne souhaite en aucune façon récuser la validité potentielle du gradualisme (car toutes les théories globales ont des racines semblables). Je désire seulement souligner le fait qu'on ne l'a jamais « vu » dans les roches elles-mêmes.

Les paléontologistes ont payé l'argument de Darwin à un prix exorbitant. Nous nous imaginons être les seuls spécialistes de l'histoire de la vie, mais pour conserver notre explication favorite de l'évolution par la sélection naturelle, nous considérons nos données comme si peu fiables que nous ne voyons presque jamais les processus mêmes que nous prétendons étudier.

Depuis plusieurs années, Niles Eldredge du Muséum américain d'histoire naturelle et moi-même proposons une solution permettant de sortir de ce paradoxe inconfortable. Nous pensons que Huxley avait raison en avertissant ainsi Darwin. La théorie moderne de l'évolution n'a pas besoin d'un changement progressif. En fait l'application des processus darwiniens devait amener exactement à ce que les archives fossiles nous montrent. C'est le gradualisme qu'il nous faut rejeter, et non le darwinisme.

L'histoire de la plupart des espèces fossiles présente

deux caractéristiques particulièrement incompatibles avec le gradualisme :

1. *La stabilité* : la plupart des espèces ne présentent aucun changement directionnel pendant toute la durée de leur présence sur terre. Les premiers fossiles que l'on possède ressemblent beaucoup aux derniers ; les changements morphologiques sont généralement limités et sans direction.

2. *L'apparition soudaine* : dans une zone donnée, une espèce n'apparaît pas progressivement à la suite de la transformation régulière de ses ancêtres ; elle surgit d'un seul coup, et « complètement formée ».

L'évolution procède de deux manières principales : la transformation phylétique et la spéciation. Dans la première, la transformation phylétique, une population tout entière change d'état. Si tout changement évolutif se produisait de cette façon, la vie ne durerait pas longtemps. L'évolution phylétique n'apporte aucune amélioration de la diversité, seulement une transformation d'une chose en une autre. Puisque l'extinction (par l'extermination, et non par l'évolution en une autre espèce) est si courante, une forme vivante qui serait dépourvue de mécanisme pour accroître la diversité serait bientôt éliminée. La deuxième manière, la spéciation, peuple la Terre. Les nouvelles espèces divergent d'une souche parentale persistante.

Darwin, c'est certain, a reconnu et abordé le processus de spéciation. Mais il a presque totalement fondu son argumentation sur le changement évolutif dans le moule de la transformation phylétique. Dans ce contexte, les phénomènes de stabilité et d'apparition soudaine ne pouvaient qu'être attribués à l'imperfection des données ; car si les nouvelles espèces naissent de la transformation de populations ancestrales entières, et si nous n'assistons jamais à cette transformation (car les espèces sont essentiellement statiques durant toute leur existence), c'est que nos données sont incomplètes et que nous n'y pourrons jamais rien.

Eldredge et moi pensons que la spéciation est responsable de presque tous les changements évolutifs. De plus, de par la façon dont elle se produit, on peut pratiquement certifier que les futures découvertes de fossiles ne contrediront pas la domination de la stabilité et de l'apparition soudaine.

Toutes les grandes théories de la spéciation s'accordent à reconnaître que la divergence s'effectue rapidement au sein de populations très réduites. La majorité des évolutionnistes penchent, dans la plupart des situations, pour la théorie de la spéciation géographique, ou allopatrique (allopatrique signifie « dans un autre lieu[1] »). Une nouvelle espèce peut apparaître lorsqu'une faible portion de la population ancestrale se retrouve isolée à la périphérie du territoire ancestral. Les populations stables, de grandes dimensions, exercent une forte influence homogénéisante. Les mutations nouvelles et favorables sont diluées par la seule masse de la population dans laquelle elles doivent se répandre. Elles peuvent lentement devenir plus fréquentes, mais les modifications de l'environnement annulent habituellement leur valeur sélective longtemps avant qu'elles deviennent fixes. Ainsi, la transformation phylétique au sein de populations nombreuses doit être très rare, comme la documentation fossile le confirme.

Mais les petits groupes isolés à la périphérie sont coupés de leur souche parentale. Ils vivent en groupes réduits dans les confins géographiques du territoire

---

1. J'ai écrit cet essai en 1977. Depuis cette date, un important changement de point de vue est intervenu dans la biologie de l'évolution. L'orthodoxie allopatrique s'est effondrée et plusieurs mécanismes de spéciation sympatrique ont acquis à la fois leur légitimité et des exemples pour la soutenir. (Dans la spéciation sympatrique, les formes nouvelles apparaissent sur le territoire de leurs ancêtres.) Ces mécanismes sympatriques ont en commun leur insistance sur les conditions qu'Eldredge et moi posons pour expliquer l'absence de formes fossiles transitoires : une origine *rapide* au sein d'une population *réduite*. En fait, ils requièrent généralement des groupes plus petits et un changement plus rapide que ne l'envisage l'allopatrie conventionnelle (principalement parce que les groupes qui ont la possibilité d'entrer en contact avec leurs ascendants doivent au plus vite atteindre l'isolement sur le plan de leur reproduction, de peur que leurs variations favorables ne soient diluées par le croisement avec les formes parentales plus nombreuses). Voir White (1978) pour un exposé complet sur ces processus sympatriques.

ancestral. Les pressions de la sélection naturelle y sont généralement intenses car les périphéries marquent pour les formes ancestrales le seuil de la tolérance écologique. Les variations favorables se propagent très vite. Les petits isolats marginaux sont un laboratoire du changement évolutif.

Quel type de fossile devrait-on trouver si l'essentiel de l'évolution se produit par spéciation dans les isolats marginaux ? Les espèces devraient être statiques pendant toute la durée de leur existence, car nos fossiles sont les vestiges de grandes populations centrales. Dans une zone donnée, habitée par des lignées anciennes, l'espèce dérivée devrait apparaître soudainement, se répandant depuis la région périphérique où elle a évolué. Dans la région périphérique elle-même, nous pourrions trouver des traces de cette spéciation, mais l'événement se déroule si rapidement et dans une population si réduite qu'une telle découverte résulterait du plus grand des hasards. Les fossiles effectivement trouvés rendent donc fidèlement compte de ce que prédit la théorie de l'évolution et ne sont pas de pitoyables vestiges d'une histoire jadis florissante.

Eldredge et moi faisons référence à ce mécanisme sous le nom de système des *équilibres ponctués*. Les lignées changent peu durant la plus grande partie de leur histoire, mais des épisodes de spéciation rapide viennent occasionnellement ponctuer cette tranquillité. L'évolution est la survie et le déploiement des différences mises en place au cours de ces ponctuations. (En parlant de la rapidité de la spéciation des isolats périphériques, je m'exprime en géologue. Le processus peut prendre des centaines, voire des milliers d'années ; vous ne remarqueriez vraisemblablement rien si, pendant toute votre vie, vous observiez attentivement des abeilles en plein processus de spéciation. Mais mille ans n'est qu'un infime pourcentage de la durée moyenne d'existence de la plupart des espèces invertébrées — 5 à 10 millions d'années. Les géologues parviennent rarement à subdiviser un intervalle aussi court ; nous avons tendance à le considérer comme un moment.)

Si le gradualisme est plus un produit de la pensée occidentale qu'un phénomène de nature, il nous faut alors étudier d'autres philosophies du changement pour élargir le champ de nos préjugés. En Union soviétique, par exemple, les scientifiques reçoivent une formation pour laquelle la philosophie du changement est très différente : les fameuses lois dialectiques, reformulées par Engels à partir de la philosophie de Hegel. Les lois dialectiques font explicitement référence à cette notion de ponctuation. Elles parlent, par exemple, de la « transformation de la quantité en qualité ». La formule peut ressembler à du charabia, mais elle laisse supposer que le changement se produit par grands sauts suivant une lente accumulation de tensions auxquelles un système résiste jusqu'au moment où il atteint le point de rupture. Faites chauffer de l'eau et elle finira par bouillir. Opprimez sans cesse davantage les travailleurs et vous obtiendrez la révolution. Eldredge et moi avons été fascinés d'apprendre que de nombreux paléontologistes russes étaient partisans d'un système similaire à nos équilibres ponctués.

Je ne prétends absolument pas que cette philosophie du changement ponctué s'applique dans chaque cas. Toute tentative d'affirmer l'exclusive validité d'une telle notion grandiose confinerait à l'absurde. Le gradualisme rend quelquefois parfaitement compte des phénomènes. (Je survole souvent la chaîne plissée des Appalaches et m'émerveille des stupéfiantes crêtes parallèles que l'érosion progressive des roches plus tendres a laissées en place.) Je veux simplement plaider pour le pluralisme des philosophies et pour la reconnaissance du fait que ces philosophies, quoique cachées et inarticulées, exercent une influence sur notre pensée. Les lois dialectiques sont ouvertement l'expression d'une idéologie ; en Occident notre préférence pour le gradualisme n'est rien d'autre, mais elle agit de manière plus imperceptible.

Cependant, je pense personnellement que le modèle ponctué peut refléter les rythmes du changement biologique et géologique avec une exactitude et une fréquence plus grandes qu'aucun autre de ses rivaux, ne serait-ce qu'à cause du nombre et de la haute résistance au changement des systèmes complexes à l'état stable. Comme mon collègue, le géologue britannique Derek V. Ager, l'a écrit pour défendre la vision ponctuée du changement géologique : « L'histoire de n'importe quelle région de la Terre est comme la vie d'un soldat, elle consiste en de longues périodes d'ennui et de courtes périodes d'effroi. »

18

LE RETOUR DU MONSTRE PROMETTEUR

Big Brother, le tyran du roman de George Orwell, *1984*, adressait ses deux minutes de haine quotidiennes à Emmanuel Goldstein, l'ennemi du peuple. Lorsque j'étudiais la biologie de l'évolution à l'Université, vers 1965, toute la dérision et les blâmes officiels se concentraient sur Richard Goldschmidt, célèbre généticien qui, nous disait-on, s'était écarté du droit chemin. Bien que 1984 s'approche à grands pas, j'espère que le monde ne sera pas alors sous l'emprise de Big Brother. Je suis néanmoins persuadé que, dans les dix ans qui viennent, c'est Goldschmidt qui sera réhabilité dans le monde de la biologie de l'évolution.

Goldschmidt, juif réfugié à la suite du démantèlement de la science allemande par Hitler, termina sa carrière à Berkeley où il mourut en 1958. Ses thèses sur l'évolution entrèrent en totale contradiction avec la grande synthèse néo-darwinienne, élaborée dans les années 1930 et 1940, qui fait aujourd'hui office d'orthodoxie dominante, malgré les contestations. Le néo-darwinisme contemporain est souvent appelé la « théorie synthétique de l'évolution », car elle unit la génétique des populations aux observations classiques de la morphologie, de la systématique, de l'embryologie, de la biogéographie et de la paléontologie.

Le noyau de cette théorie synthétique reformule les deux assertions les plus caractéristiques de Darwin lui-même : *primo*, l'évolution est un processus qui se déroule en deux phases (la variation fortuite comme matière première, la sélection naturelle comme force motrice) ; *secundo*, le changement évolutif est généralement lent, régulier, progressif et continu.

Les généticiens peuvent étudier, en laboratoire, dans leurs flacons, l'accroissement progressif des gènes dominants au sein des populations de drosophiles. Les naturalistes peuvent observer le remplacement régulier de mites claires par des mites foncées sur les arbres de Grande-Bretagne noircis par la suie provenant des industries. Les néo-darwiniens extrapolent ces changements continus et sans à-coups aux plus profondes transitions de structure dans l'histoire de la vie : par une longue série d'étapes intermédiaires insensiblement marquées, les oiseaux sont liés aux reptiles, les poissons à mâchoires à leurs ascendants dépourvus de mâchoires. La macro-évolution (la transition majeure des structures) n'est rien d'autre que l'extension de la micro-évolution (les mouches à vinaigre dans leurs flacons). Si des mites noires peuvent supplanter des mites blanches en l'espace d'un siècle, les reptiles peuvent bien devenir des oiseaux en quelques millions d'années par la lente addition successive d'innombrables changements. La modification de la fréquence des gènes dans des populations locales est un modèle convenant à tous les processus évolutifs ou, tout du moins, c'est ce qu'affirme l'orthodoxie actuelle.

Aux États-Unis, de nos jours, les manuels les plus élaborés d'introduction à la biologie expriment ainsi leur allégeance à la thèse en vigueur :

« Le changement évolutif à grande échelle, la macro-évolution, peut-il être l'aboutissement de ces micro-mutations évolutives ? Les oiseaux descendent-ils véritablement des reptiles grâce à une accumulation de substitutions de gènes du type de celle qu'illustre le gène de l'œil framboise ?

« On peut répondre que cela est tout à fait plausible, personne n'ayant proposé une meilleure explication. [...] Les fossiles recueillis montrent que la macro-évolution est en fait progressive, qu'elle s'accomplit à un rythme permettant de conclure qu'elle se fonde sur des centaines ou des milliers de substitutions de gènes, semblables à celles que l'on a observées dans les cas récents. »

De nombreux évolutionnistes considèrent qu'une stricte continuité entre micro- et macro-évolution constitue un ingrédient essentiel du darwinisme et un corollaire nécessaire de la sélection naturelle. Mais comme je l'expose dans le chapitre 17, Thomas Henry Huxley avait séparé la sélection naturelle du gradualisme et avait averti Darwin que son adhésion franche et sans fondement sûr au gradualisme pouvait saper son système tout entier. Les fossiles présentent trop de transitions brutales pour témoigner d'un changement progressif et le principe de la sélection naturelle ne l'exige pas, car la sélection peut agir rapidement. Mais ce lien superflu que Darwin a inventé devint le dogme central de la théorie synthétique.

Goldschmidt n'éleva aucune objection contre les thèses classiques sur la micro-évolution ; il consacra la première moitié de son ouvrage principal, *The Material Basis of Evolution* (« Le fondement matériel de l'évolution »), Yale University Press, 1940, au changement progressif et continu des espèces. Cependant, il se démarqua nettement de la théorie synthétique en affirmant que les espèces nouvelles apparaissent soudainement par variation discontinue, ou macro-mutation. Il admit que l'immense majorité des macro-mutations ne pouvaient être considérées que comme désastreuses — et il les appela des « monstres ». Mais, poursuivit Goldschmidt, de temps à autre une macro-mutation pouvait, par le simple effet de la chance, adapter un organisme à un nouveau mode d'existence. On avait alors affaire, selon sa terminologie, à un « monstre prometteur ». La macro-évolution résulte du succès, peu fréquent, de ces monstres prometteurs et non de l'accumulation de menus changements au sein des populations.

Je tiens à dire que les partisans de la théorie synthétique ont caricaturé les idées de Goldschmidt en en faisant leur bouc émissaire. Je ne me ferai pas le défenseur de tout ce qu'a pu dire Goldschmidt ; je suis, par exemple, fondamentalement en désaccord avec lui lorsqu'il affirme que la macro-évolution brutale jette le discrédit sur le darwinisme. Car Goldschmidt, lui aussi, n'a pas pris garde à l'avertissement de Huxley pour qui l'essence du darwinisme, c'est-à-dire le rôle de la sélection naturelle sur l'évolution, n'exige nullement de croire au changement progressif.

En tant que darwinien, je souhaite apporter mon approbation au postulat suivant énoncé par Goldschmidt : la macro-évolution n'est pas un simple extrapolation de la micro-évolution et les transitions de structure les plus importantes peuvent s'effectuer rapidement sans avoir été précédées par une longue série de phases intermédiaires. Je poursuivrai en répondant à trois questions : 1. Est-il possible de reconstituer une histoire vraisemblable des événements macro-évolutifs dans laquelle le changement aurait été continu ? (Ma réponse sera non) ; 2. Les théories du changement brutal sont-elles en elles-mêmes antidarwiniennes ? (Je répondrai que certaines le sont, d'autres non) ; 3. Les monstres prometteurs de Goldschmidt représentent-ils l'archétype de l'hérésie antidarwinienne comme ses détracteurs l'ont longtemps soutenu ? (Ma réponse, de nouveau, sera non).

Tous les paléontologistes savent que, parmi les fossiles, on ne compte que peu de formes intermédiaires ; les transitions entre les grands groupes sont particulièrement brutales. Les gradualistes se sortent habituellement de cette difficulté en invoquant le caractère extrêmement lacunaire des fossiles que nous possédons ; même si une étape sur mille survivait sous forme de fossile, la géologie n'enregistrerait pas le changement continu. Bien que je réfute cet argument (pour des raisons que j'expose dans le chapitre 17), accordons-nous le bénéfice de cette échappatoire traditionnelle et posons-nous une question différente. Même en l'absence de témoignages directs en faveur de ces transitions sans à-coups, peut-on inventer une succession raisonnable de formes intermédiaires, c'est-à-dire des organismes viables, entre les ascendants et les descendants, dans les principales transitions structurelles ? Quelle peut bien être l'utilité des phases naissantes et imparfaites des structures ayant une fonction donnée ? A quoi sert une moitié de mâchoire ou une moitié d'aile ? Le concept de *préadaptation* nous apporte la réponse classique en nous permettant d'affirmer que les phases naissantes remplissaient d'autres fonctions. La demi-mâchoire fonctionnait parfaitement bien comme une série d'os sur lesquels venaient s'appuyer les branchies ; la demi-aile a fort bien pu servir à attraper les proies ou à régler la température du corps. Je considère la préadaptation comme un concept important, indispensable même. Mais une histoire plausible n'est pas nécessairement vraie. Je ne doute pas que la préadaptation puisse sauver le gradualisme dans certains cas, mais ne nous permet-elle pas plutôt d'appliquer la continuité dans la plupart des cas ou dans tous les cas ? Je soutiens que non, bien que cette position ne reflète peut-être que mon manque d'imagination, et j'invoque en ma faveur deux cas de changement discontinu qui furent exposés récemment.

Sur l'île isolée de Maurice, l'ancien territoire du dodo, deux genres de serpents booïdés (un grand groupe renfermant les pythons et les boas constrictors) possèdent en commun une caractéristique qu'on ne retrouve chez aucun autre vertébré terrestre : le maxillaire supérieur est divisé en deux parties, avant et arrière, reliées par une articulation mobile. En 1970, mon ami Tom Frazzetta a publié un article intitulé : « Des monstres prometteurs aux serpents bolyerines ? ». Il y passa en revue toutes les possibilités préadaptatives qu'il a pu imaginer et les rejette toutes en faveur de la transition discontinue. Comment un os de mâchoire peut-il être à moitié cassé ?

De nombreux rongeurs ont des poches dans les joues où ils emmagasinent leurs aliments. Ces abajoues sont reliées au pharynx et ont pu évoluer progressivement sous la pression sélective que constitue l'augmentation de la quantité de nourriture à mettre en réserve dans la bouche. Mais les géomyidés (les saccophores ou rats de bourse) et les hétéromyidés (les kangourous-rats et les souris à poche) ont retourné leurs joues comme des doigts de gant pour former des poches extérieures couvertes de fourrure sans aucune liaison avec la bouche ou le pharynx. A quoi peut bien servir un sillon naissant, un simple creux de la joue ouvert sur l'extérieur ? Des ancêtres hypothétiques se déplaçaient-ils sur trois pattes en maintenant avec la quatrième quelques bribes d'aliments dans ce pli imparfait ? Charles A. Long a récemment envisagé un ensemble de possibilités préadaptatives (des sillons externes chez les animaux fouisseurs destinés à transporter la terre, par exemple) et les a toutes rejetées en faveur de la transition discontinue. Ces faits, qui s'inscrivent dans la tradition de l'à-peu-près propre à l'histoire naturelle de l'évolution, ne prouvent rien. Mais leur poids et celui d'autres cas similaires ont miné, il y a bien longtemps, ma foi dans le gradualisme. Des esprits plus inventifs que le mien peuvent encore la garder, mais les concepts qui ne sont que le fruit de spéculations superficielles ne me séduisent guère.

Si l'on doit accepter de nombreux cas de transition discontinue dans la macro-évolution, le darwinisme ne s'effondre-t-il pas en ne survivant que comme une théorie concernant les changements adaptatifs mineurs au sein des espèces ? L'essence même du darwinisme tient en une seule phrase : la sélection naturelle est la principale force créatrice du changement évolutif. Personne ne nie que la sélection naturelle joue un rôle négatif en éliminant les inadaptés. Les théories darwiniennes sous-entendent qu'elle crée en même temps les adaptés. La sélection doit accomplir cette tâche en mettant en place des adaptations en une série d'étapes, tout en préservant à chaque phase le rôle avantageux dans une gamme de variations génétiques dues au hasard. La sélection doit gouverner le processus de création et non pas se contenter d'écarter les inadaptés après qu'une quelque autre force a soudainement produit une nouvelle espèce complètement achevée dans une perfection primitive.

On peut très bien imaginer une théorie non darwinienne du changement discontinu, c'est-à-dire d'une modification génétique profonde et brutale créant par hasard (de temps à autre) et d'un seul coup une nouvelle espèce. Au début de ce siècle, Hugo de Vries, le célèbre botaniste hollandais, fut le défenseur de cette théorie. Mais ces notions semblent se heurter à des difficultés insurmontables. Avec qui Athéna, née du crâne de Zeus, s'accouplera-t-elle ? Tous ses proches sont membres d'une autre espèce. Quelles sont les probabilités de créer d'emblée une Athéna, plutôt qu'un monstre ? Les perturbations apportées aux systèmes génétiques dans leur totalité ne produisent pas de créatures jouissant d'avantages inconnus de leurs ascendants — et elles ne sont même pas viables.

Mais toutes les théories du changement discontinu ne sont pas antidarwiniennes, comme l'avait souligné Huxley il y a près de cent vingt ans. Imaginons qu'un changement discontinu dans une forme adulte naisse d'une petite modification génétique. Les problèmes d'incompatibilité avec les autres membres de l'espèce ne se posant pas, cette mutation importante et favorable peut alors se répandre dans la population à la manière darwinienne. Imaginons que ce changement de grande ampleur ne produise pas de suite une forme parfaite, mais serve plutôt d'adaptation clef permettant à son possesseur d'adopter un nouveau mode d'existence. La poursuite de cette nouvelle vie réussie demande un large ensemble de modifications annexes, tant dans la morphologie que dans le comportement ; ces dernières peuvent survenir en suivant un itinéraire progressif, plus traditionnel, une fois que l'adaptation clef a entraîné une profonde mutation des pressions sélectives.

Les partisans de la synthèse actuelle ont donné à Goldschmidt le rôle de Goldstein en associant son expression imagée — le monstre prometteur — aux notions non darwiniennes de perfection immédiate résultant d'un profond changement génétique. Mais ce n'est pas tout à fait ce que Goldschmidt soutenait. En fait, l'un de ses mécanismes entraînant la discontinuité des formes adultes reposait sur la notion de petit changement génétique sous-jacent. Goldschmidt était un spécialiste du développement de l'embryon. Il passa la plus grande partie du début de sa carrière à étudier les variations géographiques de la noctuelle *Lymantria dispar*. Il découvrit que de grandes différences dans la répartition des couleurs des chenilles provenaient de petits changements dans le rythme du développement : les effets d'un léger retard ou d'un renforcement de la pigmentation au début de la croissance augmentaient à travers l'ontogenèse et entraînaient de profondes différences chez les chenilles ayant atteint leur plein développement.

Goldschmidt parvint à identifier les gènes responsables de ces petits changements de rythme et démontra que les grandes différences que l'on observe à la fin du développement proviennent de l'action d'un ou de plusieurs gènes commandant les taux de changement agissant au début de la croissance. Il codifia la notion de « gènes de taux de changement » *(rate genes)* en 1918 et écrivit vingt ans plus tard :

« Le gène mutant produit son effet [...] en changeant les taux des processus partiels de développement. Il peut s'agir des taux de croissance ou de différenciation, des taux de production des éléments nécessaires à la différenciation, des taux des réactions entraînant des situations physiques ou chimiques précises à des moments précis du développement, des taux de ces processus responsables de la ségrégation des forces embryonnaires à des moments donnés. »

Dans son livre de 1940, tant décrié, Goldschmidt parle spécifiquement des gènes de taux de changement comme étant des fabricants potentiels de monstres prometteurs : « Je me fonde sur l'existence de mutants produisant des monstruosités du type requis et sur la connaissance de la détermination de l'embryon, qui permet à un léger changement de rythme dans les premiers processus embryonnaires de produire un effet de grande ampleur intéressant des parties considérables de l'organisme. »

Selon ma propre opinion, très partiale, le problème de la réconciliation entre l'évidente discontinuité de la macro-évolution et le darwinisme est en grande partie résolu si l'on observe que les changements de faible ampleur survenant tôt dans le développement de l'embryon s'accumulent pendant la croissance pour produire de profondes différences chez l'adulte. En prolongeant dans la petite enfance le rythme élevé de la croissance prénatale du cerveau du singe, on voit sa taille se rapprocher de celle du cerveau humain. En retardant le commencement de sa métamorphose, l'axolotl du lac Xochimilco se reproduit sous forme de têtard doté de branchies et ne se transforme jamais en salamandre. (Voir mon livre *Ontogeny and Phylogeny*, Harvard University Press, 1977, où je présente plusieurs exemples de ces phénomènes. Avec les excuses pour cette publicité éhontée[1].) Comme Long le soutient pour l'abajoue externe : « Une inversion du développement de l'abajoue sous l'influence des gènes a pu se produire, réapparaître et se maintenir dans certaines populations. Ce changement morphologique aurait eu un effet radical en retournant les poches à l'envers (avec la fourrure à l'intérieur), mais ne serait néanmoins qu'un changement assez simple de l'embryon. »

En réalité, si l'on n'invoque pas le changement discontinu par de petites modifications dans les taux du développement, je ne vois pas comment peuvent s'accomplir la plupart des principales transitions de l'évolution. Peu de systèmes présentent une résistance plus grande au changement que les adultes complexes, fortement différenciés, des groupes animaux « supérieurs ». Comment pourrait-on convertir un rhinocéros adulte ou un moustique en quelque chose de foncièrement différent ? Cependant les transitions entre les groupes principaux se sont bien produites au cours de l'histoire de la vie.

D'Arcy Wentworth Thompson, humaniste, écrivain victorien de grand style et splendide anachronisme de la biologie du XXᵉ siècle, aborde ce problème dans son célèbre traité *On Growth and Form*.

« Une courbe algébrique a sa formule fondamentale, qui définit la famille à laquelle elle appartient. [...] Nous ne pensons jamais à « transformer » un hélicoïde en ellip-

---

1. Publicité qui n'aura sans doute guère d'effet dans les pays francophones, le livre n'ayant pas pour le moment été traduit (N.d.T.).

soïde ou un cercle en une courbe de fréquence. Il en va de même pour la forme des animaux. Nous ne pouvons pas transformer un invertébré en vertébré, ni un cœlentéré en ver, par n'importe quelle déformation simple et légitime. [...] La nature passe d'un type à un autre. [...] Chercher des marchepieds pour franchir les écarts séparant ces types, c'est chercher en vain, à jamais. »

La solution de D'Arcy Thompson était la même que celle de Goldschmidt : la transition peut se produire dans les embryons qui sont plus simples et plus semblables entre eux que les adultes fortement divergents qu'ils forment. Personne ne songerait à transformer une étoile de mer en souris, mais les embryons de certains échinodermes et de certains protovertébrés sont presque identiques.

1984 marquera le cent vingt-cinquième anniversaire de *L'Origine des espèces*. Si à ce moment-là nos préjugés tenaces en faveur du gradualisme commencent à perdre du terrain, nous serons peut-être en mesure d'accueillir la pluralité des résultats que la complexité de la nature engendre.

19

LE GRAND DÉBAT SUR LES SCABLANDS

Dans leurs paragraphes d'introduction, les guides touristiques se font les propagateurs de l'orthodoxie de l'heure dans sa forme la plus pure. Le dogme y est dépouillé de tous les « cependant » que l'on trouve dans les écrits des professionnels. Voisi par exemple ce que l'on peut lire dans le guide automobile du Parc national des Arches édité par le National Park Service des États-Unis :

« Le monde et tout ce qu'il contient change continuellement. La plupart de ces changements qui affectent notre monde sont minuscules et demeurent imperceptibles. Ils n'en sont pas moins réels et, sur de longues périodes, ont pour effet d'entraîner de profondes modifications. Si l'on passe la main à la base de la paroi d'un cañon, on détache quelques centaines de grains de sable. Cela peut apparaître comme un changement sans importance, mais c'est de cette façon que le cañon s'est formé. Des forces diverses ont agi sur le grès, détachant et emportant les grains de sable. Parfois le processus est « très rapide » (comme lorsque l'on frotte le grès de la main), mais le plus souvent, il est beaucoup plus lent. Si on y met le temps, on peut éroder une montagne ou creuser un cañon, quelques grains par quelques grains. »

La grande leçon de géologie que cette brochure veut

enseigner, c'est que les phénomènes de grande ampleur sont le résultat de l'accumulation de changements minuscules. La main qui frotte sur la paroi du cañon est une illustration exacte (trop efficace même) de la vitesse à laquelle le cañon a été creusé. Le temps, cette ressource inépuisable de la géologie, accomplit tous les miracles.

Mais lorsque la brochure entre dans les détails, on découvre un scénario bien différent pour l'érosion des Arches. On apprend qu'un rocher en équilibre connu sous le nom de *Chip Of the Old Block*[1] (« fragment provenant du vieux bloc ») est tombé pendant l'hiver 1975-1976. Semblablement deux photographies — avant et après — de la magnifique Skyline Arch sont ainsi légendées : « Elle n'avait pas varié depuis que l'homme la connaissait, jusqu'à la fin de 1940 où un bloc de pierre tomba, doublant ainsi d'un seul coup la taille de Skyline. » Les ponts naturels se forment par des chutes, des effondrements soudains et intermittents et non par l'enlèvement imperceptible de grains de sable. Mais l'orthodoxie « gradualiste » est si indélogeable que les auteurs du guide n'ont pas pris garde à la contradiction existant entre leur explication des faits et la théorie énoncée dans leur introduction. Dans d'autres chapitres de cette même cinquième section, je montre que le « gradualisme » est un préjugé de notre culture et non un fait de nature, et je me fais le défenseur du pluralisme en matière de rythmes. Les changements ponctuels sont au moins aussi importants que l'accumulation imperceptible. Dans ce chapitre, je raconte un cas de géologie qui se rapporte à un lieu bien précis. Mais le message reste le même : les dogmes ne sont jamais aussi néfastes que lorsqu'ils amènent les hommes de science à rejeter *a priori* une thèse contradictoire qui pourrait être vérifiée dans la nature.

Des coulées de basalte d'origine volcanique couvrent la plus grande partie de l'est de l'État de Washington. Ces basaltes sont eux-mêmes souvent recouverts par une

---

[1] Jeu de mot intraduisible : *He's a chip of the old block*, c'est bien le fils de son père (N.d.T.).

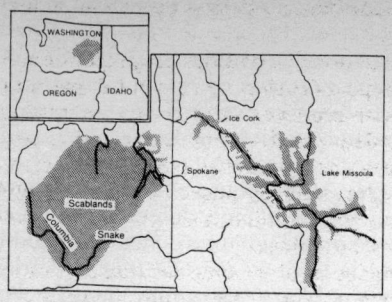

Les « scablands » (terres pelées) dans l'est
de l'État de Washington.

épaisse couche de lœss, sédiment très fin et léger apporté par le vent pendant les périodes glaciaires. Dans la zone comprise entre Spokane à l'est, la rivière Snake au sud et le fleuve Columbia à l'ouest, de nombreux ravins spectaculaires, allongés et plus ou moins parallèles entre eux, ont profondément entaillé non seulement le lœss, mais encore le dur basalte lui-même. Ces « coulées », pour reprendre le terme utilisé localement *(coulee)*, ont dû être creusées par des eaux de fonte de glacier, car leur pente se dirige, à partir d'une zone proche du point le plus méridional atteint par le dernier glacier, vers les deux principaux cours d'eau de l'est de l'État de Washington. Les ravins de ces « scablands » — « terres croûteuses, pelées », appellation donnée par les géologues à toute la région — sont aussi troublants qu'effrayants, et cela pour plusieurs raisons.

1. Les ravins s'interconnectent en coupant des crêtes élevées qui jadis les séparaient. La profondeur des ravins excédant plusieurs dizaines de mètres, cette anastomose à grande échelle montre qu'une quantité énorme d'eau a dû passer par-dessus les crêtes et les éroder.

2. Un autre fait vient étayer la thèse du remplissage des ravins par l'eau : l'existence de nombreuses vallées suspendues venant se jeter dans les ravins principaux. (Une vallée suspendue est un ravin affluent qui se jette dans un

ravin collecteur haut au-dessus du niveau actuel du lit du cours d'eau.)

3. Le basalte dur des coulées est profondément entaillé et érodé, le type d'érosion ne ressemble pas au travail des rivières calmes creusées selon le mode gradualiste.

4. Les coulées renferment de nombreuses collines haut perchées, composées de lœss, qui n'ont pas été emportées. Elles sont disposées comme si elles avaient été jadis des îles au milieu d'un gigantesque cours d'eau aux multiples branches.

5. Les coulées renferment des dépôts isolés de gravier basaltique d'origine fluviatile, souvent composé de roches étrangères à la région concernée.

Peu après la Première Guerre mondiale, un géologue de Chicago, J Harlen Bretz, a proposé une hypothèse non orthodoxe pour expliquer cette topographie insolite (oui, il faut bien écrire J sans point et ne vous avisez pas d'en mettre un, car sa colère peut être terrible). Selon lui, les ravins des scablands ont été creusés d'un seul coup par une unique et gigantesque crue d'eau de fonte de glacier. Cette catastrophe locale a rempli les coulées, a entaillé des dizaines de mètres de lœss et de basalte, puis a cessé en quelques jours. Bretz conclut son ouvrage principal, paru en 1923, par les lignes suivantes :

« Le plateau de Columbia fut balayé, sur une surface de mille deux cents kilomètres carrés, par une crue glaciaire qui arracha la couverture de lœss et de limon. Elle transforma plus de huit cents kilomètres carrés de cette zone en ravins dénudés et taillés dans la roche, qui forment à présent les scablands ; et près de quatre cents kilomètres carrés furent recouverts des dépôts de gravier issus de l'érosion du basalte. Ce fut une véritable débâcle qui ravagea le plateau de Columbia. »

L'hypothèse devint, dans les milieux géologiques, une *cause célèbre*[1]. La vigueur que mit Bretz, seul contre tous, à défendre son hypothèse catastrophiste lui valut quelque admiration réticente, mais pratiquement aucun soutien. Les tenants de l'« establishment », représenté par le United

---

1. En français dans le texte (N.d.T.).

States Geological Survey, serrèrent les rangs pour s'opposer à cette thèse. Ils n'avaient rien de mieux à proposer et admettaient volontiers le caractère singulier de la topographie des scablands. Mais ils s'en tenaient fermement au dogme selon lequel on ne devait jamais invoquer de causes catastrophiques tant qu'une alternative gradualiste existait. Au lieu de mettre l'inondation de Bretz à l'épreuve des faits, ils la rejetèrent en s'appuyant sur des principes généraux.

Le 12 janvier 1927, Bretz s'en alla défier ses adversaires dans leur repaire et présenta ses thèses au Cosmos Club de Washington, devant un groupe de scientifiques, dont de nombreux membres du Geological Survey. Le rapport de la discussion qui suivit montre bien que les *a priori* gradualistes expliquent l'accueil glacial qu'il reçut. Voici quelques commentaires typiques de ses détracteurs.

« Il n'est pas facile, admit W.C. Alden, pour quelqu'un comme moi-même, qui n'a jamais étudié ce plateau, de proposer à l'improviste une thèse alternative rendant compte du phénomène. » Néanmoins, sans se démonter, il poursuivit : « Les principales difficultés semblent être premièrement l'idée que tous les ravins ont dû être creusés simultanément en un espace de temps très court et deuxièmement l'extraordinaire quantité d'eau qu'il (Bretz) pose comme principe. [...] Le problème serait beaucoup plus facile si, pour accomplir ce travail, une moindre quantité d'eau était nécessaire et si on faisait appel à une période de temps plus longue et à des inondations répétées. »

James Gilluly, principal apôtre du gradualisme géologique de ce siècle, affirme à la fin d'un long commentaire « qu'aucun élément de preuve avancé jusqu'à présent ne permettait de penser que les crues qui ont pu avoir lieu à un moment quelconque n'aient pas été du même ordre de grandeur que les crues actuelles de la Columbia, ou au mieux de quelques fois supérieures ».

E. T. McKnight présenta une alternative gradualiste expliquant la présence des graviers : « Cet auteur croit qu'il s'agit des dépôts normaux de la Columbia pendant l'inversion de sens du courant — vers l'est — aux époques préglaciaires, glaciaires et postglaciaires. »

G. R. Mansfield doutait fort qu'« un tel travail ait pu être accompli en si peu de temps ». Il proposa également une thèse plus calme : « Les scablands me semblent beaucoup mieux s'expliquer par les effets d'accumulation et de débordement continus d'eaux glaciaires marginales, qui ont de temps en temps changé soit leur position, soit leur lieu d'exutoire au cours d'une période prolongée. »

« Les particularités de l'érosion de cette région, admit finalement O.E. Meinzer, sont si vastes et si étranges qu'elles défient toute description. » Elles n'allaient pas cependant jusqu'à défier l'explication gradualiste : « Je pense que les caractéristiques existantes peuvent s'expliquer par le travail d'érosion normale de l'ancien fleuve Columbia. » Puis, plus sèchement que la plupart de ses collègues, il proclama sa foi : « Avant qu'une thèse qui fait appel à une quantité d'eau apparemment impossible soit totalement acceptée, tout devrait être mis en œuvre pour expliquer les caractéristiques actuelles sans recourir à une supposition aussi violente. »

L'histoire se termine bien, au moins à mon point de vue, car Bretz fut délivré des griffes de ses adversaires par des preuves ultérieures. Son hypothèse l'a emporté et pratiquement tous les géologues pensent à présent que ce sont bien des crues catastrophiques qui ont creusé les ravins des scablands. Bretz n'avait pas trouvé la provenance des eaux. Il savait que les glaciers étaient descendus jusqu'à Spokane, mais ni lui ni personne n'avaient pu imaginer un processus raisonnable qui aurait fait fondre une telle quantité d'eau aussi rapidement. Et on n'a toujours pas découvert de mécanisme susceptible de provoquer une fonte aussi brutale.

La solution vint d'ailleurs. Les géologues découvrirent à l'ouest du Montana les preuves de l'existence d'un énorme lac glaciaire dont le barrage était formé par de la glace. Lorsque le glacier recula, la digue se rompit et le lac se vida en provoquant un cataclysme. Les eaux se déversèrent directement dans les scablands.

Bretz n'avait fourni aucune preuve directe de ce flot. Le creusement aurait pu s'effectuer progressivement, et non tout d'un coup ; l'anastomose et les vallées suspendues auraient pu apparaître dans des coulées emplies par un courant calme et non par une vague déferlante. Mais lorsque les premières bonnes photos aériennes des scablands furent prises, les géologues remarquèrent que plusieurs zones dans le fond des coulées étaient couvertes de rides de courant géantes, des sillons ondulés laissés par le passage des eaux qui atteignaient 6,70 m de haut et 130 m de long. Bretz avait travaillé à la mauvaise échelle. Il avait arpenté les rides pendant des années, mais sans les voir. Elles sont, écrivit-il fort justement, « difficiles à identifier au niveau du sol, enfouies sous une végétation d'armoise ». Les observations sont toujours tributaires d'une certaine échelle.

Les hydrauliciens peuvent calculer les caractéristiques d'un courant d'après la taille et la forme des rides sur un cours d'eau. V. R. Baker estime que le débit dans les ravins des scablands a atteint un maximum de 2 100 m^3 par seconde. Une crue de cette ampleur a pu déplacer des blocs hauts de onze mètres.

Je pourrais arrêter ici mon histoire avec cette version à l'eau de rose qui me plaît bien : le héros, détenteur de la vérité et rejeté par les dogmatistes aveugles, s'en tient aux faits, refuse les idées reçues et finit par l'emporter grâce à sa patience et à une documentation convaincante. L'idée générale est sûrement valable : le préjugé gradualiste a effectivement amené à refuser d'emblée l'hypothèse catastrophiste alors que Bretz avait (apparemment) raison. Mais, en relisant attentivement les articles originaux, je me suis aperçu que ce scénario manichéen devait céder le pas à une version plus complexe. Les adversaires du géologue n'étaient pas des dogmatistes aveugles et incompétents. Ils avaient, il est vrai, des préférences *a priori*, mais ils avaient également de bonnes raisons de mettre en doute cette inondation catastrophique fondée sur les premiers arguments de Bretz. En outre, le style de l'enquête scientifique que mena ce dernier ne pouvait pratiquement pas lui permettre d'emporter l'adhésion de ses collègues à l'aide de ses seules données initiales.

Bretz avait travaillé dans la plus pure tradition de l'empirisme. Il avait le sentiment que les hypothèses aventureuses ne peuvent être établies qu'en rassemblant patiemment des informations sur le terrain. Il évita toute élaboration théorique et laissa de côté ce problème conceptuel réel qui préoccupait tans ses adversaires : d'où pouvait donc provenir une telle quantité d'eau ?

Il tenta d'étayer son hypothèse en recensant une à une toutes les traces d'érosion découvertes sur le terrain. Il sembla ne pas se soucier du tout de cet élément manquant qui aurait apporté la cohérence à son histoire : la provenance de l'eau. Car cette tentative aurait pu l'entraîner à élaborer des théories en l'absence de preuves directes, or Bretz ne plaçait sa confiance que dans les faits. Lorsque Gilluly lui reprocha de ne proposer aucune origine pour l'eau, Bretz répliqua simplement : « Je pense que mon interprétation des scablands doit être retenue ou abandonnée en faisant référence aux phénomènes des scablands eux-mêmes. »

Mais pourquoi un adversaire devrait-il être convaincu par une théorie aussi incomplète ? Bretz pensait que l'extrémité méridionale du glacier avait fondu précipitamment, mais aucun scientifique ne put imaginer comment la glace avait fondu aussi vite. (Il tenta de suggérer l'influence de l'activité volcanique sous la glace, mais abandonna rapidement cette théorie sous les attaques de Gilluly.) Le géologue se cantonna dans les scablands, alors que c'est à l'ouest du Montana qu'il fallait chercher la réponse. Le lac glaciaire de Missoula était dans la littérature depuis les années 1880, mais Bretz, travaillant dans d'autres directions, ne fit pas le rapprochement. Ses adversaires avaient raison. On ne sait toujours pas comment la glace peut fondre aussi rapidement. Mais le postulat que tous les participants reconnaissaient était faux : l'origine de l'eau n'était pas de la glace mais de l'eau.

Les phénomènes qui, selon les théories en cours, « ne peuvent pas arriver » obtiennent rarement droit de cité grâce à la simple accumulation de faits prouvant qu'ils se sont effectivement produits ; il faut en outre présenter un mécanisme expliquant *comment* ils peuvent arriver. Les premiers partisans de la dérive des continents se heurtèrent à la même difficulté que Bretz. Les similitudes de faune et de lithologie entre des continents à présent largement séparés nous apparaissent aujourd'hui comme des preuves convaincantes, mais elles ne l'emportèrent pas à l'époque car aucune force raisonnable n'avait été proposée pour expliquer leur déplacement. La théorie de la tectonique des plaques a depuis fourni ce mécanisme et a permis à l'idée de la dérive des continents d'être acceptée.

En outre, les adversaires de Bretz n'ont pas entièrement fondé leur opposition sur le caractère hérétique de son hypothèse. Ils disposaient aussi de faits spécifiques allant dans leur sens et ils avaient en partie raison. Bretz à l'origine insista sur l'action d'une seule et unique crue, alors que ses adversaires avançaient de nombreuses preuves montrant que les scablands ne s'étaient pas creusés en une seule fois. Nous savons à présent que le lac Missoula s'est formé et reformé plusieurs fois en suivant les fluctuations du front glaciaire. Dans son ouvrage le plus récent, Bretz a recensé huit crues séparées, toutes d'ampleur catastrophique. Ses adversaires avaient tort de considérer que les scablands avaient été façonnés par un processus graduel à partir d'éléments montrant des écarts de temps importants : les épisodes catastrophiques peuvent se répéter, séparés par de longues périodes de calme. Mais il avait également tort en attribuant la formation des scablands à une seule crue.

Bretz est inscrit sur mon grand livre car il s'est élevé contre un dogme solidement établi, restrictif au plus haut point et qui n'a jamais eu aucun sens : l'empereur était nu depuis un siècle. Charles Lyell, le parrain du gradualisme géologique, avait entraîné son monde sur une fausse piste en établissant la doctrine du changement imperceptible. Il avait montré, tout à fait à juste titre, que les géologues devaient invoquer l'« invariance » (l'uniformité) de la loi naturelle dans le temps pour l'étude scientifique du passé. Il appliqua ensuite le même terme —

uniformité — aux rythmes des processus, répondant ainsi à une demande empirique, et affirma que le changement devait être lent, régulier et progressif et que les phénomènes de grande ampleur ne pouvaient être que le résultat de l'accumulation de petits changements.

Mais l'uniformité de la loi n'annule pas l'action des catastrophes naturelles, particulièrement à l'échelon local. Peut-être certaines lois immuables ont-elles pour effet de provoquer des épisodes irréguliers de changement soudain et profond. Bretz n'aimerait sans doute pas trop ce genre de laïus philosophique. Il le rangerait probablement parmi ces absurdités vides de sens débitées par un citadin derrière son bureau. Mais il eut l'indépendance d'esprit et la jugeote d'appliquer cette bonne vieille maxime d'Horace, à laquelle la science se réfère mais qu'elle ne suit pas souvent : *Nullius addictus jurare in verba magistri*, « Je ne suis pas tenu de prêter serment aux paroles d'un maître ».

Mon récit se termine par deux épilogues heureux. En premier lieu, l'hypothèse de Bretz, selon laquelle les scablands et leurs ravins étaient le reflet de l'action d'une inondation catastrophique, s'est révélée féconde bien au-delà de la région qu'il avait étudiée. On a ainsi découvert des scablands associés à d'autres lacs de l'ouest des États-Unis, notamment et surtout le lac Bonneville, le grand ancêtre de ce qui n'est plus, en comparaison, qu'un petit étang, le Grand Lac Salé (Great Salt Lake) dans l'Utah. On a même trouvé d'autres applications dans les domaines les plus éloignés qui soient, puisque Bretz est devenu l'idole des géologues planétaires qui voient dans les canaux de Mars un ensemble de phénomènes dont la meilleure interprétation s'inspire du style des crues catastrophiques de Bretz.

En second lieu, Bretz n'a pas partagé le sort d'Alfred Wegener, mort dans les glaces du Groenland alors que sa théorie de la dérive des continents restait dans les limbes. J Harlen Bretz a présenté son hypothèse il y a soixante ans, mais il a vécu assez longtemps pour la voir reconnue par tous. Il a maintenant bien plus de quatre-vingt-dix ans, fait toujours preuve de la même vivacité d'esprit et est à juste titre assez satisfait de lui-même. En 1969, il a publié un article de quarante pages résumant un demi-siècle de controverses sur les scablands de l'est de l'État de Washington. Il le termine par les lignes suivantes :

« L'Association internationale pour la recherche sur le quaternaire a, en 1965, tenu son assemblée générale aux États-Unis. Parmi les nombreuses excursions organisées à cette occasion, l'une avait pour but le nord des montagnes Rocheuses et le plateau de Columbia dans l'État de Washington. [...] Le groupe [...] parcourut la Grande Coulée dans toute sa longueur, une portion du bassin de la Quincy, la plus grande partie de la crête des scablands qui sépare les rivières Palouse et Snake et les grandes gravières déposées par les crues dans le Snake Canyon. L'auteur, à qui il fut impossible de se joindre à l'excursion, reçut le lendemain un télégramme de félicitations qui s'achevait par cette phrase : « Maintenant nous sommes tous des catastrophistes. »

Addendum

J'ai envoyé un exemplaire du présent article à Bretz après sa publication dans *Natural History*. Il me répondit le 14 octobre 1978.

Cher Mr. Gould.
Votre lettre m'a beaucoup touché. Merci de votre compréhension.
J'ai été surpris par l'accueil qu'a reçu mon travail de défrichage sur les scablands et par ses développements ultérieurs. J'ai toujours su que j'avais raison, mais les années de doute et de controverse avaient produit chez moi une sorte de léthargie émotionnelle, je pense. C'est alors que la surprise qui suivit l'excursion de Victor Baker en juin dernier me réveilla. Quoi! Étais-je devenu une semi-autorité sur les processus et les événements extraterrestres ?

Dans l'incapacité physique de travailler (j'ai quatre-vingt-seize ans), je ne peux que me réjouir des recherches menées par d'autres dans un domaine où je fus un pionnier.

Je vous remercie encore.

J Harlen Bretz.

En novembre 1979, à la réunion annuelle de la Geological Society of America, la Penrose Medal (la plus haute distinction de la profession) fut décernée à J Harlen Bretz[1].

---

1. J Harlen Bretz est mort le 3 février 1981 dans sa maison de Homewood (Illinois), à l'âge de quatre-vingt-dix-huit ans (N.d.T.).

20

UN QUAHOG EST UN QUAHOG

Thomas Henry Huxley a jadis défini la science comme « le bon sens organisé ». Certains de ses contemporains, dont le grand géologue Charles Lyell, professaient une opinion contraire : la science, disaient-ils, doit chercher à découvrir ce qui se cache derrière les apparences, lutter souvent contre l'interprétation « évidente » des phénomènes.

Je ne peux fixer aucune règle permettant de résoudre les conflits entre le bon sens et les préceptes d'une théorie en vogue. Chaque camp a gagné ses batailles et a encaissé des coups. Mais je voudrais présenter un domaine où le bon sens l'emporte, cas d'autant plus intéressant que la théorie qui paraissait s'opposer à la banale observation est également exacte, car il s'agit de la théorie de l'évolution elle-même. L'erreur qui a amené l'évolution à entrer en conflit avec le bon sens repose sur une fausse implication de la théorie de l'évolution et non de la théorie elle-même.

Le bon sens nous conduit à voir le monde des organismes macroscopiques familiers en « paquets » appelés espèces. Tous ceux qui aiment à observer les oiseaux, tous les chasseurs de papillons, savent qu'ils peuvent regrouper les animaux d'une région déterminée en unités séparées et distinctes baptisées de ce double nom latin qui laisse les profanes pantois. Occasionnellement, il est vrai, un paquet peut se défaire et même se mélanger à un autre. Mais de tels cas se produisent si peu fréquemment qu'ils sont réputés pour leur rareté même. Les oiseaux du Massachusetts et les insectes de mon jardin appartiennent sans ambiguïté possible à des espèces que reconnaissent tous les observateurs expérimentés.

Cette notion d'espèce comme catégorie naturelle correspond merveilleusement aux principes créationnistes de l'époque prédarwinienne. Louis Agassiz soutenait même que les espèces étaient les pensées individuelles de Dieu, incarnées pour que nous puissions percevoir Sa majesté et Son message. Les espèces, écrivit-il, sont « instituées par la Divine Intelligence comme les catégories de son mode de pensée ».

Mais comment une division du monde organique en entités séparées pourrait-elle être justifiée par une théorie de l'évolution dans laquelle le changement incessant représente le fait fondamental de la nature ? Darwin et Lamarck se sont tous deux attaqués à cette question et, ne lui trouvant pas de réponse satisfaisante, refusèrent à l'espèce tout statut de catégorie naturelle.

« Nous devrons, se plaignait Darwin, traiter les espèces [...] comme de simples combinaisons artificielles inventées par commodité. Ce n'est peut-être pas une perspective enthousiasmante ; au moins nous délivre-t-elle de la vaine recherche de l'essence inconnue et inconnaissable du terme espèce. » Lamarck se lamentait semblablement : « En vain les naturalistes passent leur temps à décrire de nouvelles espèces, en s'emparant de chaque nuance et de chaque légère particularité pour allonger l'immense liste des espèces décrites. »

Cependant — et c'est là le paradoxe — Darwin et Lamarck furent tous deux des systématiciens respectés qui nommèrent des centaines d'espèces. Darwin écrivit un traité de taxonomie en quatre tomes sur les bernaches et Lamarck, de son côté, publia un nombre de volumes trois fois plus grand sur les invertébrés fossiles. Face aux problèmes pratiques de leur travail quotidien, tous deux se virent contraints de reconnaître des entités auxquelles la théorie refusait toute réalité.

Il existe une échappatoire traditionnelle à cette difficulté : notre monde en perpétuel mouvement se modifie si lentement que l'on peut considérer comme statiques les configurations du moment. La cohérence des espèces actuelles se désagrège peu à peu en se transformant. On ne peut que se rappeler les lamentations de Job sur « l'homme qui est né d'une femme »... « Il apparaît comme une fleur [...] il s'enfuit comme une ombre, et ne continue pas. » Mais Lamarck et Darwin ne pouvaient même pas tirer profit de cette dissolution, car tous deux travaillaient beaucoup sur les fossiles et réussirent à séparer ces lignées évolutives en espèces tout aussi bien qu'ils y étaient parvenus pour le monde actuel.

D'autres biologistes, allant plus loin encore, ont nié la réalité de l'espèce dans quelque contexte que ce soit. J.B.S. Haldane, peut-être l'évolutionniste le plus brillant de ce siècle, a écrit : « Le concept d'espèce est une concession à nos habitudes linguistiques et à nos mécanismes neurologiques. » Un collègue paléontologiste soutint en 1949 que « l'espèce [...] est une fiction, une construction mentale sans existence objective ».

Cependant le bon sens continue à soutenir que, à quelques exceptions près, on peut clairement identifier des espèces dans les régions de notre monde. La plupart des biologistes, bien qu'ils ne puissent remettre en cause la notion d'espèce dans la perspective du temps géologique, s'accordent sur leur statut pour le moment présent. Comme l'écrit Ernst Mayr, grand spécialiste de l'espèce et de la spéciation : « Les espèces sont le produit de l'évolution et non de l'esprit humain. » Selon Mayr, les espèces sont les unités « réelles » de la nature résultant à la fois de leur histoire et de l'interaction entre leurs membres.

Les espèces se séparent des lignées anciennes, généralement au sein de petites populations distinctes vivant dans une zone géographique précise. Elles atteignent leur unicité en élaborant un programme génétique suffisamment différent pour que les membres de l'espèce puissent se reproduire entre eux, mais non avec les membres d'autres espèces. Leurs membres partagent un biotope écologique commun et poursuivent leur interaction en se reproduisant entre eux.

Toutes les unités supérieures de la hiérarchie linnéenne ne peuvent pas être objectivement définies, car ce sont des rassemblements d'espèces qui n'ont pas d'existence séparée dans la nature — elles ne se reproduisent pas entre elles ni n'ont même nécessairement d'interaction. Ces unités supérieures — genre, famille, ordre, etc. — ne sont pas arbitraires. Elles ne doivent pas être sans rapport avec la généalogie de l'évolution (on ne peut pas placer les hommes et les dauphins dans un ordre et les chimpanzés dans un autre). Mais la classification est, en partie, affaire de coutume, sans solution « exacte ». Les chimpanzés sont nos parents les plus proches par la généalogie, mais appartenons-nous au même genre ou à des genres différents au sein de la même famille ? Les espèces sont les seules unités taxonomiques objectives de la nature.

Doit-on suivre Mayr ou Haldane ? Je suis partisan de la thèse de Mayr et souhaite m'en faire le défenseur à l'aide de preuves marginales certes, mais, à mon avis, convaincantes. La répétition des mêmes phénomènes constitue une des pierres angulaires de la démarche scientifique — bien que les évolutionnistes, travaillant sur des éléments naturels au caractère unique, aient peu souvent l'occasion d'y faire appel. Mais, dans le cas présent, nous possédons un moyen de savoir valablement si les espèces sont des abstractions mentales enracinées dans les pratiques culturelles ou des unités naturelles. Nous pouvons étudier comment différents peuples, vivant en totale indépendance, divisent les organismes de leur région en unités. Nous pouvons comparer la classification occidentale en espèces linnéennes avec les « taxonomies populaires » des peuples non occidentaux.

La littérature sur les taxonomies non occidentales n'est pas très abondante, mais elle est très éloquente. On y trouve généralement une correspondance remarquable entre les espèces linnéennes et les noms vernaculaires de plantes et d'animaux. En bref, les mêmes catégories sont reconnues par des cultures indépendantes. Je ne prétends pas que les taxonomies populaires renferment invariablement le catalogue linnéen tout entier. Ordinairement les peuples ne procèdent pas à des classifications exhaustives à moins que les organismes ne soient évidents ou ne revêtent une importance quelconque. Les Fore de Nouvelle-Guinée ont un seul mot pour désigner tous les papillons, bien que les espèces soient aussi distinctes que les oiseaux qu'ils répertorient, eux, dans tous leurs détails linnéens. Semblablement, la plupart des insectes de mon jardin n'ont pas de nom vulgaire, mais tous les oiseaux du Massachusetts en ont un. Les correspondances linnéennes n'apparaissent que lorsque les taxonomies populaires tendent à établir un catalogue exhaustif.

Plusieurs biologistes ont remarqué ces étonnantes affinités au cours de leurs travaux sur le terrain. Ernst Mayr lui-même a parlé de sa propre expérience en Nouvelle-Guinée : « Il y a quarante ans, j'ai vécu seul dans une tribu de Papous des montagnes de Nouvelle-Guinée. Ces splendides hommes des bois avaient 136 noms pour les 137 espèces d'oiseaux que j'ai identifiées (confondant seulement deux espèces inédites de fauvettes). Le fait que [...] l'homme de l'âge de pierre reconnaisse les mêmes entités de la nature que les savants occidentaux formés à l'Université réfute de façon assez péremptoire la thèse qui voudrait que les espèces ne soient rien d'autre qu'un produit de l'imagination humaine. » En 1966, Jared Diamond publia une monographie plus approfondie sur les Fore de Nouvelle-Guinée qui montra que ceux-ci utilisent un nom différent pour chaque espèce linnéenne d'oiseaux de leur territoire. En outre, lorsque Diamond amena sept hommes fore dans une nouvelle zone où vivaient des oiseaux qu'ils n'avaient jamais vu et qu'il leur demanda de lui donner pour chaque oiseau le nom de l'équivalent fore le plus proche, ils placèrent 91 des 103 espèces dans le groupe fore le plus proche de la nouvelle espèce dans notre classification linnéenne occidentale. Diamond rapporte l'intéressante anecdote suivante :

« L'un de mes assistants fore recueillit un immense

oiseau noir, aux ailes courtes et nichant au sol, que ni lui ni moi n'avions vu auparavant. Alors que je m'interrogeais sur ses affinités, le Fore déclara tout de go qu'il s'agissait d'un *peteobeye*, nom d'un élégant petit coucou brun qui fréquente les arbres des jardins fore. Le nouvel oiseau se révéla plus tard être un coucal de Menbeck, membre aberrant de la famille des coucous dont certaines caractéristiques dans l'aspect du corps et dans la forme de la patte et du bec trahissent l'affinité. »

A ces modestes études dues à des biologistes sont venus récemment s'ajouter deux traités exhaustifs rédigés par des anthropologues qui se doublaient de biologistes compétents : le travail de Ralph Bulmer sur la taxonomie des vertébrés chez les Kalam de Nouvelle-Guinée et celui de Brent Berlin (avec la collaboration des botanistes Dennis Breedlove et Peter Raven) sur la classification des plantes chez les Indiens Tzeltal des hautes terres du Chiapas au Mexique. (Je remercie Ernst Mayr de m'avoir fait connaître le travail de Bulmer et d'avoir pendant des années défendu fermement cette argumentation.)

Les Kalam, par exemple, font un grand usage des grenouilles dans leur alimentation. La plupart de leurs noms de grenouilles ont une exacte correspondance avec les espèces linnéennes. Dans certains cas, ils donnent le même nom à plus d'une espèce, mais reconnaissent cependant la différence : les informateurs kalam pouvaient aisément identifier deux différentes sortes de *gunm*, à la fois par leur apparence et leur habitat, même en l'absence de noms courants pour les distinguer. Parfois, les Kalam font mieux que nous. Ils reconnaissent dans les *kasoj* et les *wyt* deux espèces qui ont été regroupées par erreur sous la même dénomination linnéenne *Hyla becki*.

Bulmer s'est dernièrement associé au Kalam Ian Saem Majnep pour réaliser un remarquable ouvrage, *Birds of My Kalam Country* (« Les oiseaux de mon pays kalam »). Plus de 70 p. 100 des noms de Saem ont un équivalent dans la classification linnéenne. Dans la plupart des cas, il agglutine deux espèces linnéennes ou plus sous le même nom kalam, mais reconnaît la distinction occidentale, ou bien fait une séparation à l'intérieur d'une espèce occidentale tout en reconnaissant l'unité (chez certains paradisiers, par exemple, il nomme les sexes séparément car seul le mâle porte le plumage recherché). Dans un seul cas, Saem suit une pratique incompatible avec la nomenclature linnéenne : il utilise le même nom pour les femelles brunâtres de deux espèces de paradisiers, mais accorde deux noms différents aux mâles au plumage voyant. En fait, Bulmer n'a pu repérer que quatre cas (2 p. 100) d'incompatibilité dans tout le répertoire kalam totalisant 174 espèces vertébrées — mammifères, oiseaux, reptiles, grenouilles et poissons.

C'est dans un but explicite qu'en 1966, Berlin, Breedlove et Raven publièrent leur première étude, pour contester la thèse de Diamond sur l'universalité de la correspondance entre les noms populaires et les espèces linnéennes. Initialement, ils soutinrent que seulement 34 p. 100 des noms tzeltal de plantes s'accordaient avec les espèces linnéennes et que le grand nombre d'erreurs de classification relevées s'expliquait par l'influence des usages et des pratiques culturelles. Mais quelques années plus tard, dans un article empreint d'une grande franchise, ils changèrent radicalement d'opinion, affirmant l'étroite et étonnante correspondance entre noms linnéens et noms populaires. Dans leur étude précédente, ils n'avaient pas parfaitement saisi l'ordre hiérarchique du système tzeltal et avaient mélangé les noms provenant de plusieurs niveaux en établissant les groupes populaires de base. De plus, Berlin admit qu'il avait été induit en erreur par un préjugé anthropologique courant sur le relativisme culturel. Je cite sa rétractation, non pas pour lui faire honte, mais au contraire en témoignage de mon admiration face à une attitude bien trop rare chez les hommes de science (bien que tous les savants de quelque valeur aient, au cours de leur carrière, changé d'opinion sur des sujets fondamentaux).

« De nombreux anthropologues, dont le préjugé traditionnel consiste à insister sur la totale relativité des classifications différentes de la réalité, ont généralement hésité à accepter ces découvertes. [...] Mes collègues et moi, dans un article précédent, avons exposé des arguments en faveur de la thèse « relativiste ». Depuis la publication de ce compte rendu, des données complémentaires nous sont parvenues et, à leur lumière, il apparaît que cette attitude doit être sérieusement corrigée. Nous disposons à présent d'un ensemble croissant de preuves qui font penser que les catégories fondamentales distinguées dans la systématique populaire correspondent assez étroitement aux espèces connues de la science. »

Berlin, Breedlove et Raven ont maintenant publié un ouvrage exhaustif sur la taxonomie tzeltal, *Principes of Tzeltal Plant Classification*. Leur catalogue complet renferme 471 noms tzeltal. Parmi ceux-ci, 281, soit 61 p. 100, ont une correspondance univoque avec un nom linnéen. Tous les autres noms, sauf 17, sont selon le terme des auteurs « sous-différenciés », c'est-à-dire qu'un nom tzeltal se réfère à plus d'une espèce linnéenne. Mais, dans plus des deux tiers de ces cas, les Tzeltal utilisent un système de dénominations annexes qui leur permet de faire des distinctions au sein des groupes primaires et toutes ces catégories subsidiaires correspondent à des espèces linnéennes. Seuls 17 noms, soit 3,6 p. 100, sont « sur-différenciés » et se réfèrent donc à une partie seulement d'une espèce linnéenne. Sept espèces linnéennes ont deux noms tzeltal et une seule en a trois, la calebasse *Lagenaria siceraria*. Les Tzeltal distinguent en effet les plants de calebasse par l'usage de leurs fruits : un nom pour les fruits ronds et gros utilisés comme récipients à tortillas, un autre pour les gourdes à long col commodes pour le transport des liquides et un troisième pour les petits fruits ovales qui ne servent à rien.

Une deuxième généralité, tout aussi intéressante, ressort des études de la classification populaire. Selon les biologistes, seules les espèces sont les vraies unités de la nature ; les noms aux niveaux supérieurs de la hiérarchie taxonomique ne représentent que le résultat de décisions humaines prises sur le regroupement qui devrait être effectué entre les espèces (sous réserve, bien entendu, que cette opération soit compatible avec la généalogie de l'évolution). Ainsi, pour les noms s'appliquant à des groupes d'espèces, il ne faudrait pas que nous nous attendions à une correspondance parfaite avec les désignations linnéennes, mais nous devrions au contraire trouver une variété de combinaisons fondées sur la culture et les mœurs locales. Et c'est effectivement ce que l'on a observé avec régularité dans les études de taxonomie populaire. Les groupes d'espèces comprennent souvent des formes fondamentales obtenues indépendamment par plusieurs lignées évolutives. Les Tzeltal, par exemple, ont quatre termes plus larges pour des groupes d'espèces qui correspondent grossièrement aux arbres, aux plantes grimpantes et aux plantes herbacées à feuilles larges. Ces noms s'appliquent à environ 75 p. 100 de leurs espèces végétales, alors que les autres, comme le maïs, le bambou et l'agave, ne sont pas « affiliées ».

Souvent le regroupement des espèces est le reflet de certains aspects plus subtils et plus envahissants de la culture. Les Kalam de Nouvelle-Guinée, à titre d'exemple, divisent leurs vertébrés à quatre pattes, mis à part les reptiles, en trois classes : *kopyak* ou rats ; *kmn*, rassemblement, hétérogène d'un point de vue évolutionniste, de gros mammifères chassés, principalement des marsupiaux et des rongeurs ; et *as*, groupe encore plus hétérogène de grenouilles et de petits rongeurs. (Soumis aux questions insistantes de Bulmer, les Kalam ont confirmé qu'il n'existait aucune subdivision entre les grenouilles et les rongeurs, bien qu'ils reconnaissent [mais rejettent comme n'ayant pas d'importance] la similitude morphologique entre les petits *as* à fourrure et les rongeurs faisant partie des *kmn*. Ils admettent également que certains *kmn* ont des poches et que d'autres n'en ont pas.) Les divisions sont le reflet des faits fondamentaux de la culture kalam. Les *kopyak*, qui sont associés aux excréments et à la nourriture polluée proche des habitations, ne sont pas mangés du tout. Les *as* sont recueillis surtout par les femmes et les enfants et, bien que mangés par la plupart des hommes et ramassés par certains d'entre eux, sont des aliments interdits aux garçons pendant leurs rites de passage et aux hommes adultes qui pratiquent la sorcellerie. Les *kmn* sont chassés surtout par les hommes.

Semblablement, les oiseaux et les chauves-souris sont tous des *yakt* à la seule exception du grand casoar coureur appelé *kobty*. La distinction s'effectue sur des critères plus profonds et plus complexes que la simple apparence — car les Kalam reconnaissent bien que le *kobty* présente des caractéristiques d'oiseau. Les casoars, selon Bulmer, constituent le gibier le plus important de la forêt et les Kalam montrent une opposition culturelle complexe entre les zones cultivées (représentées par le taro et le porc) et la forêt (représentée par les fruits du pandanus et les casoars). Les casoars sont aussi les sœurs mythologiques des hommes.

Les mêmes pratiques se retrouvent dans notre propre taxonomie populaire. Les mollusques comestibles sont des « coquillages », mais les espèces linnéennes ont toutes des noms communs. J'ai gardé le souvenir du reproche que m'adressa un marin de la Nouvelle-Angleterre lorsque j'ai utilisé le terme scientifique familier de « clam » pour désigner tous les mollusques bivalves (pour lui un clam était seulement la grosse palourde *Mya arenaria* : « Un quahog[1] est un quahog, un clam est un clam et une coquille Saint-Jacques est une coquille Saint-Jacques ».

L'évidence de la taxonomie populaire est convaincante dans le monde tel qu'il est. A moins que la tendance à diviser les organismes en espèces linnéennes ne soit que le reflet d'un câblage neurologique de notre esprit (proposition intéressante, mais dont je doute fort), l'univers de la nature est fondamentalement et réellement divisé par l'action de l'évolution en catégories raisonnablement séparées. (Je ne renie pas, bien entendu, le fait que notre propension naturelle à la classification ait quelque chose à voir avec notre cerveau, ses capacités héritées et les moyens limités avec lesquels la complexité peut s'ordonner à être saisie par les sens. Je doute seulement que ce processus si précis de classification en espèces linnéennes ne fasse que traduire les contraintes de notre esprit et non celles de la nature.)

---

1. Mollusque marin de la côte Est des États-Unis.

Mais ces espèces linnéennes, reconnues par des espèces indépendantes, ne sont-elles que des configurations temporaires, liées à un moment précis, de simples stations placées le long de lignées évolutives perpétuellement en mouvement ? Selon moi, comme je l'expose dans les chapitres 17 et 18, l'évolution, contrairement à ce que l'on croit généralement, ne procède pas de cette manière ; les espèces ont une « réalité » dans le temps qui s'accorde avec leur caractère différent à un moment donné. En moyenne, les espèces d'invertébrés fossiles vivent de 5 à 10 millions d'années (les vertébrés terrestres ont une durée d'existence plus courte). Pendant toute cette période, elles changent rarement de façon fondamentale. Elles s'éteignent sans progéniture, en ayant toujours l'apparence qu'elles avaient lorsqu'elles sont apparues.

Les nouvelles espèces naissent habituellement, non pas de la lente et régulière transformation de populations ancestrales tout entières, mais à la suite du développement de petits isolats s'écartant d'une souche parentale immuable. La fréquence et la rapidité de cette spéciation comptent aujourd'hui parmi les sujets les plus débattus de la théorie de l'évolution, mais je pense que la plupart de mes collègues expliquent l'origine de la majorité des espèces par une scission d'une durée de l'ordre de plusieurs centaines de milliers d'années. Cela peut sembler bien long dans le cadre de notre propre existence individuelle, mais ce n'est qu'un instant géologique, généralement représenté par une seule couche rocheuse et non par une longue séquence stratigraphique. Si les espèces apparaissent en quelques centaines ou milliers d'années, puis se maintiennent sans changement majeur, la période de leur origine ne représente qu'un infime pourcentage de leur durée totale. En conséquence, on peut les considérer comme des entités séparées, même dans le temps. L'évolution, dans son ensemble, est donc avant tout l'histoire des différentes espèces ayant réussi à s'imposer et non pas celle de la lente transformation des lignées.

Il est certain que si, par hasard, nous tombons sur une espèce dans la microseconde géologique de sa création, il nous sera difficile d'établir des distinctions claires. Mais nos chances de trouver une espèce dans cette situation sont bien minces. Les espèces sont des entités stables connaissant de très brèves périodes de flou à leur origine (mais pas à leur décès, la plupart des espèces disparaissant purement et simplement sans se transformer en quoi que ce soit d'autre). Comme Edmund Burke le dit dans un autre contexte : « Bien qu'aucun homme ne puisse tirer un trait entre les confins du jour et de la nuit, il n'en demeure pas moins que la lumière et l'obscurité peuvent être assez nettement distinguées. »

L'évolution est une théorie du changement organique, mais elle n'implique pas, comme tant le pensent, qu'un mouvement incessant soit l'état irréductible de la nature et que la structure ne soit qu'une incarnation temporaire. Le changement est plus souvent une transition rapide entre des états stables qu'une transformation continue s'effectuant lentement et régulièrement. Nous vivons dans un monde de structures et de distinctions légitimes. Les espèces sont les unités morphologiques de la nature.

# SIXIÈME PARTIE

LES DÉBUTS DE LA VIE

21

UN COMMENCEMENT PRÉCOCE

Poo-Bah, le Seigneur de Tout-Le-Reste de Titipu[1], se glorifiait de sa famille au point que cet orgueil en devenait « quelque chose d'inconcevable ». « Tu comprendras mieux, dit-il à Nanki-Poo en lui suggérant qu'un pot-de-vin ferait bien son affaire, mais qu'il reviendrait fort cher, lorsque je t'aurai dit que je connais tous mes ancêtres depuis le premier globule atomique de protoplasme. »

Si la vanité humaine se nourrit de racines aussi lointaines, il faut marquer l'an 1977 d'une pierre blanche, car ce fut une période faste pour notre amour-propre. C'est en effet dans les premiers jours de novembre de cette année-là que fut annoncée la découverte de certains fossiles procaryotiques d'Afrique du Sud qui repoussaient l'ancienneté de la vie sur terre à 3,4 milliards d'années. (Les procaryotes, qui comprennent les bactéries et les algues bleu-vert, forment le règne des monères. Leur cellule ne contient pas d'organites, c'est-à-dire pas de noyau ni de mitochondries. On les considère comme la forme la plus simple de la vie organique.) Deux semaines plus tard, une équipe de chercheurs de l'université de l'Illinois annonça que les bactéries produisant du méthane ne

---

1. Poo-Bah est un personnage — symbole de la cupidité et du manque d'honneur — d'une des opérettes les plus célèbres de Gilbert et Sullivan, *The Mikado*, 1885 (N.d.T.).

sont pas étroitement apparentées aux autres monères, mais forment un règne à part.

Si les vrais monères étaient vivantes il y a 3,4 milliards d'années, l'ancêtre commun des monères et de ces nouveaux venus baptisés « méthanogènes » doit être beaucoup plus ancien. Les plus vieilles roches datées, provenant du Groenland occidental, ayant 3,8 milliards d'années, il ne nous reste que très peu de temps entre le développement de conditions nécessaires à la vie sur Terre et l'origine de la vie elle-même. La vie n'est pas un accident complexe qui aurait nécessité énormément de temps pour convertir une forte improbabilité en une quasi-certitude, c'est-à-dire pour bâtir laborieusement, étape par étape, le mécanisme le plus élaboré qui soit sur Terre, à partir des éléments simples constituant originellement notre atmosphère. Au contraire, la vie, malgré sa complexité, est probablement apparue aussi rapidement que cela lui fut possible ; peut-être fut-elle aussi inévitable que le quartz ou le feldspath. (La Terre est âgée de quelque 4,5 milliards d'années, mais elle a traversé une phase de fusion ou de quasi-fusion qui a suivi sa formation initiale et n'a vraisemblablement présenté de croûte solide que peu de temps avant le dépôt de ces roches groenlandaises.) Il n'est pas étonnant que ces découvertes aient eu les honneurs de la première page du *New York Times* et aient même inspiré un éditorial pour le jour des Anciens Combattants.

Il y a vingt ans, j'ai passé un été à l'Université du Colorado pour me faciliter la transition de l'enseignement secondaire aux études supérieures. Entre les joies variées de la montagne enneigée et le douloureux apprentissage de l'équitation, le moment fort de mon séjour reste la conférence de George Wald sur « l'origine de la vie ». Il y présentait avec un charme et un enthousiasme trompeurs la thèse qui prit corps au début des années 1950 et devint jusqu'à une date récente l'orthodoxie dominante.

Selon Wald, l'origine spontanée de la vie pouvait être considérée comme une conséquence pratiquement inévitable de l'atmosphère et de la croûte de la Terre, ainsi que de sa taille et de sa position dans le système solaire.

Néanmoins, poursuivait-il, la vie fait preuve d'une si étonnante complexité que son apparition à partir d'éléments chimiques simples a dû prendre un temps immensément long, probablement plus de temps que toute l'évolution ultérieure de la molécule d'ADN jusqu'aux coléoptères supérieurs (ou toute autre forme organique que vous choisirez de mettre au sommet de cette échelle subjective). Des milliers d'étapes, l'une nécessitant la présence de la précédente, chacune improbable en elle-même. Seule l'immensité du temps garantissait le résultat, car le temps convertit l'improbable en inévitable. Que l'on me donne un million d'années et je me sentirais capable de tirer dans le mille cent fois de suite et à plusieurs reprises. Wald écrivit en 1954 : « Le temps est en fait le héros de l'histoire. Celui auquel nous avons affaire est de l'ordre de deux milliards d'années. [...] Devant une telle durée, l'"impossible" devient possible, le possible probable et le probable pratiquement certain. Il n'y a qu'à attendre : le temps lui-même accomplit les miracles. »

Cette thèse orthodoxe se figea sans bénéficier d'aucune donnée paléontologique pour la mettre à l'épreuve, car l'extrême rareté des fossiles antérieurs à la grande « explosion » du cambrien il y a 600 millions d'années est peut-être le fait le plus marquant, et le plus frustrant, de ma profession. En fait, les premières preuves incontestables de la vie précambrienne apparurent l'année même où Wald énonçait sa théorie sur l'origine de cette vie. Le paléobotaniste de Harvard, Elso Barghoorn, et le géologue du Wisconsin, S.A. Tyler, décrivirent une série d'organismes procaryotiques provenant de silex de la formation Gunflint, des roches de la rive nord du lac Supérieur qui avaient presque deux milliards d'années. Il n'en restait pas moins qu'un espace de 2,5 milliards d'années séparait les roches de Gunflint de la formation de la Terre, plus qu'il n'en fallait pour que s'effectue la lente et régulière élaboration de Wald.

Mais notre connaissance de la vie poursuivit son chemin à reculons. Des dépôts de carbonates laminés, appelés stromatolithes, étaient connus depuis quelque temps.

On les avait trouvés dans le sud de la Rhodésie, au sein de roches de la série de Bulawayan. Leur âge est de 2,6 à 2,8 milliards d'années. Les lamelles ressemblent aux dessins formés par les matelas d'algues bleu-vert modernes emprisonnant les sédiments. L'interprétation organique des stromatolithes connut de nouveaux partisans dès que les travaux de Barghoorn et de Tyler à Gunflint eurent ôté le parfum d'hérésie qui s'attachait à ceux qui croyaient aux fossiles précambriens. Puis, en 1967, Elso Barghoorn et William Schopf annoncèrent la découverte d'organismes ressemblant à des algues et à des bactéries dans la série du Figuier *(Fig Tree series)*, en Afrique du Sud. L'idée orthodoxe d'une lente élaboration s'étendant sur la plus grande partie de l'existence de la Terre commençait à être sérieusement ébranlée, car les roches du Figuier, selon les dates avancées en 1967, semblaient avoir plus de 3,1 milliards d'années. Schopf et Barghoorn voulurent concrétiser leurs découvertes en leur attribuant officiellement des noms latins, mais n'en conservèrent pas moins quelques doutes quant à l'origine organique des formes trouvées. En fait, Schopf, en pesant plus tard le pour et le contre, pencha pour la nature non biologique de ces structures.

L'annonce récente de la découverte de formes de vie âgées de 3,4 milliards d'années n'est pas une nouveauté surprenante, mais marque le point culminant de dix ans de controverses sur le statut de la vie dans la série du Figuier. Car c'est de cette même série que proviennent les nouveaux éléments recueillis par Andrew H. Knoll et Barghoorn. Mais cette fois, les preuves ne sont pas loin d'être décisives ; en outre, une datation récente indique que la série serait plus âgée qu'on ne le pensait : 3,4 milliards d'années. En fait, il se peut bien que les silex du Figuier soient les plus anciennes roches de la Terre susceptibles de nous apporter des informations sur la vie. Les roches du Groenland ont été trop modifiées par la chaleur et la pression pour avoir conservé des restes organiques. Knoll m'a dit que certains silex de Rhodésie qui n'ont pas encore été étudiés pourraient remonter à 3,6 milliards d'années, mais les savants, malgré leur impatience, devront attendre une stabilisation politique avant que leurs recherches ésotériques leur attirent la sympathie ou leur assurent la sécurité. Cependant, la notion selon laquelle la vie a été trouvée dans les plus vieilles roches qui pouvaient en renfermer des témoignages nous force, à mon avis, à abandonner l'idée d'une vie au développement lent, régulier et improbable. La vie est apparue rapidement, peut-être aussitôt que le refroidissement de la Terre le lui a permis.

Les nouveaux fossiles de la série du Figuier sont beaucoup plus convaincants que les précédents. « Dans des roches plus jeunes, on leur donnerait sans hésitation le nom d'algues microfossiles », affirment Knoll et Barghoorn. Cette interprétation repose sur cinq arguments :

1. Ces nouvelles structures ont des dimensions du même ordre de grandeur que les organismes procaryotiques actuels. Les premières structures décrites par Schopf et Barghoorn étaient beaucoup trop grosses pour ne pas être mises en doute ; c'est en se fondant sur leurs dimensions qu'ultérieurement Schopf leur dénia une origine biologique. Les nouveaux fossiles, qui ont un diamètre moyen de 2,5 microns (un micron est égal à un millionième de mètre), ont un volume moyen qui ne représente que 0,2 p. 100 de celui des premières structures à présent considérées comme inorganiques.

2. Les populations modernes d'organismes procaryotiques ont une distribution de taille caractéristique qui revêt l'aspect d'une courbe en cloche avec des diamètres de valeur moyenne plus fréquents et une décroissance continue quand on va vers les dimensions extrêmes. Ces populations procaryotiques ont donc non seulement une taille moyenne caractéristique (l'argument 1 exposé plus haut), mais elles ont également une distribution spécifique autour de cette moyenne. Les nouveaux microfossiles forment une magnifique courbe de Gauss dont les limites varient de 1 à 4 microns. Les grosses structures précédentes offraient une variation plus vaste et aucune moyenne bien marquée.

3. Les nouvelles structures sont « diversement allon-

gées, aplaties, plissées ou pliées », rappelant ainsi étrangement les organismes procaryotiques de Gunflint et du précambrien ultérieur. Ces formes sont caractéristiques de la dégradation survenant après la mort chez les organismes procaryotiques actuels. Les structures précédentes étaient sphériques ; or, les sphères, qui sont les volumes présentant une surface minimale, peuvent être facilement produites par nombre de procédés inorganiques — que l'on pense aux bulles par exemple.

4. L'un des arguments les plus convaincants réside dans le fait qu'environ un quart des nouveaux microfossiles ont été découverts à différents stades de la division cellulaire. De peur qu'une telle proportion prise « en flagrand délit » semble extravagante, je signale que les organismes procaryotiques peuvent se diviser toutes les vingt minutes environ et qu'ils peuvent mettre plusieurs minutes pour achever l'opération. Une cellule pourrait donc passer un quart de son temps de vie à fabriquer deux filles.

5. Ces quatre arguments fondés sur la morphologie m'apparaissent suffisamment décisifs, mais Knoll et Barghoorn y ajoutent des preuves biochimiques. Les atomes d'un seul élément existent souvent sous plusieurs formes successives de poids différent. Ces formes, appelées isotopes, ont le même nombre de protons mais une quantité différente de neutrons. Certains isotopes sont radioactifs et se décomposent spontanément en d'autres éléments ; d'autres sont stables et restent inchangés tout au long des temps géologiques. Le carbone a deux principaux isotopes stables, C^{12} avec 6 protons et 6 neutrons et C^{13} avec 6 protons et 7 neutrons. Lorsque des organismes fixent le carbone par photosynthèse, ils utilisent préférentiellement l'isotope C^{12}, plus léger. En conséquence, le rapport C^{12}/C^{13} dans le carbone fixé par photosynthèse est plus élevé que le même rapport dans le carbone inorganique (dans le diamant par exemple). De plus, ces deux isotopes étant stables, leur rapport ne varie pas dans le temps. Les rapports C^{12}/C^{13} dans le carbone de la série du Figuier sont trop élevés pour être d'origine inorganique ; ils s'apparentent plus à ceux obtenus par la fixation

photosynthétique. A lui seul, cet argument ne peut pas permettre de conclure à la présence de la vie dans la série du Figuier ; le carbone léger peut se fixer par d'autres moyens. Mais, associé aux arguments sur la taille, la distribution, la forme et la division cellulaire, cet apport supplémentaire de la biochimie vient compléter une démonstration convaincante.

Si l'existence d'organismes procaryotiques il y a 3,4 milliards d'années est bien établie, jusqu'à quelle date pourrons-nous remonter dans notre quête des origines de la vie ? J'ai déjà signalé qu'on ne connaissait sur Terre aucune roche susceptible de convenir (du moins parmi celles actuellement accessibles) ; il nous est donc désormais impossible d'aller plus loin en nous en tenant aux preuves directes apportées par les fossiles. Nous abordons alors le second sujet qui occupait la première page de nos journaux, à savoir la thèse de Carl Woese et de ses collaborateurs selon laquelle les méthanogènes ne sont pas du tout des bactéries, mais peuvent représenter un nouveau règne de la vie procaryotique, distinct des monères (bactéries et algues bleu-vert). Les résultats de leurs recherches ont été profondément déformés, surtout dans l'éditorial du *New York Times* du 11 novembre 1977. On y déclarait que la grande dichotomie entre les plantes et les animaux avait finalement été abolie : « Chaque enfant apprend à distinguer les végétaux des animaux, séparation aussi universelle que la division des mammifères en mâles et femelles. Cependant [...] [nous disposons à présent d'] un ''troisième règne'' de la vie sur Terre, des organismes qui ne sont ni animaux ni végétaux, qui appartiennent à une catégorie totalement différente. » Mais les biologistes avaient abandonné « la grande dichotomie » il y a longtemps et personne à présent ne tente d'insérer de force toutes les créatures unicellulaires dans les deux grands groupes traditionnellement reconnus pour la vie complexe. Le système le plus en vogue à l'heure actuelle totalise cinq règnes : les plantes, les animaux, les champignons, les protistes (les organismes unicellulaires eucaryotiques, parmi lesquels les amibes et les paramécies, ceux qui sont dotés d'un noyau, de mitochondries et autres organites) et les monères procaryotiques. Si les méthanogènes reçoivent cette promotion, ils formeront un sixième règne, associé aux monères dans un super-règne, les procaryotes. La plupart des biologistes considèrent la distinction entre organismes procaryotiques et eucaryotiques, et non entre plantes et animaux, comme la division essentielle de la vie.

L'équipe de recherche de Woese (voir Fox *et al.*, 1977, dans la bibliographie) ont isolé un ARN commun dans dix méthanogènes et dans trois monères à fin de comparaison. (L'ADN fabrique l'ARN et l'ARN sert de gabarit sur lequel les protéines sont synthétisées.) Un seul brin d'ARN consiste, comme l'ADN, en une séquence de nucléotides. Chaque groupe de quatre nucléotides peut occuper chaque position et chaque groupe de trois nucléotides détermine un acide aminé ; les protéines sont fabriquées d'acides aminés ordonnés en chaînes pliées. C'est ce qu'on appelle, en une expression ramassée, le « code génétique ». Les biochimistes peuvent maintenant définir la séquence de l'ARN, c'est-à-dire qu'ils peuvent déchiffrer la totalité de la séquence des nucléotides le long du brin d'ARN.

Les organismes provaryotiques (méthanogènes, bactéries et algues bleu-vert) ont dû posséder un ancêtre commun peu de temps avant le début de la vie. Tous les organismes procaryotiques avaient la même séquence d'ARN à un moment donné de leur passé ; les différences sont nées de la divergence de cette souche ancestrale commune, après que le tronc de l'arbre procaryotique se fut divisé en plusieurs branches. Si l'évolution moléculaire a progressé à vitesse constante, l'importance de la différence entre deux formes serait le reflet direct du temps écoulé depuis la séparation des lignées, c'est-à-dire depuis le moment où elles partageaient la même séquence d'ARN. A titre d'exemple, un nucléotide présentant dans les deux formes une différence de 10 p. 100 de toutes les positions communes pourrait indiquer une divergence datant d'un milliard d'années ; 20 p. 100 deux milliards d'années, et ainsi de suite.

Woese et son équipe ont mesuré, par groupes de deux

espèces, les différences chez les dix méthanogènes et chez les trois monères, et ont utilisé les résultats pour élaborer un arbre de la généalogie évolutive. Cet arbre possède deux branches principales, avec tous les méthanogènes dans l'une et toutes les monères dans l'autre. Ils choisirent les trois monères qui, au sein du groupe, présentaient les plus grandes différences : des bactéries entériques (vivant dans les intestins) contre des algues bleu-vert à l'air libre par exemple. Malgré cela chaque monère est plus semblable à toutes les autres monères qu'à un méthanogène quel qu'il soit.

Ces résultats, si on les interprète de la façon la plus simple, montrent que les méthanogènes et les monères sont deux groupes ayant évolué séparément à partir d'un ancêtre commun. (Précédemment, on classait les méthanogènes parmi les bactéries ; en fait, on n'avait pas reconnu en eux une entité cohérente, mais on les avait considérés comme un ensemble de phénomènes évolutifs indépendants, comme des bactéries ayant suivi une évolution convergente qui les avait dotées de la faculté de fabriquer du méthane.) Cette interprétation est à la base de la thèse de Woese qui sépare les méthanogènes des monères et voudrait en faire un sixième règne. Puisque des monères étaient bel et bien présentes à l'époque de la série du Figuier, il y a 3,4 milliards d'années, voire plus, l'ascendance commune aux méthanogènes et aux monères doit remonter à une époque plus ancienne et reculer d'autant les débuts de la vie vers le commencement de la Terre elle-même.

Cette interprétation simple n'est pas, comme s'en sont rendu compte Woese et son équipe, la seule possible. On peut proposer deux autres hypothèses parfaitement plausibles :

1. Les trois monères choisies peuvent ne pas très bien représenter le groupe. Il se peut que les séquences d'ARN d'autres monères diffèrent autant des trois premières que les méthanogènes. Il faudrait alors regrouper les méthanogènes et toutes les monères dans une seule grande catégorie ;

2. La thèse de Woese sous-entend des taux d'évolution

presque constants. Il est possible que cette supposition doive être reconsidérée et que les méthanogènes se soient séparés d'une branche des monères longtemps après que les principaux groupes de monères se soient eux-mêmes détachés de leur ancêtre commun. Ces premiers méthanogènes ont pu alors évoluer beaucoup plus rapidement que les groupes de monères à partir desquels ils ont divergé. Dans ce cas, la grande différence constatée dans la séquence d'ARN entre méthanogènes et monères ne résulterait que de la rapidité de l'évolution des premiers méthanogènes et non d'une souche commune remontant à une époque antérieure à la division des monères en sous-groupes. L'importance de la différence biochimique ne peut rendre compte avec précision du temps écoulé que si l'évolution s'est effectuée à des taux biochimiques raisonnablement constants.

Mais une autre observation rend l'hypothèse de Woese séduisante et emporte mon adhésion. Le méthanogènes sont anaérobies : ils meurent en présence d'oxygène. Ils restent donc confinés aujourd'hui à des environnements d'exception : les boues du fond des étangs qui ont épuisé leur oxygène ou les profondes sources chaudes du parc de Yellowstone, par exemple. (Les méthanogènes se développent en oxydant l'hydrogène et en réduisant le gaz carbonique en méthane — d'où leur nom.) A présent, en dépit des nombreux désaccords entre chercheurs sur les débuts de l'histoire de la Terre et de son atmosphère, un point a recueilli l'assentiment général : l'atmosphère originelle de la Terre était dépourvue d'oxygène et regorgeait de gaz carbonique, ce qui correspond aux conditions mêmes dans lesquelles les méthanogènes prospèrent. Les méthanogènes actuels pourraient-ils être des restes des premières formes vivantes terrestres qui se seraient développées en accord avec les conditions de la Terre à cette époque, mais qui auraient été maintenant repoussées par l'extension de l'oxygène dans quelques environnements marginaux ? (On pense que la plus grande partie de l'oxygène libre de notre atmosphère est le produit de la photosynthèse organique.) Les organismes du Figuier pratiquaient déjà la photosynthèse. Ce qui voudrait dire que l'âge d'or des méthanogènes a dû très largement précéder l'arrivée des monères du Figuier. Si cette vision hypothétique était confirmée, les débuts de la vie remonteraient à une période très antérieure à la série du Figuier.

En bref, nous disposons à présent de preuves directes de l'existence de la vie dans les plus vieilles roches susceptibles de la contenir. En suivant un raisonnement déductif fortement étayé, nous avons tout lieu de croire qu'un important rayonnement des méthanogènes a précédé l'avènement des monères photosynthétisantes. La vie est sans doute apparue dès que la Terre eut suffisamment refroidi pour l'autoriser.

Comme conclusion, je livre deux réflexions qui, je l'admets, sont le fruit de mes propres préjugés. En premier lieu, en tant que chaud partisan de l'exobiologie, ce grand sujet sans matière (seule la théologie nous bat sur ce terrain), je me réjouis à la pensée que la vie puisse être intrinsèquement associée aux planètes ayant les dimensions, la position et la composition de la nôtre, plus que nous n'avions jamais osé l'imaginer. Cela me renforce dans la certitude que nous ne sommes pas seuls et j'espère que l'on consacrera des efforts plus importants à la recherche, par radiotélescope, d'autres civilisations. Les difficultés sont légion, mais un résultat positif constituerait la plus stupéfiante découverte de toute l'histoire de l'humanité.

En second lieu, j'ai été conduit à me demander pourquoi l'ancienne orthodoxie qui avait imposé l'idée, à présent discréditée, d'une origine graduelle avait toujours bénéficié d'un consensus si fort. Pourquoi avait-elle semblé si raisonnable ? Certainement pas à cause des preuves directes qu'elle aurait apportées, car il n'en existait pas.

Comme plusieurs autres chapitres de ce livre l'ont amplement montré, je suis un de ceux qui voient dans la science non pas un mécanisme objectif, dirigé vers la vérité, mais une activité humaine dans sa quintessence même, influencée par les passions, les espoirs et les préjugés culturels. Les modes traditionnels de pensée agissent fortement sur les théories scientifiques, orientant même les recherches théoriques dans des directions bien définies, surtout (comme c'est le cas ici) lorsqu'il n'existe pratiquement aucune donnée pour contenir l'imagination ou entraver les préjugés. Dans ma propre branche professionnelle (voir les chapitres 17 et 18), j'ai été impressionné par l'influence profonde et malheureuse que le gradualisme a exercé sur la paléontologie par l'intermédiaire de la vieille devise : *Natura non facit saltum* (« la nature ne fait pas de saut »). Le gradualisme, l'idée que tout changement doit être progressif, lent et régulier, n'est jamais né d'une interprétation des roches. Il représentait une opinion préconçue, largement répandue, s'expliquant en partie comme une réaction du libéralisme du XIXe siècle face à un monde en révolution. Mais il continue à pervertir notre prétendue vision objective de l'histoire de la vie.

À la lumière des présuppositions gradualistes, quelle autre interprétation pouvait-on donner de l'origine de la vie ? Le passage des éléments de notre atmosphère originelle à la molécule d'ADN constitue une énorme étape. La transition a donc dû s'effectuer laborieusement à travers une succession de phases multiples, intervenant une par une, tout au long de milliards d'années.

Mais l'histoire de la vie, telle que je la conçois, est une série d'états stables, marqués à de rares intervalles par des événements importants qui se produisent à grande vitesse et contribuent à mettre en place la prochaine ère de stabilité. Les organismes procaryotiques ont régné sur terre pendant 3 milliards d'années jusqu'à l'explosion cambrienne où la plupart des principales formes de vie pluricellulaire apparurent en l'espace de 10 millions d'années. Environ 375 millions d'années plus tard, près de la moitié des familles d'invertébrés s'éteignirent en quelques millions d'années. L'histoire de la Terre peut être schématiquement perçue comme une série de pulsations occasionnelles forçant les systèmes récalcitrants à passer d'un état stable au suivant.

Les physiciens nous disent que les éléments ont pu se former dans les toutes premières minutes du « big bang », l'explosion primordiale qui a créé l'univers ; les milliards d'années qui ont suivi n'ont fait que remanier les produits de cette création cataclysmique. Si la vie n'est pas apparue aussi vite, j'ai dans l'idée malgré tout qu'elle est née dans une fraction minuscule de la période ultérieure. Mais ce remaniement et l'évolution de l'ADN qui a suivi n'ont pas simplement recyclé les produits originels ; ils ont réalisé des merveilles.

22

CE VIEUX FOU DE RANDOLPH KIRKPATRICK

L'oubli, et non l'infamie, est le sort des originaux un peu fous. Je serais fort surpris si un lecteur (qui ne fût pas un taxonomiste professionnel spécialisé dans l'étude des éponges) savait qui était Randolph Kirkpatrick.

Au premier abord, Kirkpatrick correspondait bien au stéréotype du savant britannique effacé, discret, mais légèrement excentrique. Il fut conservateur-adjoint des invertébrés « inférieurs » au British Museum, de 1886 à sa retraite en 1927. Il fit des études de médecine, mais après s'être frotté quelque temps à la maladie, décida de s'engager dans une « carrière moins éprouvante », l'histoire naturelle. Bien lui en prit, car il put ainsi parcourir le monde à la recherche de spécimens et vécut jusqu'à l'âge de quatre-vingt-sept ans. Au cours des derniers mois de sa vie, en 1950, on pouvait le voir sur sa bicyclette dans les rues les plus animées de Londres.

Au début de sa carrière, Kirkpatrick publia quelques solides travaux sur les éponges, mais son nom n'apparaît plus guère dans les revues scientifiques après la Première Guerre mondiale. Dans une notice nécrologique, son successeur attribuait cet arrêt à mi-chemin à l'attitude de Kirkpatrick qui se serait comporté en « employé modèle » : « Indulgent aux fautes des autres, serviable et généreux, il n'épargnait aucun effort pour aider un collègue ou un visiteur. Ce fut, selon toute probabilité, son extrême empressement à interrompre son travail en cours pour rendre service aux autres qui l'empêcha d'achever ses propres recherches. »

L'histoire de Kirkpatrick n'est en aucun cas aussi simple et aussi conventionnellement exempte de défauts. Il ne s'est pas arrêté d'écrire en 1915 ; mais il s'est mis alors à publier à compte d'auteur une série de travaux qu'aucune revue scientifique, il le savait bien, n'aurait acceptés. Kirkpatrick passa le reste de sa carrière à élaborer les plus folles des théories qui aient jamais germé au cours de ce siècle dans l'esprit d'un biologiste professionnel (et de surcroît conservateur du très sérieux British Museum). Sans remettre en cause l'appréciation habituellement émise sur sa théorie de la « nummulosphère », je voudrais néanmoins prendre vigoureusement la défense de Kirkpatrick.

En 1912, Kirkpatrick recueillait des éponges au large de l'île de Porto Santo, dans l'archipel de Madère, à l'ouest du Maroc. Un jour, un ami lui apporta des roches volcaniques provenant d'un sommet à 300 mètres au-dessus du niveau de la mer. Kirkpatrick décrivit ainsi sa grande découverte : « Je les ai examinées attentivement avec mon microscope binoculaire et, à mon grand étonnement, ai trouvé sur toutes des traces de disques nummulitiques. Le lendemain, je visitai l'endroit d'où provenaient ces fragments. »

La nummulite est un des plus gros foraminifères qui aient jamais vécu (les foraminifères sont des organismes unicellulaires apparentés aux amibes, mais ils sécrètent une coquille qui leur a valu d'être couramment préservés sous forme de fossiles). La nummulite ressemble à l'objet qui lui a donné son nom : une pièce de monnaie. Sa coquille est un disque plat qui peut atteindre de 3 à 5 cm de diamètre. Le disque est divisé en loges individuelles, accotées l'une à l'autre et s'enroulant étroitement en une seule spirale. (La coquille ressemble beaucoup à un rouleau de corde en réduction.) Les nummulites étaient si abondantes dans les premiers temps de l'ère tertiaire (il y a environ cinquante millions d'années) que certaines roches sont presque entièrement composées de leurs coquilles et sont appelées calcaires nummulitiques. Les nummulites jonchent le sol autour du Caire ; le géographe Strabon y voyait des lentilles pétrifiées, restes des rations alimentaires distribuées parcimonieusement aux esclaves qui avaient bâti les pyramides.

Kirkpatrick retourna alors à Madère et y « découvrit » également des nummulites dans les roches ignées. Je peux difficilement imaginer une vision de la Terre plus radicale. Les roches ignées proviennent des éruptions volcaniques ou du refroidissement des magmas fondus à l'intérieur de la Terre ; elles ne peuvent pas renfermer de fossiles. Mais Kirkpatrick soutenait que les roches ignées de Madère et de Porto Santo non seulement contenaient des nummulites, mais encore en étaient réellement composées. Donc, les roches ignées devaient être des sédiments accumulés au fond de l'océan et non les produits des matériaux fondus venant de l'intérieur de la Terre. Kirkpatrick écrivit :

« Après la découverte de la nature nummulitique de la quasi-totalité de l'île de Porto Santo, des bâtiments, des pressoirs à vin, du sol, etc., le nom *Eozoon portasantum* sembla parfaitement convenir à ces fossiles. [*Eozoon* signifie « l'animal de l'aube », nous allons y revenir bientôt.] Lorsque les roches ignées de Madère se révélèrent pareillement nummulitiques, *Eozoon atlanticum* sembla une dénomination plus appropriée. »

Rien ne put alors arrêter Kirkpatrick. Il retourna à Londres, impatient d'examiner les roches ignées d'autres régions du monde. Toutes étaient faites de nummulites ! « En une matinée, j'ai annexé pour l'*Eozoon* les roches volcaniques de l'Arctique et, dans l'après-midi du même jour, celles de l'océan Indien, du Pacifique et de l'Atlantique. La désignation *Eozoon orbis-terrarum* s'imposait d'elle-même. » Finalement il regarda des météorites et, oui, vous avez deviné, elles n'étaient que nummulites.

« Si l'*Eozoon*, après s'être emparé du monde, avait regretté de ne plus avoir d'autres mondes à conquérir, sa bonne fortune aurait surpassé celle d'Alexandre, car ses désirs auraient été exaucés. Lorsqu'on découvrit que l'empire des nummulites s'étendait à l'espace, une modification finale du nom en *Eozoon universum* devint apparemment nécessaire. »

Kirkpatrick ne recula pas devant l'évidente conclusion : toutes les roches sur la surface de la Terre (y compris le renfort venu de l'espace) sont faites de fossiles : « La nature originellement organique de ces roches m'apparaît manifeste, car je peux voir en elles la structure de foraminifère, et souvent d'une façon très claire. » Kirkpatrick prétendait voir les nummulites avec une loupe à main de faible puissance bien que personne ne l'eût jamais approuvé sur ce point : « Mes thèses sur les roches ignées et quelques autres, écrivit-il, ont été accueillies avec un grand scepticisme, et cela n'a rien pour me surprendre. »

J'espère que je ne vais pas passer pour un dogmaticien de l'« establishment » scientifique si je déclare avec une certaine assurance que Kirkpatrick a réussi à devenir la dupe de lui-même. De son propre aveu, il dut souvent travailler dur pour maintenir sa ligne de pensée personnelle : « Parfois il s'est avéré nécessaire que j'examine un fragment de roche avec l'attention la plus minutieuse pendant des heures avant de me convaincre que j'avais bien vu tous les détails que je mentionne plus haut. »

Mais par quel cheminement de son histoire la Terre aurait-elle produit une croûte entièrement composée de nummulites ? Selon Kirkpatrick, les nummulites, apparues très tôt dans l'histoire de la vie, étaient les premières créatures vivantes à coquille. C'est pour cette raison qu'il adopta le nom d'*Eozoon* qu'avait précédemment proposé, dans les années 1950, le grand géologue canadien Sir J.W. William Dawson pour un fossile supposé en provenance de certaines roches parmi les plus anciennes de la Terre. (Nous savons à présent que l'*Eozoon* est une structure inorganique, composée des couches alternativement blanches et vertes de deux minéraux, la calcite et la serpentine — voir le chapitre 23.)

Kirkpatrick avait imaginé qu'à cette époque reculée, un dépôt épais de coquilles de nummulites s'était accumulé sur toute la surface du fond de l'océan, la mer ne renfermant pas de prédateurs pour les digérer. La chaleur venue de l'intérieur de la Terre les souda ensemble et leur injecta de la silice (ainsi se résolvait ce fâcheux problème de la composition siliceuse des roches ignées, alors que les vraies nummulites sont faites de carbonate de calcium). Comme les nummulites étaient compressées et mises en fusion, certaines reçurent une poussée de bas en haut et furent projetées dans l'espace, pour redescendre plus tard sous forme de météorites nummulitiques.

« Les roches sont parfois classées en roches fossilifères et non fossilifères, mais toutes sont fossilifères. [...] En réalité, il y a, généralement parlant, une seule roche. [...] La lithosphère est véritablement une nummulosphère silicatée. »

Kirkpatrick n'était pas encore satisfait. Il était persuadé d'avoir découvert quelque chose d'encore plus fondamental. Ne se contentant pas de la croûte terrestre et de ses météorites, il commença à voir dans la forme en spirale des nummulites une expression de l'essence de la vie, l'architecture de la vie elle-même. Finalement, il élargit sa théorie jusqu'à sa limite : on devrait dire, non pas que les roches sont des nummulites, mais que les roches et les nummulites et toutes les choses vivantes sont des expressions de « la structure fondamentale de la matière vivante », la forme en spirale de toute existence.

Délire extravagant certes (à moins que l'on ne considère qu'il eut l'intuition de la double hélice), mais délire inspiré à n'en pas douter. Dans sa folie, Kirkpatrick appliquait une méthode, c'est certain — et là repose le point essentiel. En élaborant sa théorie de la nummulosphère, Kirkpatrick suivit la démarche qui motivait tout son travail scientifique. Il faisait preuve d'une passion incontrôlée pour la synthèse et d'une imagination qui le poussait à assembler des choses profondément différentes. Avec une grande suite dans les idées, il cherchait des similitudes de forme géométrique dans des objets que l'on classait d'habitude dans des catégories distinctes, tout en ignorant ce vieux précepte qui veut qu'une similitude de forme ne signifie pas forcément une identité de cause. Il trouva aussi des similitudes qui correspondaient plus à ses espérances qu'à ses observations.

Cependant, la recherche imprudente d'une synthèse peut mettre au jour des liaisons qui ne seraient jamais venues à l'esprit d'un scientifique pondéré (bien qu'il puisse se voir contraint à y réfléchir une fois que quelqu'un d'autre a lancé la proposition initiale). Les hommes de science comme Kirkpatrick doivent endurer beaucoup, car ils ont généralement tort. Mais lorsqu'ils ont raison, ils peuvent avoir raison de façon si éclatante que leurs intuitions condamnent à la relégation des vies entières consacrées à un honnête labeur scientifique accompli selon les canons admis de tous.

Revenons donc au cas de Kirkpatrick et interrogeons-nous en premier lieu sur les raisons de sa présence à Madère et à Porto Santo où il fit sa découverte décisive. « En septembre 1912, écrivit-il, je me rendis à Porto Santo via Madère, afin d'achever mon enquête sur cet étrange organisme, l'algue-éponge *Merlia normani*. » En 1900, un taxonomiste nommé J.J. Lister avait découvert sur les îles de Lifu et de Funafuti, dans l'océan Pacifique, une bien curieuse éponge. Elle contenait des spicules de silice, mais possédait en outre un squelette calcaire présentant une ressemblance frappante avec certains coraux (les spicules sont de petits bâtonnets qui constituent le squelette de la plupart des éponges). Homme mesuré, Lister ne put accepter cet « hybride » de silice et de calcite ; il supposa que les spicules étaient des corps étrangers ayant pénétré à l'intérieur de l'éponge. Mais Kirkpatrick recueillit de nombreux spécimens et en conclut à juste raison que c'était l'éponge qui sécrétait les spicules. Puis, en 1910, Kirkpatrick trouva à Madère la *Merlia normani*, une seconde éponge renfermant des spicules siliceux et un squelette calcaire supplémentaire.

Inévitablement, Kirkpatrick donna libre cours à sa passion pour la synthèse sur la *Merlia*. Il remarqua que son squelette calcaire ressemblait à plusieurs groupes problématiques de fossiles habituellement classés parmi les coraux, notamment les stromatoporoïdes et les chaetétidés tabulés. (Ce sujet peut paraître bien mince, mais je peux vous assurer qu'il est de toute première importance pour les paléontologistes professionnels. Les stromatopo-

Couverture de l'ouvrage que Kirkpatrick publia à compte d'auteur : « *La Nummulosphère*, explication de l'ORIGINE ORGANIQUE desdites ROCHES IGNÉES et des ARGILES ROUGES ABYSSALES. » Voici ce qu'il en écrivit : « Le dessin sur la couverture représente Neptune sur le globe des eaux. Sur l'une des branches de son trident, on peut voir un morceau de roche volcanique ayant la forme d'un disque nummulitique et dans sa main une météorite. Ces emblèmes signifient que le domaine de Neptune s'est étendu non seulement aux dépens du Jupiter des profondeurs, mais aussi aux dépens du Jupiter des hauteurs dont l'emblème supposé — la foudre — appartient en réalité au dieu de la mer. [...] L'éclair de Neptune est prêt à s'abattre sur les mortels irréfléchis et ignorants, tels les prétendus réfutateurs a priori, qui oseraient mettre en doute la validité de ses titres de propriété. »

roïdes et les chaetétidés sont des fossiles très communs ; ils forment des récifs dans certains dépôts anciens. Leur statut constitue un des mystères classiques de la paléontologie et de nombreux spécialistes distingués ont consacré leur vie à leur étude.) Kirkpatrick décida que ces fossiles et d'autres, tout aussi énigmatiques, devaient être des éponges. Il partit à la recherche de spicules, signe certain d'affinité avec les éponges. Et bien évidemment, il ne manqua pas d'en trouver dans tous les fossiles examinés. On peut être sûr que, dans certains cas, Kirkpatrick s'est de nouveau induit en erreur lui-même, car il a compté au nombre de ses « éponges » l'indiscutable bryozoaire *Monticulipora*. Mais Kirkpatrick, préoccupé par sa théorie de la nummulosphère, ne publia jamais le gros traité sur la *Merlia* qu'il avait projeté. La nummulosphère fit de lui un paria scientifique et son travail sur les éponges coralliennes tomba dans l'oubli.

Kirkpatrick procédait de la même façon dans l'étude des nummulites et des éponges coralliennes : il partait d'une similitude de forme géométrique, abstraite, dans des objets que personne n'avait songé à rapprocher et en déduisait une affinité ; il plongeait dans sa théorie avec une telle passion qu'il parvenait à « voir » la forme attendue, même si de toute évidence elle n'existait pas. Cependant, je me dois de signaler une différence essentielle entre les deux études : dans le cas des éponges, Kirkpatrick avait raison.

Dans les années 1960, Thomas Goreau, attaché alors au Laboratoire marin de Discovery Bay à la Jamaïque, commença son exploration des récifs antillais. Ces environnements inconnus, fissures, crevasses et grottes, renferment une faune importante, insoupçonnée auparavant. En réalisant l'une des plus passionnantes découvertes zoologiques de ces vingt dernières années, Goreau et ses collègues, Jeremy Jackson et Willard Hartman, ont montré que ces biotopes abritaient de nombreux « fossiles vivants ». Cette communauté secrète semble représenter un écosystème tout entier, éclipsé littéralement par l'évolution de formes plus modernes. La communauté est peut-être secrète, mais ses membres ne sont ni moribonds ni rares. Les parois des grottes et des fissures forment la plus grande partie des récifs actuels. Avant le développement de la plongée en scaphandre autonome, les chercheurs n'avaient pas accès à ces zones.

Deux éléments prédominent dans cette faune cachée :

les brachiopodes et les éponges coralliennes de Kirkpatrick. Goreau et Hartman ont décrit six espèces d'éponges coralliennes en provenance de l'avant-récif jamaïquain. Ces espèces forment la base d'une classe d'éponges totalement inédite, les sclérospongiaires. Au cours de leur recherche ils redécouvrirent les articles de Kirkpatrick et étudièrent son opinion sur les relations entre les éponges coralliennes et ces énigmatiques fossiles, les stromatoporoïdes et les chaetétidés. « Les commentaires de Kirkpatrick, écrivent-ils, nous ont amenés à comparer les éponges décrites plus haut aux représentants de divers groupes d'organismes fossiles. » Ils ont pu ainsi montrer, de façon fort convaincante à mon avis, que ces fossiles sont bien des éponges. C'est donc grâce à une découverte zoologique majeure qu'a été résolu un des grands problèmes de la paléontologie. Et c'est ce vieux fou de Randolph Kirkpatrick qui possédait la solution.

Lorsque j'écrivis à Hartman pour lui demander des renseignements sur Kirkpatrick, celui-ci me recommanda de ne pas juger l'homme trop sévèrement en ne me référant qu'à sa seule théorie de la nummulosphère, car son travail taxonomique sur les éponges était valable. Mais je respecte Kirkpatrick à la fois pour ses éponges et pour sa nummulosphère. Il est facile de rire d'une théorie extravagante sans chercher à comprendre les motivations de l'homme qui l'a élaborée — et la nummulosphère est une théorie extravagante. Rares sont les hommes d'imagination qui ne sont pas dignes de mon attention. Leurs idées peuvent être fausses, stupides même, mais leurs méthodes méritent souvent qu'on s'y attarde. Et rares sont les passions honnêtes qui ne se fondent sur quelque perception harmonieuse ou sur quelque anomalie qui vaille d'être notée. Le tambour qui ne s'accorde pas avec les autres joue souvent sur un rythme nouveau.

23

LE BATHYBIUS ET L'EOZOON

Lorsque Thomas Henry Huxley perdit son jeune fils, « notre enchantement et notre joie », emporté par la scarlatine, Charles Kingsley tenta d'atténuer sa peine en lui infligeant une longue péroraison sur l'immortalité de l'âme. Huxley, qui inventa le mot « agnostique » pour décrire ses propres sentiments, remercia Kingsley de ses bonnes intentions, mais rejeta la consolation offerte pour manque de preuves. Dans un passage célèbre que, depuis, bien des savants ont pris comme devise d'action, il écrivit : « Mon travail consiste à apprendre à mes aspirations à se conformer aux faits, non pas à essayer d'harmoniser les faits avec mes aspirations. [...] Placez-vous devant les faits comme un petit enfant, soyez prêt à abandonner toute idée préconçue, suivez humblement la nature là où elle vous mène, serait-ce vers des abîmes, ou vous n'apprendrez rien. » Les sentiments de Huxley étaient emplis de noblesse, son chagrin sincère. Mais Huxley lui-même ne suivait pas son propre précepte et aucun savant créatif ne l'a jamais suivi non plus.

Les grands penseurs ne sont pas passifs devant les faits. Ils posent des questions à la nature ; ils ne lui emboîtent pas le pas humblement. Ils ont des espoirs et des soupçons et s'efforcent de construire le monde dans cet éclairage. En conséquence de quoi, les grands penseurs commettent aussi de grandes erreurs.

Les biologistes ont écrit un long chapitre spécial à mettre au catalogue des grandes erreurs : les animaux imaginaires qui devraient théoriquement exister. Voltaire disait vrai lorsqu'il énonçait ironiquement : « Si Dieu n'existait pas, il faudrait l'inventer. » Deux chimères apparentées et s'entrecroisant sont apparues dans les premiers temps de la théorie de l'évolution, deux animaux qui auraient dû être, selon les critères de Darwin, mais n'étaient pas. L'un d'eux eut Thomas Henry Huxley pour parrain.

Pour la plupart des créationnistes, l'écart séparant le vivant du non-vivant ne posait pas de problème particulier. Dieu avait simplement fabriqué le vivant, totalement distinct et plus avancé que les roches ou les éléments chimiques. Les évolutionnistes, eux, cherchaient à réduire tous ces écarts. Ernst Haeckel, le principal partisan de Darwin en Allemagne et à coup sûr le plus inventif et le plus imaginatif des pionniers de l'évolutionnisme, élabora des organismes hypothétiques pour franchir tous les espaces vides. L'humble amibe ne pouvait pas servir de modèle des débuts de la vie, car sa différenciation interne en noyau et cytoplasme indiquait déjà un grand progrès depuis la matière informe des origines. C'est ainsi que Haeckel proposa un organisme plus modeste encore composé uniquement de protoplasme inorganisé, la monère. (En un sens, il avait raison. Nous utilisons aujourd'hui le terme qu'il a forgé pour désigner le règne des bactéries et des algues bleu-vert, organismes sans noyau ni mitochondrie — mais pas vraiment informe comme l'entendait Haeckel.)

Haeckel définit sa « monère » comme « une substance intégralement homogène et sans structure, une particule d'albumine vivante, capable de se nourrir et de se reproduire ». Selon lui, la monère serait une forme intermédiaire entre le vivant et le non-vivant. Il espérait qu'elle résoudrait l'irritante question de l'origine de la vie à partir de l'inorganique, car aucun problème ne semblait plus épineux pour les évolutionnistes et aucun sujet ne permettait autant au créationnisme de mener son combat d'arrière-garde que l'écart manifeste séparant les éléments chimiques les plus complexes des organismes les plus simples. « Chaque vraie cellule, écrivit Haeckel, montre déjà une division en deux parties, le noyau et le protoplasme. L'apparition d'un tel organisme par génération spontanée n'est de toute évidence concevable qu'avec difficulté ; mais il est beaucoup plus facile de concevoir la formation d'une substance organique entièrement homogène, comme le corps albuminé dépourvu de structure de la monère. »

Entre 1860 et 1870, l'identification de monères s'arrogea la priorité absolue sur l'agenda des champions de Darwin. Plus la monère était diffuse et dépourvue de structure, mieux cela valait. Huxley avait dit à Kingsley qu'il suivrait les faits dans un abîme métaphorique. Mais lorsqu'il se trouva face à un vrai abîme, en 1868, ce furent ses espoirs et ses attentes qui guidèrent ses observations. Il étudia certains échantillons de boues draguées depuis le fond de la mer, au nord-ouest de l'Irlande, dix ans plus tôt. Il observa dans les échantillons une substance gélatineuse, d'aspect inachevé. Noyés dans cette masse, on trouva de minuscules disques calcaires appelés coccolithes. Huxley identifia dans cette gelée les fameuses monères informes annoncées et dans les coccolithes leur squelette originel. (Nous savons à présent que les coccolithes sont des fragments de squelettes d'algues tombés au fond de l'océan après la mort du plancton qui les a sécrétés.) En hommage à la prédiction de Haeckel, il nomma la monère *Bathybius haeckelii*. « J'espère que vous n'aurez pas honte de votre filleul », écrivit-il à Haeckel. Celui-ci répondit qu'il en était « très fier » et termina sa lettre par ce cri de ralliement : « Viva Monera. »

Rien n'étant aussi convaincant qu'une découverte anticipée, les *Bathybius* se mirent à surgir de partout. Sir Charles Wyville Thomson en dragua un échantillon des profondeurs de l'Atlantique et écrivit : « Cette boue est réellement vivante ; elle s'agglutine en grumeaux comme si elle était mélangée avec du blanc d'œuf ; et cette masse éblouissante se révéla, sous le microscope, être un sarcode vivant. Le professeur Huxley [...] l'appelle *Bathybius*. » (Les sarcodinés sont un groupe de protozoaires unicellulaires.) Haeckel, suivant son inclination habituelle, se laissa aller à la généralisation et imagina que le fond de l'océan tout entier (à plus de 1 500 mètres) était couvert d'une pellicule de *Bathybius* vivants, le *Urschleim* (le limon originel) des philosophes romantiques de la nature (Goethe en faisait partie) que Haeckel avait idolâtrés dans sa jeunesse. Huxley, faisant une entorse à sa modération coutumière, déclara dans un discours en 1870 : « Le *Bathybius* formait un film vivant sur le fond de la mer, s'étendant sur des milliers et des milliers de kilomètres carrés. [...] Il constitue probablement une écume continue de matière vivante entourant toute la surface de la Terre. »

Ayant atteint les limites de son expansion dans l'espace, le *Bathybius* s'infiltra dans le seul domaine qu'il lui restait à conquérir, le temps. Et c'est là que nous faisons connaissance avec notre seconde chimère.

L'heure de l'*Eozoon canadense*, l'animal de l'aube du Canada, avait sonné. Les fossiles avaient causé plus de chagrin que de joie à Darwin. Rien ne l'affligea plus que l'explosion du cambrien, l'apparition simultanée de presque toutes les formes organiques complexes, non pas au début de l'histoire de la Terre, mais à plus des cinq sixièmes de son existence. Pour ses adversaires, cet événement représentait le moment de la création, car pas un seul témoignage de vie précambrienne n'avait été découvert lorsque Darwin écrivit *L'Origine des espèces*. (Nous possédons maintenant de nombreux fossiles de monères trouvés dans ces roches anciennes, voir chapitre 21.) Rien n'était donc attendu avec autant d'impatience qu'un organisme précambrien et plus il était simple et informe, mieux cela valait.

En 1858, un collectionneur apporta au Bureau géologique *(Geological Survey)* du Canada quelques spécimens trouvés au sein des roches les plus vieilles du monde. Ils étaient faits de fines couches concentriques où alternaient la serpentine (un silicate) et du carbonate de calcium. Sir William Logan, le directeur du service, pensait qu'il pouvait s'agir de fossiles et les montra à divers hommes de science, mais ne recueillit que peu d'avis allant dans le sens de sa thèse.

Logan trouva de meilleurs spécimens près d'Ottawa en 1864 et les apporta au plus éminent des paléontologistes canadiens, J. William Dawson, doyen de la McGill University. Dawson découvrit des structures « organiques » dans la calcite, y compris un réseau de canaux. Il vit dans la disposition concentrique des couches le squelette d'un foraminifère géant, formé de façon plus diffuse mais des centaines de fois plus gros que toutes les espèces actuelles apparentées. Il le nomma *Eozoon canadense*, l'animal de l'aube du Canada.

Darwin était enchanté. L'*Eozoon* fit son apparition dans la quatrième édition de *L'Origine des espèces* avec la bénédiction de Darwin : « Il est impossible d'avoir le moindre doute quant à sa nature organique. » (Il est assez ironique de remarquer que Dawson lui-même était un farouche créationniste, probablement le dernier grand savant à s'opposer aux idées évolutionnistes. En 1897 encore, il écrivit un livre sur l'*Eozoon*, *Relics of Primeval Life* (« Vestiges de la vie des premiers âges »), dans lequel il soutient que l'existence persistante des foraminifères simples à toutes les époques géologiques démontre la fausseté de la sélection naturelle puisque la lutte pour la vie aurait dû remplacer des créatures aussi primitives par des formes plus élaborées.)

Le *Bathybius* et l'*Eozoon* étaient destinés à s'unir. Ils partageaient cette propriété désirée, le caractère informe, et seul le squelette séparé de l'*Eozoon* les différenciait. Ou bien l'*Eozoon* avait perdu sa coquille pour devenir le *Bathybius* ou bien ces deux créatures primitives étaient des exemples de simplicité organique étroitement apparentés. Le grand physiologiste W.B. Carpenter, défenseur des deux créatures, écrivit :

« Si le *Bathybius* [...] pouvait sécréter une coquille, celle-ci ressemblerait à l'*Eozoon*. En outre, le professeur Huxley ayant prouvé l'existence du *Bathybius*, dans un large éventail, non seulement de profondeurs, mais aussi de températures, je ne peux m'empêcher de penser que, selon toute probabilité, il a existé de manière continue dans les mers profondes à toutes les époques géologiques. [...] Je suis tout prêt à croire que l'*Eozoon*, tout comme le *Bathybius*, a dû se maintenir en vie pendant toute la durée des temps géologiques. »

C'était là une vision bien faite pour titiller les évolutionnistes ! On avait trouvé la matière organique informe que l'on avait pressentie ; elle s'étendait dans le temps et l'espace et recouvrait le fond de ce mystérieux océan originel.

Avant de rapporter la fin de ces deux créatures, je voudrais souligner l'influence d'un préjugé qui a été passé sous silence et n'a fait l'objet d'aucun commentaire dans toute la littérature écrite par les pionniers de la science. Tous les participants au débat acceptèrent sans se poser de questions cette vérité « évidente » selon laquelle la vie la plus primitive serait homogène et dépourvue de forme, diffuse et inachevée.

Carpenter écrivit que le *Bathybius* était d'« un type inférieur même, *parce que moins défini*, à celui des éponges ». Haeckel déclara : « Le protoplasme existe ici dans sa forme première la plus simple, c'est-à-dire qu'il n'a pratiquement pas de forme définie et est à peine individualisé. » Selon Huxley, la vie sans la complexité interne d'un noyau a démontré que l'organisation venait de la vitalité indéfinie, et non le contraire : le *Bathybius* « prouve l'absence de tout pouvoir mystérieux dans le noyau et montre que la vie est une propriété des molécules de matière vivante, que l'organisation est le résultat de la vie et non pas la vie le résultat de l'organisation ».

Mais pourquoi, en y réfléchissant de plus près, devrions-nous assimiler informe et primitif ? Les organismes actuels ne viennent pas confirmer cette thèse. La régularité et la répétition des formes des virus ne connaissent presque pas d'équivalents. Les bactéries les plus simples ont des configurations bien précises. Le groupe taxonomique qui renferme les amibes, prototype même de la désorganisation rampante, contient aussi les radiolaires, les plus beaux de tous les organismes réguliers et ceux qui sont sculptés de la façon la plus complexe. L'ADN est un miracle d'organisation ; Watson et Crick ont élucidé le problème de sa structure en construisant une maquette exacte en Meccano et en s'assurant que toutes les pièces correspondaient. Sans vouloir mettre en avant cette notion mystique de Pythagore selon laquelle la régularité des formes est à la base de toute organisation, je voudrais déclarer que cette équivalence entre informe et primitif tire son origine de la métaphore progressiste dépassée qui considère l'histoire de la vie comme une échelle dont les barreaux sont autant de niveaux de complexité et qui conduit inexorablement du néant à la plus noble des formes, nous-mêmes. Cela flatte notre propre vanité, certes, mais ne donne pas une image très exacte de notre monde.

En tout cas, ni le *Bathybius* ni l'*Eozoon* ne survécurent à la reine Victoria. Le même Sir Charles Wyville Thomson qui avait parlé avec tant de chaleur du *Bathybius* comme d'une « masse éblouissante [...] réellement vivante » devint plus tard, dans les années 1870, directeur scientifique de l'expédition du *Challenger*, la plus célèbre de toutes les croisières consacrées à l'exploration des océans. Les savants du *Challenger* essayèrent à de multiples reprises de trouver des *Bathybius* dans les boues extraites des bas-fonds marins, mais en vain.

Lorsque les chercheurs mettaient en réserve les échantillons de boue pour les analyser ultérieurement, ils ajoutaient traditionnellement de l'alcool pour conserver les matériaux organiques. Le premier *Bathybius* de Huxley avait été trouvé dans des échantillons conservés dans l'alcool depuis plus de six ans. Un des membres de l'expédition du *Challenger* remarqua que les *Bathybius* apparaissaient chaque fois qu'il ajoutait de l'alcool à un échantillon frais. Le chimiste de l'expédition analysa le *Bathybius* et découvrit qu'il ne s'agissait que d'un précipité colloïde de sulfate de calcium, produit de la réaction de la boue avec l'alcool. Thomson écrivit à Huxley, et Huxley, sans se plaindre, admit son erreur et fit amende honorable. Haeckel, comme on pouvait s'y attendre, se montra plus obstiné, mais le *Bathybius* finit par disparaître tranquillement.

L'*Eozoon* résista plus longtemps. Dawson le défendit littéralement jusqu'à la mort en écrivant certains commentaires qui comptent parmi les plus acerbes jamais prononcés par un homme de science. A propos d'une critique émanant d'un savant allemand, il fit, en 1897, la remarque suivante : « Mobius, je n'en doute pas, a fait du mieux qu'il a pu de son point de vue particulier et limité ; mais c'est un crime que la science ne devrait pas pardonner de sitôt aux rédacteurs de la revue allemande que d'avoir publié et présenté comme un travail scientifique un article qui est bien loin d'avoir l'honnêteté et le niveau souhaitables. » Dawson, à cette époque, restait le seul défenseur de l'*Eozoon* (bien que Kirkpatrick le fît revivre quelques années plus tard sous une forme plus étrange encore. Vois chapitre 22[1]). Tous les hommes de science s'étaient mis d'accord pour admettre que l'*Eozoon* était inorganique, un simple produit métamorphique de la chaleur et de la pression. En vérité, on ne l'avait découvert que dans des roches hautement métamorphisées, lieu particulièrement impropre à la conservation de fossiles. Si une preuve supplémentaire avait été nécessaire, la découverte de l'*Eozoon* au sein de blocs de calcaire éjectés du Vésuve en 1894 aurait clos le débat.

Le *Bathybius* et l'*Eozoon*, depuis cette époque, ont été considérés comme des épisodes gênants qu'il valait

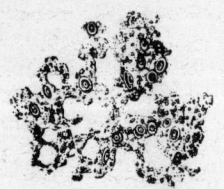

Illustration orginale du *Bathybius* par Haeckel.
Les structures discoïdales sont des coccolithes
au sein d'une masse gélatineuse.

---

1. On pourra aussi rapprocher la mésaventure de l'*Eozoon* de celle survenue à cet autre être « de l'aube » qu'est l'*Eoanthropus,* l'homme de Piltdown. Là encore le parrain de cette créature mythique avait été un certain... Dawson. Voir chapitre 10 (N.d.T.).

mieux oublier. Cette conspiration a admirablement réussi et je serais surpris si un pour cent des biologistes actuels avait entendu parler de ces deux créatures fantaisistes. Les historiens, à qui l'on a inculqué la vision traditionnelle (qui s'est révélée fausse) d'une science progressant vers la vérité en se débarrassant l'une après l'autre de ses couches successives d'erreurs, gardèrent aussi le silence. A quoi peuvent bien nous servir les erreurs si ce n'est à passer quelques instants de franche gaieté ou bien à moraliser sur le mode « il ne faut pas que... » ?

Les historiens de la science actuellement ont plus de respect pour ce type d'erreurs inspirées. Elles avaient un sens à leur époque ; le fait qu'elles n'en aient plus maintenant n'a rien à voir avec la question. Notre siècle n'est pas la norme de tous les temps ; la science est toujours l'interaction de la culture dominante, de l'excentricité individuelle et des contraintes empiriques. Ce qui explique que le *Bathybius* et l'*Eozoon* aient été l'objet de beaucoup plus d'attention depuis 1970 dans toutes les années qui se sont écoulées depuis leur déclin. (Pour la rédaction de ce chapitre, j'ai été guidé vers les sources originales par les articles de C.F. O'Brien sur l'*Eozoon* et de N.A. Rupke et P.F. Rehbock sur le *Bathybius* qui m'ont apporté de grands éclaircissements. L'article de Rehbock est particulièrement complet et pénétrant.)

La science ne compte que peu de personnalités franchement stupides. Les erreurs répondent généralement à de bonnes raisons que l'on ne peut comprendre qu'en connaissant le contexte et en évitant de porter un jugement uniquement fondé sur la perception de la « vérité » qui est la nôtre maintenant. Elles apportent habituellement plus de clarté que d'embarras, car ce sont les signes d'un changement de contexte. C'est grâce à leur imagination que les grands penseurs engendrent leurs visions organisatrices et ils sont suffisamment aventureux (ou centrés sur eux-mêmes) pour les lancer dans un monde complexe qui ne peut jamais répondre « oui » sur tous les détails. L'étude des erreurs inspirées ne devrait pas être l'occasion d'une homélie sur le péché d'orgueil, mais devrait nous inciter à reconnaître que la capacité d'émettre de grandes idées ou de commettre de grandes erreurs sont les deux faces d'une même médaille ; et que l'une comme l'autre brillent du même éclat.

Le *Bathybius* a certainement été une erreur inspirée. Il a servi à faire progresser cette notion plus large qu'est la théorie de l'évolution. Il a offert une vision saisissante de la vie originelle, s'étendant dans le temps et dans l'espace. Comme le remarque Rehbock, le *Bathybius* a joué simultanément une multitude de rôles : forme la plus humble de la protozoologie, unité élémentaire de la cytologie, précurseur de l'évolution de tous les organismes, première forme organique fossile, principal composant des sédiments marins actuels (par ses coccolithes) et source alimentaire pour la vie supérieure dans les profondeurs nutritionnelles appauvries des océans. Lorsque le *Bathybius* disparut, les problèmes qu'il avait fait surgir ne s'évanouirent pas avec lui. Le *Bathybius* inspira de nombreux travaux scientifiques féconds et servit à mettre au point la définition de problèmes importants qui restent toujours d'actualité de nos jours.

L'orthodoxie peut être aussi bornée en science qu'en religion. Je ne sais comment l'ébranler autrement qu'en faisant preuve d'une forte imagination mise au service de travaux non conventionnels et contenant en elle-même un potentiel élevé d'erreurs inspirées. Comme le grand économiste Vilfredo Pareto l'a écrit : « Que l'on me donne une erreur féconde, pleine de graines, prête à éclater sous l'effet de ses propres corrections. Vous pouvez garder pour vous votre stérile vérité. » Et je voudrais terminer en citant un homme appelé Thomas Henry Huxley qui, lorsqu'il n'était pas accablé par le chagrin ou lancé dans ses combats anticléricaux, soutenait que « des vérités défendues irrationnellement peuvent être plus néfastes que des erreurs raisonnées ».

24

POURRIONS-NOUS TENIR
DANS UNE CELLULE D'ÉPONGE ?

J'ai passé le 31 décembre 1979, le dernier week-end de la décennie, à lire une pile de journaux new-yorkais du dimanche. Propres à inspirer des idées noires, ces transitions artificielles fournissent toujours l'occasion de publier en bonne place des prédictions sur les remaniements qui ne manqueraient pas de se produire de part et d'autre de cette frontière : qu'est-ce que les années 80 rejetteraient, dont les années 70 faisaient grand cas ? Qu'est-ce qui, méprisé dans les années 70, sera redécouvert dans les années 80 ?

Cette surabondance de spéculation contemporaine me ramena quelque quatre-vingts ans en arrière à notre dernier changement de siècle et je me mis à penser, à cette échelle plus grande, aux laissés-pour-compte biologiques du siècle passé. Car le sujet le plus débattu de la biologie du XIXe a connu au XXe une éclipse prononcée. Ce qui ne m'empêche nullement de lui conserver un attachement attendri et de croire que de nouvelles méthodes lui redonneront un regain d'intérêt et en feront un des problèmes majeurs des dernières décennies de notre siècle.

La révolution darwinienne a conduit une génération de naturalistes à considérer la reconstitution de l'arbre généalogique de la vie comme la tâche la plus importante dans le domaine de l'évolution. Comme des hommes ambitieux engagés dans une voie nouvelle et ardue, ils n'ont pas concentré leurs efforts sur de petits rameaux (le rapport entre les lions et les tigres) ni même sur les branches ordinaires (les liens unissant les coques aux moules) : ils cherchèrent à enraciner le tronc lui-même et à identifier ses branches maîtresses : comment les plantes et les animaux sont-ils apparentés ? d'où les vertébrés sont-ils issus ?

Dans leur perspective faussée, ces naturalistes possédaient aussi une méthode qui pouvait leur permettre de retirer les réponses qu'ils recherchaient du matériel lacunaire dont ils disposaient. En effet, selon la « loi biogénétique » de Haeckel — l'ontogenèse récapitule la phylogenèse —, un animal escalade son propre arbre généalogique au cours de son développement embryonnaire. Il suffirait donc d'observer les embryons pour voir défiler toute une kyrielle d'ancêtres adultes dans leur ordre d'apparition. (Bien entendu, rien n'est jamais aussi dépourvu de complication. Les récapitulationnistes savaient que certaines phases embryonnaires représentaient des adaptations immédiates et non des réminiscences ancestrales ; ils comprenaient également que les phases pouvaient être mélangées, inversées même, par des taux de développement inégaux dans des organes différents. Ils croyaient cependant que ces modifications « superficielles » pouvaient toujours être reconnues et soustraites pour laisser le défilé ancestral intact.) E.G. Conklin, qui plus tard devint un adversaire de la « phylogénisation », rappelait l'attrait trompeur de la loi de Haeckel :

« Voilà une méthode qui promettait de révéler plus d'importants secrets que ne le ferait la découverte de tous les monuments enterrés de l'Antiquité, en fait, rien de moins qu'un arbre généalogique complet de toutes les formes diversifiées de la vie qu'abrite la Terre. »

Mais le début du siècle annonça l'effondrement de la récapitulation. Elle mourut en tout premier lieu parce que la génétique mendélienne (redécouverte en 1900) rendit ses prémisses insoutenables. (Le « défilé des adultes » exigeait que l'évolution ne s'effectue que par une addition de nouvelles phases à la suite des ontogenèses ancestrales. Mais si les nouveaux caractères sont dus aux gènes et si ces gènes doivent être présents au moment même de la conception, pourquoi alors ces nouveaux caractères ne s'exprimeraient-ils pas à n'importe quelle phase du développement embryonnaire ou de la croissance ultérieure ?) En réalité, son éclat était déjà terni depuis longtemps. Le postulat selon lequel les réminiscences ancestrales se distinguaient toujours des adaptations récentes de l'embryon avait dû être abandonné. Trop de phases manquaient et de nombreuses autres avaient été chamboulées. L'application de la loi de Haeckel engendrait des discussions infinies, sans solution et stériles, et il n'en sortait aucun arbre généalogique clair. Certains faisaient dériver les vertébrés des échinodermes, d'autres des vers annélides, d'autres encore des crabes des Moluques, les limules. En 1894, E.B. Wilson, apôtre de la méthode expérimentale « exacte » qui devait supplanter les spéculations de la phylogénisation, énonçait ses propres griefs en ces termes :

« On reproche fréquemment aux morphologistes le désordre de leur science encombrée d'une masse de spéculations et d'hypothèses phylogénétiques, la plupart du temps s'excluant l'une l'autre en l'absence de toute norme bien définie permettant d'estimer leur probabilité relative. La vérité est que la recherche [...] a trop souvent conduit à une spéculation sauvage indigne du nom de science ; et ce ne serait guère étonnant que le spécialiste moderne, particulièrement après avoir été formé aux méthodes de sciences plus exactes, considérât tout l'aspect phylogénétique de la morphologie comme une sorte de spéculation pédante ne méritant aucune attention sérieuse. »

La phylogénisation perdit les faveurs des hommes de science, mais on ne peut pas enterrer un sujet en lui-même passionnant. (Je parle de la phylogénisation de haut niveau : le tronc et les branches maîtresses. Car, sur les brindilles et les rameaux, où les preuves sont plus évidentes, le travail a toujours progressé régulièrement, avec plus d'assurance et moins de passion.) Nous n'avons pas eu besoin du succès de *Racines* pour nous rappeler que la généalogie exerce sur nous une étrange fascination. Si la découverte des traces d'un arrière-grand-parent éloigné, dans un village d'outre-mer, nous remplit de satisfaction, remonter plus loin encore jusqu'à un singe africain, un reptile, un poisson, cet ancêtre encore inconnu des vertébrés, un ascendant unicellulaire, jusqu'à l'origine même de la vie, ouvre des perspectives vertigineuses. Malheureusement, plus on recule dans le temps, plus la fascination augmente et moins on en sait. Dans ce chapitre, je vais aborder un point classique de la phylogénisation, parfait exemple des joies et des frustrations apportées par un sujet qui restera toujours d'actualité : l'origine de la pluricellularité chez les animaux.

Idéalement, nous pourrions fort bien nous en tenir à une solution simple et empirique de la question. Ne pourrions-nous pas espérer trouver une succession de fossiles établissant une liaison si parfaite entre un protiste (ancêtre unicellulaire) et un métazoaire (descendant pluricellulaire) que tous les doutes seraient effacés ? Nous pouvons en réalité faire notre deuil de cet espoir : la transition s'est opérée chez des créatures à corps mou, non fossilisable, longtemps avant l'apparition des premiers fossiles pendant l'explosion cambrienne, il y a quelque 600 millions d'années. Les premiers métazoaires fossiles ne dépassent pas les plus primitifs des métazoaires actuels dans leur ressemblance avec les protistes. Il nous faut nous tourner vers les organismes vivants, en espérant que certains d'entre eux aient conservé les marques de leur ascendance.

Il n'y a pas de mystère dans la méthode de reconstruction généalogique. Elle est fondée sur l'analyse des similitudes entre des organismes que l'on suppose apparentés. La « similitude » malheureusement n'est pas un concept simple. Elle naît de deux causes fondamentalement distinctes. La reconstitution d'arbres généalogiques demande que les deux soient rigoureusement séparées, car l'une est un signe de filiation, alors que l'autre nous induit en erreur. Deux organismes peuvent posséder un même caractère car tous les deux en ont hérité d'un ancêtre commun. Ce sont alors des similitudes *homologues* et elles indiquent une « proximité de descendance », pour reprendre les termes de Darwin. Les membres antérieurs des humains, des dauphins, des chauves-souris et des chevaux fournissent, dans la plupart des manuels, l'exemple classique de l'homologie. Ils ont l'air différent, accomplissent des fonctions différentes, mais sont construits avec les mêmes os. Aucun ingénieur, en partant de zéro chaque fois, n'aurait abouti à une telle diversité de structures avec les mêmes pièces. Donc, les pièces existaient avant cet ensemble particulier de structures dont ils font partie aujourd'hui : elles furent, en bref, héritées d'un ancêtre commun.

Deux organismes peuvent également partager un même caractère résultant de changements évolutifs séparés mais similaires au sein de lignées indépendantes. Ce sont là des similitudes *analogues* ; elles sont le cauchemar des généalogistes, car elles déjouent nos prévisions naïves d'après lesquelles les choses qui se ressemblent devraient être étroitement apparentées. Les ailes des oiseaux, des chauves-souris et des papillons sont un exemple type de l'analogie. Aucun ancêtre commun à ces animaux n'avait d'ailes.

Nos difficultés dans l'identification des troncs et des branches maîtresses ne proviennent pas d'un manque de rigueur dans les méthodes appliquées. Tous les grands naturalistes, depuis Haeckel (et même avant), ont fait avec exactitude état des procédés qu'ils utilisaient dans leur démarche : séparation des similitudes homologues et des similitudes analogues, rejet des analogies et reconstitution de la généalogie à partir de la seule homologie. La loi de Haeckel était un procédé malheureusement inexact pour la reconnaissance de l'homologie. Le but est, et a toujours été, fort clair.

Dans les grandes lignes, nous savons comment identifier l'homologie. L'analogie a ses limites. Elle peut établir des similitudes frappantes pour la forme externe ou la fonction dans deux lignées sans aucune parenté, mais elle ne peut pas modifier de la même façon des milliers d'organes complexes et indépendants. A un certain niveau de précision, les similitudes ne peuvent être qu'homologues. Malheureusement, il est rare que nous possédions assez d'informations pour affirmer avec certitude que ce niveau a été atteint. Lorsque nous comparons des métazoaires primitifs avec différents protistes qui pourraient être éventuellement leurs cousins, nous ne travaillons souvent que sur quelques caractères communs, trop peu nombreux pour que nous soyons certains de leur homologie. En outre, de petits changements génétiques ont souvent de profonds effets sur la forme externe de l'adulte. En conséquence, une similitude qui semble trop troublante et complexe pour se produire plus d'une fois peut réellement être l'effet d'un changement simple et reproductible. Ce qui est plus grave, c'est que nous ne comparons même pas les organismes originaux, mais seulement de pâles reflets. La transition des protistes aux métazoaires s'est effectuée il y a plus de 600 millions d'années. Tous les vrais ascendants et les descendants originels ont disparu depuis des siècles. Il nous reste à espérer que leurs caractéristiques essentielles et spécifiques se soient maintenues dans certaines formes actuelles. Cependant, si ces traits n'ont pas totalement disparu, il est à craindre qu'ils n'aient été modifiés et recouverts par une pléthore d'adaptations spécialisées. Comment alors séparer la structure originale et les altérations ultérieures dues aux nouvelles adaptations ? Personne n'a encore trouvé de guide infaillible.

Seuls deux scénarios possibles du passage des protistes aux métazoaires ont aujourd'hui la faveur des chercheurs : dans le premier — la fusion —, un groupe de cellules protistes se rassemblèrent, commencèrent à vivre en colonie, établirent une division du travail et des fonctions entre les cellules et les régions et finalement formèrent une structure intégrée ; dans le second — la division —, des cloisonnements cellulaires se formèrent à l'intérieur d'une seule cellule de protiste. (Un troisième scénario — l'échec répété de cellules filles à se séparer après la division cellulaire — connaît peu de partisans de nos jours.)

Au tout début de notre enquête, nous nous heurtons au problème de l'homologie. Qu'en est-il de la pluricellularité elle-même ? N'est-elle apparue qu'une seule fois ? Aurons-nous expliqué sa présence chez tous les animaux une fois que nous aurons montré comment elle est survenue chez les plus primitifs ? Ou s'est-elle produite plusieurs fois ? En d'autres termes, la pluricellularité des diverses lignées animales est-elle homologue ou analogue ?

Le groupe des métazoaires généralement considéré comme le plus primitif, les éponges, est de toute évidence le résultat du premier scénario, la fusion. En fait, les éponges actuelles sont à peine plus que des agrégats de protistes flagellés vaguement unis entre eux. Chez certaines espèces, on peut même désagréger les cellules en passant l'éponge à travers un fin tissu de soie. Les cellules alors se déplacent indépendamment, s'unissent de nouveau en petits groupes, se différencient et recréent une éponge entièrement nouvelle de même forme que l'éponge originelle. [Si tous les animaux sont issus des éponges, la pluricellularité est homologue dans tout le règne animal et elle est due à la fusion.]

Mais la plupart des biologistes considèrent les éponges comme un cul-de-sac évolutif sans descendants postérieurs. La pluricellularité constitue la voie idéale pour une évolution fréquente, indépendante. Elle présente les deux caractéristiques essentielles de la similitude analogue : elle est assez simple à accomplir, elle est à la fois très ouverte à l'adaptation et forme le seul chemin possible vers les profils qu'elle engendre. Les cellules seules, malgré les œufs d'autruche, ne peuvent pas devenir très grandes. L'environnement physique de la Terre renferme des quantités de biotopes où seules peuvent subsister des créatures de dimensions supérieures à celles d'un unicellulaire. (Que l'on songe seulement à la stabilité que les organismes acquièrent lorsqu'ils sont de taille assez grande pour entrer dans un domaine où la gravité efface les effets des forces agissant sur les surfaces. Puisque le rapport surface/volume diminue avec la croissance, l'augmentation de la taille est le chemin le plus sûr pour atteindre ce domaine.)

Non seulement la pluricellularité s'est développée séparément dans les trois grands règnes de la vie (les plantes, les animaux et les champignons), mais elle est probablement apparue plusieurs fois dans chaque règne. La plupart des biologistes s'accordent à penser que toutes les origines chez les plantes et les champignons se sont produites par fusion — ces organismes sont les descendants de colonies de protistes. Les éponges sont également apparues par fusion. Peut-on arrêter là la discussion et déclarer que la pluricellularité, bien qu'elle soit analogue d'un règne à l'autre et à l'intérieur de chacun d'eux, s'est développée chaque fois d'une façon fondamentalement identique ? Les protistes actuels comprennent des espèces vivant en colonies, présentant à la fois une disposition régulière de leurs cellules et un commencement de différenciation. Vous souvenez-vous des colonies de volvoces, ces algues vertes des eaux douces des laboratoires de biologie du lycée ? (Pour ma part, je dois reconnaître que je n'ai pas connu cette expérience. J'étais élève dans une *high school* publique de New York peu avant le lancement du premier Spoutnik. Nous n'avions pas de laboratoire du tout, mais on en a installé un au moment de mon départ.) Certains volvoces forment des colonies comportant un nombre précis de cellules disposées de façon régulière. Les cellules peuvent être de dimensions différentes et la fonction reproductive peut se limiter à celles situées à une extrémité. Est-on si loin d'une éponge ?

Il n'y a que chez les animaux que l'on peut réunir de bons arguments en faveur d'un autre scénario. Certains animaux, nous-mêmes y compris, sont-ils apparus par division ? Cette question ne pourra recevoir de réponse que si l'on parvient à résoudre l'une des plus anciennes énigmes de la zoologie : le statut du phylum des cnidaires (les coraux et autres animaux apparentés, mais comprenant également les magnifiques cténaires translucides — ou cténophores, du grec *ktênos* « peigne »). La plupart des biologistes pensent que les cnidaires sont apparus par fusion. Le problème réside dans leurs relations avec les autres phylums animaux. Presque toutes les solutions possibles ont leurs partisans. Ainsi, les cnidaires seraient soit les descendants des éponges et leur lignée s'arrêterait là ; soit ils formeraient une branche séparée du règne animal sans descendants ; ils pourraient être aussi les ancêtres de tous les phylums d'animaux « supérieurs » (la thèse classique du XIXe siècle) ; ou alors les descendants dégénérés d'un phylum supérieur. Si l'on parvient à établir la vérité d'une des deux dernières propositions, notre affaire est claire : tous les animaux sont apparus par fusion, probablement deux fois (les éponges et tous les autres). Mais si les phylums des animaux « supérieurs » ne sont pas étroitement apparentés aux cnidaires, s'ils représentent une troisième évolution de la pluricellularité, distincte dans le règne animal, alors il faudra sérieusement prendre en compte le scénario de la division.

Les partisans d'une origine séparée pour les animaux supérieurs proposent généralement comme souche ancestrale possible les plathelminthes ou vers plats. Earl Hanson, biologiste à la Wesleyan University, a mené une croisade en faveur à la fois des plathelminthes comme souche de base des animaux supérieurs et du scénario de la division. Si sa thèse iconoclaste l'emporte, cela signifiera que les animaux supérieurs, y compris les humains bien entendu, sont probablement les seuls produits pluricellulaires nés de la division et non de la fusion.

Hanson a poursuivi son argumentation en étudiant les similitudes entre un groupe de protistes, les ciliés (qui comprend la célèbre paramécie), et les vers plats « les plus simples », les acœles (ainsi nommés parce qu'ils ne possèdent pas de cavité corporelle). De nombreux ciliés renferment une grande quantité de noyaux à l'intérieur de leur cellule unique. Si des cloisonnements cellulaires se produisaient entre les noyaux, l'organisme qui en résulterait ressemblerait-il assez à un ver plat acœle pour justifier le terme d'homologie ?

Hanson a présenté une longue série de similitudes entre les ciliés polynucléaires et les acœles. Les acœles sont de minuscules vers plats marins. Certains savent nager et quelques-uns vivent dans l'eau jusqu'à des profondeurs pouvant atteindre 250 mètres de profondeur ; mais la plupart rampent sur les hauts-fonds marins, sous les roches, dans le sable ou la boue. Ils ont des dimensions similaires à celles des ciliés polynucléaires. (Il n'est pas vrai que tous les métazoaires soient plus grands que tous les protistes. La longueur des ciliés varie d'un centième de millimètre à trois millimètres, alors que certains acœles ont moins d'un millimètre de long.) Les similitudes internes des ciliés et des acœles résident principalement dans leur commune simplicité ; car les acœles, contrairement aux métazoaires conventionnels, sont dépourvus de cavité corporelle ainsi que des organes qui y sont associés. Ils n'ont aucun système permanent pour la digestion, l'excrétion et la respiration. Comme les protistes ciliés, ils forment des vacuoles temporaires dans lesquelles ils digèrent leurs aliments. Les ciliés comme les acœles ont un corps schématiquement divisé en couche externe et couche interne. Les ciliés ont un ectoplasme (couche externe) et un endoplasme (couche interne) et concentrent leurs noyaux dans l'endoplasme. Les acœles réservent une zone interne à la digestion et à la reproduction et une zone externe à la locomotion, à la protection et à la capture de la nourriture.

Les deux groupes présentent également certaines différences remarquables. Les acœles ont un réseau nerveux et des organes reproductifs pouvant devenir fort complexes. Certains ont, par exemple, un pénis et se fécondent l'un l'autre, hypodermiquement, en pénétrant la paroi du corps. Et, après la fécondation, ils passent par un développement embryonnaire. Les ciliés, au contraire, n'ont pas de systèmes nerveux organisé. Ils se divisent par fission et n'ont pas d'embryon, bien qu'ils connaissent la sexualité par l'intermédiaire d'un processus appelé conjugaison. (Dans la conjugaison, deux ciliés s'accouplent et échangent leur matériel génétique. Puis ils se séparent et chacun se divise plus tard pour former deux filles. Le sexe et la reproduction, unis dans presque tous les métazoaires, sont des processus séparés chez les ciliés.) Ce qui est plus important, bien entendu, c'est que les acœles sont pluricellulaires, alors que les ciliés ne le sont pas.

Ces différences ne devraient pas rendre caduque l'hypothèse d'une étroite parenté généalogique. Après tout, comme je l'ai dit précédemment, les ciliés et les acœles contemporains sont séparés de leur éventuel ancêtre commun par plus d'un demi-milliard d'années. Aucun des deux ne représente une forme transitoire à l'origine de la pluricellularité. Le débat tourne donc autour des similitudes et de la question la plus ancienne et la plus fondamentale de toutes : les similitudes sont-elles homologues ou analogues ?

Hanson, défenseur de l'homologie, affirme que la simplicité des acœles est un phénomène ancestral chez les plathelminthes et que les similitudes entre ciliés et acœles, qui résultent en grande partie de leur simplicité, impliquent une liaison généalogique. Ses détracteurs répondent que la simplicité des acœles est un contrecoup de leur évolution « régressive » à partir de plathelminthes plus complexes, conséquence d'une réduction prononcée de la taille chez les acœles. Les turbellariés (le groupe des plathelminthes qui renferme les acœles) possèdent des intestins et des organes excréteurs. Si la simplicité des acœles représente un état dont l'origine est à trouver au sein même des turbellariés, c'est qu'elle ne peut pas provenir par hérédité directe d'une souche ciliée.

Malheureusement, les similitudes qu'énumère Hanson sont de celles qui entraînent des discussions sans fin et sans solution sur l'homologie et l'analogie. Elles ne sont ni suffisamment précises ni assez nombreuses pour certifier que l'on a affaire à des similitudes homologues. Beaucoup sont fondées sur l'*absence* de complexité chez les acœles. Or la perte évolutive est aisée et reproductible, alors que le développement distinct de structures précises et compliquées présente un taux de probabilité très faible. En outre, la simplicité des acœles est une conséquence prévisible de leur petite dimension : c'est pour des raisons fonctionnelles que ce groupe a pu converger vers la configuration ciliée en se retrouvant après coup, secondairement, dans le même ordre de grandeur que les ciliés sans que, pour autant, la liaison soit due à une ascendance directe. De nouveau, nous faisons appel au principe des surfaces et des volumes. De nombreuses fonctions physiologiques, notamment la respiration, la digestion et l'excrétion, doivent s'effectuer à travers la surface et desservir le volume tout entier du corps. Les gros animaux ont une proportion de surface externe si faible par rapport à leur volume interne qu'ils doivent se doter d'organes internes afin d'acquérir plus de surface. (D'un point de vue fonctionnel, les poumons ne sont guère autre chose que de petits sacs permettant de créer la surface indispensable à l'échange des gaz, tandis que les intestins sont des feuilles apportant la surface nécessaire au passage des aliments digérés.) Mais les petits animaux présentent un pourcentage si élevé de surface externe par rapport à leur volume interne qu'ils peuvent souvent respirer, se nourrir et excréter leurs déchets à travers leur seule surface externe. Les plus petits représentants de nombreux phylums plus complexes que les plathelminthes perdent également leurs organes internes. Le *Caecum*, par exemple, le plus petit des escargots, a perdu totalement son système respiratoire interne et prend son oxygène à travers sa surface externe.

Il se peut que d'autres similitudes citées par Hanson soient homologues, mais elles sont si largement répandues parmi d'autres êtres vivants qu'elles ne font que refléter la large affinité existant entre tous les protistes et tous les métazoaires sans indiquer un chemin spécifique suivi par l'hérédité. Les homologies significatives doivent être restreintes aux caractères qui sont à la fois partagés par la descendance et dérivés. (Les caractères dérivés proviennent uniquement de l'ancêtre commun aux deux groupes qui les partagent ; ce sont des signes de généalogie. Par ailleurs, un caractère primitif partagé ne peut pas indiquer spécifiquement une filiation commune. La présence d'ADN chez les ciliés et chez les acœles ne nous renseigne pas sur leur affinité car tous les protistes et tous les métazoaires possèdent de l'ADN.) Dans le même ordre d'idées, Hanson mentionne la « ciliation complète » comme un « caractère permanent et important, commun aux ciliés et aux acœles ». Mais les cils, quoique homologues, sont un caractère primitif partagé ; on les retrouve dans de nombreux autres groupes, les cnidaires par exemple. Le fait que la ciliation soit *complète* représente un phénomène évolutif « facile » qui peut fort bien n'être qu'analogue chez les ciliés et les acœles. La surface externe fixe une limite au nombre maximum de cils susceptibles d'être ajoutés. Les petits animaux, avec un rapport surface/volume élevé, peuvent utiliser la locomotion ciliaire ; les grands animaux ne peuvent pas placer suffisamment de cils sur leur surface proportionnellement réduite pour leur permettre de déplacer leur masse. La complète ciliation des acœles peut ne correspondre qu'à une réponse secondaire, adaptative, à leur petite taille. Le minuscule escargot *Caecum* se déplace également grâce à des cils ; tous ses cousins de plus grande taille utilisent pour cela les contractions musculaires.

Hanson, bien sûr, sait parfaitement qu'il ne peut pas démontrer son hypothèse à l'aide des habituelles preuves morphologiques et physiologiques. « Le mieux que l'on puisse dire, conclut-il, c'est qu'on est en présence de nombreuses similitudes suggestives [entre les ciliés et les acœles], mais d'aucune homologie rigoureusement déterminable. » Existe-t-il une autre méthode permettant de résoudre ce problème ou sommes-nous perpétuellement condamnés à des affrontements sans solution ? L'homologie pourrait être établie avec certitude si nous pouvions disposer d'une nouvelle série de caractères suffisamment nombreux, comparables et complexes — car une similitude bien précise, d'organe à organe, répétée des milliers de fois de manière indépendante, ne peut pas s'expliquer par l'analogie. Les lois de la probabilité mathématique ne l'autorisent pas.

Heureusement, nous possédons maintenant une source éventuelle pour ce type d'information, à savoir la séquence de l'ADN des protéines comparables. Tous les protistes et les métazoaires partagent de nombreuses protéines homologues. Chaque protéine est constituée d'une longue chaîne d'acides aminés ; chaque acide aminé est codé par une séquence de trois nucléotides dans l'ADN. Ainsi, le code de l'ADN pour chaque protéine peut renfermer des centaines de milliers de nucléotides placés dans un ordre précis.

L'évolution s'effectue par substitution des nucléotides. Une fois que deux groupes se sont écartés de leur ancêtre commun, leur séquence de nucléotides commence à accumuler les changements. Le nombre de changements semble grossièrement proportionnel au temps écoulé depuis la séparation. La similitude globale dans la séquence de nucléotides pour des protéines homologues peut donc mesurer l'importance de la séparation généalogique. Une séquence de nucléotides est le rêve du partisan de l'homologie, car elle représente des milliers de caractères potentiellement indépendants. Chaque position des nucléotides est un lieu de changement éventuel.

On commence à disposer de techniques permettant sans difficultés de dresser le tableau de la séquence des nucléotides. Dans les dix années à venir, on pourra, à mon avis, prendre les protéines homologues de tous les groupes de ciliés et de métazoaires concernés dans le débat, établir l'ordre de la séquence, mesurer les similitudes entre chaque paire d'organismes et ainsi beaucoup mieux appréhender (voir même résoudre complètement) ce vieux mystère généalogique. Si les acœles présentent des similitudes plus grandes avec les groupes de protistes susceptibles d'arriver à la pluricellularité en développant des membranes à l'intérieur de leur corps, la thèse de Hanson sera confirmée. Mais s'ils se révèlent plus proches des protistes qui peuvent atteindre la pluricellularité en s'intégrant à une colonie, l'hypothèse classique prévaudra et tous les métazoaires apparaîtront bien comme les produits de la fusion.

L'étude de la généalogie a été injustement délaissée dans notre siècle au profit de l'analyse de l'adaptation, mais elle ne peut pas perdre son pouvoir de fascination. Il suffit de prendre en considération ce que le scénario de Hanson implique sur les liens qui nous unissent aux autres organismes pluricellulaires. Peu de zoologistes mettent en doute le fait que les animaux supérieurs ont obtenu leur statut pluricellulaire grâce à la méthode suivie par les vers plats. Si les acœles ont évolué par la cellularisation d'un cilié, cela signifie que notre corps pluricellulaire est l'homologue d'une seule cellule de protiste. Si les éponges, les cnidaires, les plantes et les champignons sont apparus par fusion, c'est que leur corps est l'homologue d'une colonie de protistes. Puisque chaque cellule ciliée est l'homologue d'une cellule individuelle de n'importe quelle colonie de protistes, on doit en conclure que le corps humain tout entier est — au sens littéral — l'homologue d'une seule cellule d'éponge, de corail ou de plante.

Les curieux chemins empruntés par l'homologie nous emmènent plus loin en arrière encore. La cellule de protiste peut elle-même avoir évolué à partir de la symbiose de plusieurs cellules procaryotiques plus simples (bactéries ou algues bleu-vert). Les mitochondries et les chloroplastes semblent bien être les homologues de cellules procaryotiques entières. Chaque cellule de tout protiste, et chaque cellule dans tout corps de métazoaire, pourrait donc être, par la généalogie, une colonie intégrée d'organismes procaryotiques. Devrons-nous nous considérer à la fois comme des amas de colonies bactériennes et comme l'homologue d'une seule cellule d'éponge ou de peau d'oignon ? Pensez-y la prochaine fois que vous mangerez une carotte ou que vous couperez un champignon.

SEPTIÈME PARTIE

HUMILIÉS ET OFFENSÉS

25

LES DINOSAURES ÉTAIENT-ILS STUPIDES ?

Lorsque Mohammed Ali, alias Cassius Clay, rata ses tests d'intelligence à l'armée, il lança (avec un esprit qui démentait les résultats de l'examen) : « J'ai seulement dit que j'étais le plus grand ; je n'ai jamais dit que j'étais le plus malin. » Dans nos mythes et nos contes de fées, la taille et la puissance sont presque toujours compensées par un manque d'intelligence. L'astuce est l'apanage des petits, tel David qui abattit Goliath avec sa fronde. La lenteur d'esprit est le tragique point faible des géants.

La découverte des dinosaures au XIXe siècle a fourni, ou tout du moins a paru fournir, une argumentation de poids pour confirmer la corrélation négative entre taille et jugeote. Avec leurs cerveaux gros comme des petits pois et leurs corps gigantesques, les dinosaures devinrent le symbole de la bêtise pesante. Leur extinction, semblait-il, ne faisait que confirmer leur conception défectueuse.

On n'accordait même pas aux dinosaures la consolation habituelle des géants, les grandes prouesses physiques. Dieu a gardé un silence discret sur le cerveau de Béhémoth mais, sans aucun doute, il s'est émerveillé de sa force : « Vois, sa force réside dans ses reins, sa vigueur dans les muscles de son ventre. Il raidit sa queue comme un cèdre. [...] Ses vertèbres sont des tubes d'airain, ses os sont durs comme du fer forgé [Job 40, 16-18]. » Les dinosaures, au contraire, ont généralement été présentés comme des créatures lentes et maladroites. Dans l'illustration classique, on voit le brontosaure plongé jusqu'au cou dans les eaux troubles d'un étang parce qu'il ne peut pas porter son propre poids sur terre.

Les ouvrages scolaires de vulgarisation fournissent de bons exemples de l'orthodoxie régnante. J'ai toujours mon livre de troisième (édition de 1948), *Animals of Yesterday* (« Les animaux d'hier ») de Bertha Morris Parker, volé, je suis bien obligé de le constater, à la bibliothèque publique de Queens (avec mes excuses à Mrs. McInerney). Le garçon que j'étais (transporté à l'époque du jurassique) y fit ainsi la connaissance du brontosaure :

« Il est énorme et on peut voir à la taille de sa tête qu'il doit être stupide. [...] Cet animal géant se déplace très lentement sans cesser de se nourrir. Rien d'étonnant à ce qu'il bouge si peu. Ses pattes énormes sont très lourdes et sa grande queue n'est pas facile à tirer. Rien de surprenant à ce que ce « lézard-tonnerre » aime à rester dans l'eau car celle-ci l'aide à soutenir son corps énorme. [...] Les dinosaures géants furent jadis les seigneurs de la Terre. Pourquoi ont-ils disparu ? On peut en toute probabilité fournir une partie de la réponse : leur corps était trop grand pour leur cerveau. Si leur corps avait été plus petit et leur cerveau plus grand, ils auraient pu continuer à vivre. »

Les dinosaures ont fait récemment un retour en force en cette époque du « tout le monde il est beau, tout le monde il est gentil ». La plupart des paléontologistes sont maintenant enclins à les considérer comme des animaux énergiques, actifs et efficaces. Le brontosaure, qui pataugeait dans sa mare il y a une génération, court à présent sur terre ; on a vu des mâles dont les cous s'étaient entrelacés au cours d'une lutte sexuelle pour la possession des femelles (ce qui ressemble beaucoup aux luttes cou à cou des girafes). Les reconstitutions anatomiques modernes montrent les dinosaures forts et agiles et de nombreux paléontologistes pensent maintenant que du sang chaud coulait dans leurs veines (voir chapitre 26).

L'idée de dinosaures à sang chaud a captivé l'imagination du public américain et a été abondamment commentée dans toute la presse du pays. Mais les capacités des dinosaures ont été également défendues dans un autre domaine qui n'a que peu retenu l'attention et que, personnellement, je juge tout aussi important et significatif. Je veux parler de la corrélation entre la bêtise et la taille. L'interprétation révisionniste que je défends ici, sans vouloir présenter les dinosaures comme des modèles d'intelligence, soutient qu'après tout, ils n'avaient pas un cerveau aussi petit qu'on l'a prétendu. Ils possédaient un cerveau de taille normale pour des reptiles de leur dimension.

Tricératops

GREGORY S. PAUL

Je ne nie pas que la minuscule tête aplatie de l'énorme stégosaure abrite un bien petit cerveau de notre point de vue subjectif de créatures à tête enflée, mais je tiens à affirmer qu'on ne devait pas s'attendre à mieux de la part de cet animal. Tout d'abord, les grands animaux ont une tête relativement plus petite que leurs cousins de petite taille. Le rapport entre taille du cerveau et taille du corps chez des animaux de même catégorie (tous les reptiles, tous les mammifères, par exemple) est remarquablement constant. En allant du plus petit au plus grand, de la souris à l'éléphant, du lézard au varan de Komodo, on assiste à un accroissement de la taille du cerveau, mais plus lent que celui de la taille du corps. En d'autres termes, le corps augmente plus vite que le cerveau et les gros animaux ont un faible pourcentage de poids de cerveau par rapport au poids de leur corps. En fait, le taux de croissance du cerveau n'est que d'environ les deux tiers de celui du corps. N'ayant aucune raison de penser que les gros animaux sont plus bêtes que leurs cousins plus petits, nous devons en conclure que les grands animaux ont besoin proportionnellement de moins de cerveau pour atteindre les performances des petits animaux. Si nous ne prenons pas garde à ce phénomène, nous risquons de sous-estimer les facultés mentales des très grands animaux, des dinosaures en particulier.

Brachiosaures

GREGORY S. PAUL

En second lieu, le rapport entre taille du cerveau et taille du corps n'est pas identique dans tous les groupes de vertébrés. On retrouve chez tous la même diminution relative de la taille du cerveau, mais les petits mammifères ont un cerveau beaucoup plus gros que les petits reptiles de même poids. Cet écart se maintient chez les animaux plus gros, la taille du cerveau augmentant aussi vite dans les deux groupes : deux tiers du taux de croissance du corps.

Rapprochez ces deux faits : tous les grands animaux ont un cerveau relativement petit et, à poids de corps égal, les reptiles ont un cerveau beaucoup plus petit que les mammifères ; à quoi devrions-nous nous attendre de la part d'un reptile normal de grande dimension ? La réponse, bien entendu, est : un cerveau de taille très modeste. Aucun reptile vivant n'approche, par sa masse, un dinosaure de taille moyenne, aussi ne possédons-nous pas de norme moderne qui puisse servir de modèle pour les dinosaures.

Heureusement, la documentation fossile si lacunaire ne nous a, pour une fois, pas trop déçus en nous apportant des données sur les cerveaux fossiles. Des crânes merveilleusement conservés nous sont parvenus pour de nombreuses espèces de dinosaures dont on a pu ainsi mesurer la capacité crânienne. (Le cerveau ne remplissant pas totalement la cavité crânienne chez les reptiles, il faut procéder à certaines corrections fondées sur des extrapolations raisonnables pour estimer la taille du cerveau à partir du vide laissé.) Forts de ces données, nous disposons des éléments permettant de mettre à l'épreuve cette hypothèse sur la stupidité des dinosaures. D'entrée de jeu, il faut convenir que la norme reptilienne reste bien la seule qui puisse s'appliquer ; il est hors de propos de constater que les dinosaures ont un cerveau plus petit que les humains ou que les baleines. Nous avons des données à foison sur les liaisons entre taille du cerveau et taille du corps chez les reptiles actuels. Puisque nous connaissons le taux de croissance du cerveau par rapport à celui du corps en allant des petites espèces vivantes aux grosses, nous pouvons extrapoler ce résultat aux tailles des dinosaures et nous demander si le cerveau des dinosaures correspond bien à ce qu'on aurait pu trouver chez des reptiles vivants s'ils avaient eu la possibilité d'atteindre de telles dimensions.

Harry Jerison a étudié la taille du cerveau de dix dinosaures et a constaté qu'ils tombaient exactement dans la courbe reptilienne telle qu'elle avait été extrapolée. Les dinosaures n'avaient pas un petit cerveau ; mais juste ce qu'il fallait pour des reptiles de leurs dimensions. Tant pis pour l'explication que donnait Mrs. Parker de leur disparition.

Jerison n'a pas essayé de faire la distinction entre les différents types de dinosaures ; dix espèces réparties sur six des principaux groupes fournissent une base à peine suffisante pour permettre les comparaisons. Récemment, James A. Hopson de l'université de Chicago a recueilli des données supplémentaires et a réalisé une découverte tout aussi remarquable que satisfaisante.

Hopson avait besoin d'une échelle commune à tous les dinosaures. Il a donc comparé chaque cerveau de dinosaure au cerveau moyen de reptile estimé pour chaque poids du corps. Si le dinosaure tombe dans la courbe reptilienne standard, son cerveau reçoit une valeur de 1,0 (appelée quotient d'encéphalisation, ou Q.E., c'est-à-dire le rapport entre le cerveau réel et le cerveau prévu pour un reptile moyen de même poids). Les dinosaures qui se trouvent au-dessus de la courbe (qui ont un cerveau plus gros que prévu pour un reptile moyen de même poids) se voient attribuer une valeur supérieure à 1,0, alors que ceux qui sont au-dessous de la courbe reçoivent des notes inférieures à 1,0.

Hopson a trouvé que les principaux groupes de dinosaures pouvaient être classés selon les valeurs croissantes de leur Q.E. moyen. Cette classification correspond parfaitement aux déductions sur la rapidité, l'agilité et la complexité du comportement dans l'alimentation (ou dans les efforts pour éviter de devenir soi-même aliment). Les sauropodes géants — le brontosaure et ses cousins herbivores — ont les Q.E. les plus bas, de 0,20 à 0,35. Ils devaient se déplacer assez lentement et sans grande aisance. Ils échappaient probablement à leurs prédateurs par sa seule vertu de leur masse, un peu comme les éléphants aujourd'hui. Les ankylosaures et les stégosaures couverts de plaques osseuses arrivent ensuite avec des Q.E. allant de 0,52 à 0,56. Ces animaux, équipés d'une lourde cuirasse, faisaient sans doute largement appel à la défense passive, mais la queue massue des ankylosaures et la queue hérissée de piquants des stégosaures impliquent de véritables combats et un comportement d'une complexité accrue.

Les cératopsiens viennent ensuite avec des Q.E. de 0,7 à 0,9. « Les plus grands cératopsiens, remarque Hopson, avec leur grosse tête à cornes, utilisaient des stratégies de défense active et avaient vraisemblablement besoin d'une agilité plus grande que les formes à queue armée, à la fois pour repousser les prédateurs et pour livrer des batailles avec leurs congénères. Les cératopsiens plus petits, dépourvus de vraies cornes, devaient compter sur leur acuité sensorielle et leur vitesse pour échapper aux prédateurs. » Les ornithopodes (les dinosaures à bec de canard et leurs alliés) étaient les mieux dotés des herbivores avec des Q.E. de 0,85 à 1,5. Ils s'appuyaient sur « la sensibilité de leurs sens et des vitesses relativement rapides » pour éviter les carnivores. La fuite semble requérir plus de finesse des sens et d'agilité que la défense stationnaire. Parmi les cératopsiens, les petits protocératops, qui ne possédaient pas de cornes et cherchaient vraisemblablement leur salut dans la fuite, avaient un Q.E. plus élevé que les grands tricératops à trois cornes.

Les carnivores avaient un Q.E. plus élevé que les herbivores, comme c'est le cas chez les vertébrés actuels. La capture d'une proie se déplaçant rapidement ou se défendant vaillamment exige beaucoup plus que le fait de choisir la bonne plante. Les théropodes géants (les tyrannosaures et leurs cousins) varient de 1,0 à presque 2,0. Bien au-dessus du lot, ce qui correspond tout à fait à sa petite taille, on trouve le petit cœlurosaure *Stenonychosaurus* avec un Q.E. supérieur à 5,0. Ses proies aux mouvements et aux déplacements très vifs — vraisemblablement des petits mammifères et des oiseaux — devaient lui poser des problèmes plus ardus que le tyrannosaure n'en recontrait face au tricératops.

Je ne désire pas soutenir naïvement que la taille du cerveau signifie intelligence ou, dans ce cas, variété de comportements et agilité (je ne sais pas ce que signifie l'intelligence chez les humains, encore moins chez un groupe de reptiles disparus). Les variations de la taille du cerveau à l'intérieur d'une espèce ont fort peu à voir avec l'intellect (les humains réalisent les mêmes performances avec 900 ou 2 500 cm^3 de cerveau). Mais les comparaisons d'une espèce à l'autre, lorsque les différences sont importantes, semblent raisonnables. Je ne pense pas que le vaste écart de Q.E. qui nous sépare des koalas

— malgré l'attachement que je leur porte — soit sans rapport avec notre réussite. Le classement ordonné des dinosaures indique aussi qu'une mesure aussi grossière que la taille du cerveau a une signification.

Si la complexité des comportements des dinosaures est une conséquence de leur niveau mental, on pourrait s'attendre à découvrir chez eux certains indices de comportements sociaux exigeant coordination, cohésion et reconnaissance. Ces indices existent effectivement et ce n'est pas pur accident s'ils furent négligés lorsque les dinosaures ployaient sous le fardeau d'une débilité mentale supposée. On a découvert de nombreuses traces prouvant un mouvement parallèle d'une vingtaine d'animaux groupés. Certains dinosaures vivaient-ils en troupeaux ? Au Davenport Ranch où l'on peut voir des traces de sauropodes, les petites empreintes se trouvent au centre et les grosses à la périphérie. Se pourrait-il que certains dinosaures se soient déplacés comme le font aujourd'hui certains mammifères herbivores évolués, avec les adultes à l'extérieur protégeant les jeunes rassemblés au centre ?

En outre, les structures qui semblaient les plus étranges et les plus inutiles aux paléontologistes de jadis — les crêtes complexes des hadrosaures, les collerettes et les cornes des cératopsiens et les 22 centimètres d'os massif au-dessus du cerveau du *Pachycephalosaurus* — paraissent actuellement s'expliquer comme étant des dispositifs destinés à la parade et aux combats sexuels. Il se peut que les pachycéphalosaures se soient livrés à des luttes consistant à se heurter tête contre tête comme le font les béliers aujourd'hui. Les crêtes de certains hadrosaures sont conçues comme des chambres de résonance ; se mesuraient-ils dans des concours de mugissements ? Les cornes et la collerette des cératopsiens ont pu faire office d'épées et de bouclier dans les batailles engagées pour la conquête des partenaires sexuels. Ces comportements étant non seulement complexes en eux-mêmes, mais sous-entendant un système social élaboré, on ne s'attendrait guère à les rencontrer dans un groupe d'animaux dotés d'une cervelle d'idiot.

Mais la meilleure illustration des capacités des dinosaures est peut-être bien, paradoxalement, le fait qu'on retient le plus souvent contre eux : leur disparition. L'extinction, pour la plupart des gens, présente les mêmes connotations que l'on attribuait il y a peu au sexe : une affaire plutôt honteuse, se produisant souvent, mais à ne porter au crédit de quiconque et dont il n'est pas de bon ton de parler dans les milieux convenables. Mais, comme le sexe, l'extinction fait partie intégrante de la vie. C'est le sort ultime de toutes les espèces, non pas le lot des créatures malchanceuses ou mal conçues. Ce n'est pas un signe d'échec.

Ce qui est remarquable à propos des dinosaures, ce n'est pas qu'ils aient disparu, c'est qu'ils aient dominé la Terre pendant si longtemps. Leur règne a duré 100 millions d'années pendant lesquelles les mammifères ont vécu dans les interstices de leur monde sous la forme de petits animaux. Après avoir occupé les sommets pendant 70 millions d'années, nous autres mammifères avons un riche passé derrière nous et de bonnes perspectives d'avenir, mais il nous faut encore démontrer que nous pouvons égaler les dinosaures quant à la durée.

Les humains, si l'on s'en tient à ce critère, ne valent même pas la peine d'être mentionnés : 5 millions d'années peut-être depuis les australopithèques, et seulement 50 000 pour notre propre espèce, *Homo sapiens*. Essayez l'épreuve ultime dans notre système de valeurs : connaissez-vous quelqu'un qui soit prêt à parier une forte somme que l'*Homo sapiens* durera plus longtemps que le brontosaure ?

26

LE BRÉCHET RÉVÉLATEUR

Lorsque j'avais quatre ans je voulais être éboueur. J'aimais le bruit des poubelles qui s'entrechoquaient et le vrombissement du compresseur ; je pensais que toutes les ordures de New York pouvaient tenir dans un seul gros camion-benne. Puis, à l'âge de cinq ans, mon père m'emmena voir le tyrannosaure au Muséum américain d'histoire naturelle. Alors que nous nous trouvions devant le dinosaure, un homme éternua ; la gorge serrée, je m'apprêtais à prononcer la prière des derniers instants, le *Shema Yisrael*. Mais le grand animal ne broncha pas, impavide dans sa noblesse osseuse, et à la sortie du musée, je déclarai tout de go que quand je serais grand, je serais paléontologiste.

A cette époque lointaine de la fin des années 40, il n'y avait pas grand-chose pour entretenir l'intérêt d'un jeune garçon pour la paléontologie. Je me souviens du film de Walt Disney *Fantasia,* de la bande dessinée Alley Oop, de quelques reproductions en métal à la patine artificielle, dans le magasin de souvenirs du muséum, beaucoup trop chères pour ma bourse et pas très tentantes de toute façon. Je me rappelle surtout l'impression ressentie à la lecture de certains livres : le brontosaure vautré dans les étangs parce qu'incapable de supporter son propre poids sur terre ; le tyrannosaure, farouche combattant, mais gauche et disgracieux dans ses déplacements. Bref, seulement des bêtes à sang froid, lentes, lourdes et stupides. Et du reste, preuve ultime de leur archaïsme et de leurs déficiences, n'avaient-elles pas toutes disparu dans le grand désastre du crétacé ?

Un des points de cette vérité reçue m'a toujours chagriné : pourquoi ces dinosaures si imparfaits avaient-ils si bien réussi et pendant aussi longtemps ? Les reptiles thérapsidés, les ancêtres des mammifères, se sont divisés en de nombreuses espèces qui se sont multipliées avant l'essor des dinosaures. Pourquoi n'ont-ils pas conquis la Terre, de préférence aux dinosaures ? Les mammifères eux-mêmes se sont développés à peu près en même temps que les dinosaures et ont vécu pendant 100 millions d'années sous la forme de petites créatures discrètes. Si les dinosaures étaient si lents, si stupides et si inefficaces, pourquoi les mammifères ne l'ont-ils pas emporté de suite ?

Une étonnante solution à ce problème a été proposée ces dix dernières années par plusieurs paléontologistes. Les dinosaures, selon eux, étaient agiles, actifs et possédaient une circulation à sang chaud. En outre, ils n'ont pas disparu corps et biens, car une branche de leur lignée s'est perpétuée... dans les branches des arbres ; elle a donné ces animaux que nous nommons oiseaux.

Je m'étais pourtant juré que, dans ces essais, je n'aborderais pas le sujet des dinosaures à sang chaud : le nouvel évangile a déjà connu une large diffusion à la télévision, dans la presse écrite et dans les livres à grand tirage. Le profane cultivé, cette digne abstraction pour qui nous écrivons, doit être saturé. Mais je me vois contraint de revenir sur ma décision. Car je trouve que dans les commentaires quasi interminables qu'on lui a consacrés, le rapport entre les deux points principaux — l'homéothermie des dinosaures (le fait qu'ils aient une circulation à sang chaud) et leur parenté avec les oiseaux — a été dans une large mesure mal interprété. Je trouve également que ce lien entre les dinosaures et les oiseaux a retenu l'attention du public pour une mauvaise raison, alors que la bonne raison est généralement passée inaperçue. Celle-ci unit l'ascendance des oiseaux à l'homéothermie des dinosaures et va dans le sens de la plus radicale des propositions, à savoir une restructuration de la classification des vertébrés qui ferait perdre aux dinosaures leur statut de reptiles et éliminerait la classe traditionnelle des oiseaux pour former une nouvelle classe, les dinosauriens, regroupant oiseaux et dinosaures. Les vertébrés terrestres se répartiraient donc en quatre classes : deux à sang froid, les amphibiens et les reptiles, deux à sang chaud, les dinosauriens et les mammifères. Je n'ai personnellement rien décidé quant à cette nouvelle classification, mais je suis sensible à l'originalité et à l'aspect séduisant de l'argumentation.

La thèse de l'ascendance dinosaurienne des oiseaux n'est pas aussi révolutionnaire qu'il apparaît au premier abord. Elle n'implique guère qu'une légère réorientation d'une branche de l'arbre phylétique. La très étroite relation entre l'archéoptéryx, le premier oiseau, et un groupe de petits dinosaures appelés les cœlurosaures n'a jamais été mise en doute. Thomas Henry Huxley et la plupart des paléontologistes du XIXe siècle étaient partisans d'un rapport d'ascendance direct et pensaient que les oiseaux étaient issus des dinosaures.

Mais l'opinion de Huxley tomba en défaveur au XXe siècle pour une raison simple et apparemment valable. Les structures complexes, une fois qu'elles ont totalement disparu au cours de l'évolution, ne réapparaissent pas sous la même forme. Cette notion ne fait pas appel à une mystérieuse force évolutive, elle ne repose que sur une probabilité mathématique. Les organes complexes sont élaborés par de nombreux gènes agissant réciproquement, de multiples façons, sur les mécanismes de développement d'un organisme. Une fois que l'évolution a démantelé un tel système, comment pourrait-il se reconstituer, exactement semblable, pièce après pièce ? Le rejet de l'argumentation de Huxley tournait autour d'un seul os, la clavicule. Chez les oiseaux, comme chez l'archéoptéryx, les clavicules sont soudées et forment à l'extrémité du bréchet une fourchette, que les amateurs de poulet connaissent bien car on la casse en émettant un souhait. Tous les dinosaures avaient, semblait-il, perdu leurs clavicules et ne pouvaient donc pas être les ancêtres directs des oiseaux. C'était là un argument imparable s'il était vrai. Mais les preuves par absence peuvent être réfutées par des découvertes survenant ultérieurement.

Archéoptéryx

Gregory S. Paul

Cependant, même les adversaires de Huxley ne pouvaient pas nier la similitude structurelle entre l'archéoptéryx et les dinosaures cœlurosauriens. Aussi choisirent-ils comme ascendant possible le plus proche des oiseaux et des dinosaures un groupe de reptiles possédant toujours une clavicule que perdra une lignée d'héritiers (les dinosaures) et qui sera renforcée et soudée dans une autre (les oiseaux). Les postulants les plus sérieux au titre d'ancêtres communs sont un groupe de reptiles thécodontes du Trias appelés pseudosuchiens.

En entendant pour la première fois la thèse selon laquelle les oiseaux sont issus des dinosaures, nombreux sont ceux qui croient qu'elle représente un bouleversement complet de la doctrine en vigueur sur les relations entre les vertébrés. Rien ne saurait être aussi éloigné de la vérité. Tous les paléontologistes reconnaissent une étroite affinité entre dinosaures et oiseaux. Le débat actuel se limite à une légère modification d'un point de ramification phylétique : les oiseaux sont-ils issus des pseudosuchiens ou des descendants des pseudosuchiens, les dinosaures cœlurosauriens ? Si les oiseaux se rattachent à l'arbre généalogique de la vie au niveau des pseudosuchiens, on ne peut pas les considérer comme les descendants des dinosaures (ces derniers n'étant pas encore apparus) ; s'ils proviennent des cœlurosaures, ils constituent la seule branche survivante du tronc dinosaurien. En fait, les pseudosuchiens et les dinosaures primitifs se ressemblent beaucoup et il ne faut pas s'attendre à retrouver, au point réel de l'embranchement, de nombreux éléments de la biologie des oiseaux. Personne ne prétend que l'oiseau-mouche est un descendant du stégosaure ou du tricératops.

Le problème ainsi posé peut sembler mineur aux yeux de nombreux lecteurs. Mais il n'en va pas de même pour nous autres paléontologistes professionnels qui attachons la plus haute importance à ces ruses de la généalogie. Car la reconstitution de l'histoire de la vie nous concerne au premier chef et nous avons pour nos créatures favorites autant d'attentions affectueuses que la plupart des gens en accordent à leur famille. Il est fort probable que vous ne resteriez pas insensible si vous appreniez que votre cousin était en réalité votre père, même si cette découverte ne vous apportait que peu d'éclaircissement sur votre constitution biologique.

Un paléontologiste de Yale, John Ostrom, a récemment ranimé la théorie dinosaurienne. Il a réétudié tous les fossiles d'archéoptéryx — au nombre de cinq. Auparavant la principale objection à une ascendance dinosaurienne avait été levée, car finalement on avait trouvé au moins deux dinosaures cœlurosauriens pourvus de clavicules et reprenant donc place parmi les progéniteurs possibles des oiseaux. En second lieu, Ostrom a montré, avec un luxe de détails impressionnant, l'extrême similitude de structure entre l'archéoptéryx et les cœlurosaures. Une grande partie de ces caractères communs ne se retrouvant pas chez les pseudosuchiens, soit ils se sont développés deux fois (si les pseudosuchiens sont les ancêtres des oiseaux et des dinosaures), soit ils ne se sont développés qu'une fois et les oiseaux les ont hérités de leurs ancêtres dinosaures.

Le développement séparé de caractères similaires est très courant dans l'évolution ; on y fait référence sous le nom de parallélisme ou convergence. On peut s'attendre à rencontrer cette convergence dans quelques structures relativement simples et répondant clairement à un besoin adaptatif lorsque deux groupes partagent le même mode de vie : par exemple le carnivore marsupial à dents de sabre d'Amérique du Sud et le « tigre » placentaire à dents de sabre (voir chapitre 28). Mais quand nous trouvons une correspondance organe par organe, jusque dans les moindres détails de structure sans nécessité adaptative évidente, nous en concluons que les deux groupes tiennent leurs similitudes d'un ancêtre commun. J'accepte donc la thèse d'Ostrom. D'autant plus aisément que le seul empêchement majeur avait déjà disparu par la découverte de clavicules chez certains dinosaures cœlurosauriens.

Les oiseaux sont issus des dinosaures, mais cela signifie-t-il, pour reprendre des titres parus dans la presse, que les dinosaures sont toujours vivants ? Ou, en posant la question de manière plus opérationnelle, devons-nous classer les dinosaures et les oiseaux dans le même groupe, dont les oiseaux seraient les seuls représentants vivants ? C'est ce que proposaient deux paléontologistes, R.T. Bakker et P.M. Galton, en créant une nouvelle classe de vertébrés, les dinosauriens, englobant tout à la fois oiseaux et dinosaures.

On ne peut prendre position sur cette question sans résoudre un problème fondamental de la philosophie taxonomique. (Je suis désolé d'être aussi technique sur ce sujet brûlant, mais de sérieux malentendus peuvent apparaître si nous ne parvenons pas à faire le tri entre les questions formelles de taxonomie et les thèses biologiques sur la structure et la physiologie.) Selon certains taxonomistes, on ne devrait regrouper les organismes que par leur type de filiation : si deux groupes sont affiliés et n'ont pas de descendants (comme les dinosaures et les oiseaux), ils doivent être unis dans une classification formelle avant que l'un des deux groupes se joigne à un autre (comme les dinosaures avec d'autres reptiles).

Dans ce système de taxonomie que l'on appelle cladiste (du grec *klados*, « rameau »), les dinosaures ne peuvent pas être des reptiles à moins que les oiseaux n'en fassent partie également. Et si les oiseaux ne sont pas des reptiles, alors, selon la règle, les dinosaures et les oiseaux doivent former une seule classe nouvelle.

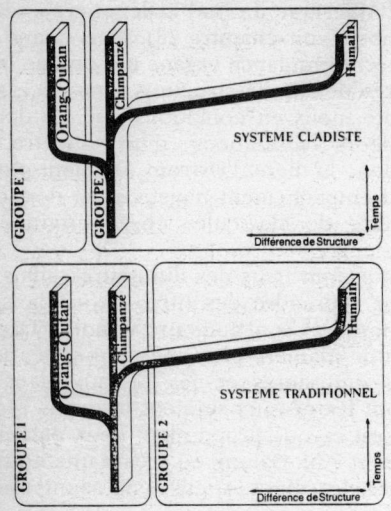

Le bréchet révélateur.
Avec l'autorisation de *Natural History*, novembre 1977.
© AMERICAN MUSEUM OF NATURAL HISTORY, 1977.

Pour d'autres taxonomistes, les points d'embranchement ne sont pas les seuls critères de classification. Ils mettent également dans la balance le degré de divergence adaptative des structures. Dans le système cladiste, les vaches et les dipneustes (poissons possédant des poumons) ont une affinité plus étroite que les dipneustes et les saumons, car les ancêtres des vertébrés terrestres sont issus des poissons sarcoptérygiens (groupe renfermant les dipneustes) après que les sarcoptes furent issus des poissons actinoptérygiens (poissons communs à arêtes, comprenant les saumons). Dans le système traditionnel, on prend en compte la structure biologique aussi bien que le type de filiation et on peut continuer à classer les dipneustes et les saumons ensemble comme poissons, car ils partagent de nombreux caractères communs en tant que vertébrés aquatiques. Les ancêtres des vaches ont connu une énorme transformation évolutive, des amphibies aux reptiles, puis aux mammifères ; le dipneuste, lui, n'a pas bougé et ressemble beaucoup à ses aïeux directs d'il y a 250 millions d'années. Un poisson est un poisson, comme l'a dit jadis un éminent philosophe.

Le système traditionnel reconnaît que les vitesses inégales au cours de l'évolution peuvent constituer un critère propre de classification. Un groupe peut acquérir un statut séparé par le seul fait d'une divergence profonde. Ainsi, dans le système traditionnel, les mammifères forment-ils un groupe séparé et les dipneustes sont-ils classés avec les autres poissons. Les humains forment un groupe distinct et les chimpanzés sont classés avec les orangs-outans (même si les humains et les chimpanzés se sont séparés plus récemment que les chimpanzés et les orangs-outans). Pareillement, les oiseaux forment un groupe distinct et les dinosaures sont classés avec les reptiles, même si les oiseaux sont issus des dinosaures. Si les oiseaux se sont dotés de ces structures de base qui ont assuré leur succès, après s'être séparés des dinosaures, et si les dinosaures ne se sont jamais écartés de cette forme fondamentalement reptilienne, il faudra classer les oiseaux séparément et laisser les dinosaures avec les reptiles malgré l'histoire de leur filiation généalogique.

Ainsi, nous arrivons enfin à notre question primordiale et à la liaison entre ce problème technique de taxonomie et ce thème des dinosaures à sang chaud. Les oiseaux ont-ils hérité leurs principaux caractères directement des dinosaures ? Si c'était le cas, il faudrait probablement accepter la classe des dinosauriens proposée par Bakker et Galton, bien que la majorité des oiseaux actuels aient adopté un mode d'existence (vol et taille réduite) qui ne ressemble guère à celui de la plupart des dinosaures.

Après tout, les chauves-souris, les tatous et les baleines sont tous des mammifères.

Examinons les deux caractères essentiels qui ont fourni la base adaptative au vol chez les oiseaux : les plumes qui permettent de s'élever et de se déplacer dans l'air et l'homéothermie grâce à laquelle l'animal peut maintenir son métabolisme au niveau élevé exigé par une activité aussi fatigante que le vol. L'archéoptéryx a-t-il hérité ces deux caractères d'ancêtres dinosaures ?

C'est R.T. Bakker qui a avancé la plus élégante démonstration en faveur des dinosaures à sang chaud. Son argumentation controversée repose sur quatre points principaux :

1. La structure des os. Les animaux à sang froid ne peuvent pas maintenir leur température centrale à un niveau constant : celle-ci varie selon la température de l'environnement extérieur. En conséquence, les animaux à sang froid vivant dans les régions à saisons très marquées (hivers froids et étés chauds) présentent des anneaux de croissance dans les zones externes des os compacts où alternent les couches de croissance rapide en été et lente en hiver. (C'est ce même rythme bien entendu qu'enregistrent les anneaux des arbres.) Les animaux à sang chaud ne présentent pas d'anneaux, leur température interne étant égale en toutes saisons. Les dinosaures qui ont vécu dans des régions au caractère saisonnier marqué n'ont pas d'anneaux de croissance dans leurs os.

2. La distribution géographique. Les gros animaux à sang froid ne vivent pas dans les hautes latitudes (loin de l'équateur), car les courtes journées d'hiver ne leur permettent pas de se réchauffer suffisamment et leur corpulence les empêche de trouver un lieu d'hibernation sûr. Certains grands dinosaures vivaient dans des régions si septentrionales qu'ils devaient traverser de longues périodes d'hiver totalement privées de soleil.

3. L'écologie fossile. Les carnivores à sang chaud doivent manger beaucoup plus que les carnivores à sang froid de même taille pour que leur température centrale reste constante. En conséquence, lorsque les prédateurs

et les chassés sont à peu près de la même taille, une communauté d'animaux à sang froid comprend davantage de prédateurs (puisque chacun d'eux a des besoins alimentaires plus réduits) qu'une communauté d'animaux à sang chaud. La proportion de prédateurs peut atteindre 40 p. 100 du nombre des animaux chassés dans une communauté à sang froid ; elle ne dépasse pas 3 p. 100 dans une communauté à sang chaud. Les prédateurs sont rares dans les faunes de dinosaures ; leur pourcentage correspond à ce que l'on trouve de nos jours dans les communautés d'animaux à sang chaud.

4. L'anatomie des dinosaures. On représente généralement les dinosaures sous la forme de bêtes lentes et lourdes, mais des reconstitutions récentes (voir chapitre 25) montrent que de nombreux grands dinosaures ressemblaient à des animaux coureurs actuels du point de vue de leur anatomie locomotrice et des proportions de leurs membres.

Mais peut-on considérer les plumes comme un héritage des dinosaures ? Il est certain qu'aucun brontosaure n'a jamais eu le plumage du paon. A quoi donc servaient les plumes de l'archéoptéryx ? Si elles étaient destinées au vol, les plumes peuvent n'appartenir qu'aux seuls oiseaux ; personne n'a jamais avancé l'idée d'un dinosaure volant (les ptérosaures appartiennent à un groupe distinct). Mais la reconstitution anatomique effectuée par Osborne laisse fortement penser que l'archéoptéryx ne savait pas voler ; le système d'attache de ses membres antérieurs à sa ceinture scapulaire ne devait pas lui permettre de battre des ailes de manière à voler. Ostrom pense que les plumes remplissaient une double fonction : elles servaient à la fois d'isolant thermique pour conserver la chaleur corporelle de ce petit animal à sang chaud et de piège pour les insectes volants et autres petites proies.

L'archéoptéryx pesait moins de cinq cents grammes et avait une taille inférieure de trente centimètres au plus petit des dinosaures. Les petits animaux ont une proportion surface/volume très élevée (voir chapitres 29 et 30). La chaleur est engendrée dans tout le volume du corps et rayonne à travers sa surface. Les petits animaux à sang chaud ont beaucoup de mal à maintenir une température centrale constante car la chaleur se dissipe très rapidement sur leur surface relativement énorme. Les musaraignes, malgré leur fourrure isolante, ne doivent pratiquement pas s'arrêter de manger pour entretenir leur foyer intérieur. Le rapport surface/volume était si faible chez les grands dinosaures qu'il leur était possible de maintenir une température constante sans isolation. Mais dès que la taille des dinosaures ou de leurs descendants se réduisit, ils eurent besoin d'isolation pour conserver leur homéothermie. Les plumes ont pu servir originellement à maintenir la température centrale chez les petits dinosaures. Bakker pense que de nombreux petits cœlurosaures ont sans doute également possédé des plumes. (Très peu de fossiles conservent les plumes ; l'archéoptéryx est, sur ce plan, une exception remarquable.)

Les plumes, conçues initialement pour l'isolation, furent bientôt utilisées dans un autre but, le vol. Il est en effet difficile d'imaginer que les plumes aient pu se développer sans avoir eu un autre usage que le vol. Les ancêtres des oiseaux ne volaient certainement pas et les plumes ne sont pas apparues brutalement et toutes formées. Comment la sélection naturelle pourrait-elle élaborer, à travers une série de phases intermédiaires, un caractère adaptatif qui ne présenterait aucune utilité pour les animaux qui l'auraient possédé ? En attribuant aux plumes une fonction originelle d'isolation thermique, on peut les considérer comme un moyen ayant permis aux dinosaures à sang chaud d'avoir accès aux avantages écologiques liés à la petite taille.

Si Ostrom estime que les oiseaux descendent des dinosaures cœlurosauriens, son argumentation ne repose pas sur l'homéothermie des dinosaures ou sur la fonction première des plumes comme isolant. Elle se fonde au contraire sur les méthodes classiques de l'anatomie comparée, qui ont fait apparaître des similitudes très précises entre les os, et sur la certitude qu'une telle ressemblance doit provenir d'une ascendance commune et non d'un phénomène de convergence. Je suis persuadé que l'argumentation d'Ostrom restera quelle que soit la conclusion de cette chaude discussion sur les dinosaures à sang chaud.

Mais si le public demeure fasciné par l'idée que les oiseaux sont issus des dinosaures, c'est dans la mesure où ils auraient hérité leurs plumes et leur homéothermie directement des dinosaures. Si les oiseaux ont acquis ces caractères après s'être séparés des dinosaures, alors ces derniers sont du point de vue de leur physiologie de parfaits reptiles ; il faudrait alors les laisser avec les tortues, les lézards et leurs cousins dans la classe des reptiles. (J'ai tendance à être plus traditionaliste que cladiste dans ma philosophie taxonomique.) Mais si les dinosaures étaient réellement des animaux à sang chaud et si les plumes leur permettaient effectivement de conserver leur homéothermie lorsqu'ils étaient de petite taille, c'est bien des dinosaures que les oiseaux auraient hérité ce qui a assuré leur succès. Et si les dinosaures se rapprochaient plus des oiseaux que d'autres reptiles par leur physiologie, nous aurions là un argument classique, fondé sur la structure — et non pas la seule prise en compte d'une position généalogique — pour inclure oiseaux et dinosaures dans une nouvelle classe, les dinosauriens.

Bakker et Galton écrivent : « Le rayonnement des oiseaux est une exploitation aérienne de la physiologie et de la structure fondamentales des dinosaures, de même que le rayonnement des chauves-souris est une exploitation aérienne de la physiologie primitive fondamentale des mammifères. Les chauves-souris ne constituent pas une classe indépendante pour la seule raison qu'elles volent. Nous pensons que ni le vol ni la diversité des espèces d'oiseaux ne méritent qu'ils soient séparés des dinosaures quant à la classe. » Pensez au tyrannosaure et remerciez cette terreur des temps anciens quand bientôt, à Noël, vous casserez en deux la fourchette de cet autre représentant du même groupe, la dinde[1].

---

1. Cet article a été publié originellement dans *Natural History* en novembre 1977.

27

LES ÉTRANGES MARIAGES DE LA NATURE

> Un seul maillon brisé dans la chaîne nature,
> Dixième ou dix millième, entraîne sa rupture.
> ALEXANDER POPE,
> *Essai sur l'homme* (1733).

Ce distique de Pope exprime bien l'idée courante que l'on se fait des liens qui unissent les organismes au sein d'un écosystème. Mais les écosystèmes ne sont pas en équilibre si précaire que la chute d'une seule espèce entraîne un effondrement général comme dans un château de cartes. L'extinction est en effet le sort commun de toutes les espèces et celles-ci ne peuvent pas toutes emporter leur écosystème avec elles. Les espèces ont souvent autant d'interdépendance entre elles que « les navires qui passent dans la nuit » de Longfellow. New York pourrait même survivre sans ses chiens (quant aux cafards, je n'en suis pas si sûr, mais je suis prêt à en faire le pari).

Les chaînes de dépendance sont généralement plus courtes. Pour les illustrer, les vulgarisateurs de sciences naturelles possèdent ainsi une réserve d'appariements étranges entre des organismes dissemblables : une algue et un champignon s'associent pour former le lichen ; des micro-organismes photosynthétiseurs vivent dans l'enchevêtrement des coraux bâtisseurs de récifs. La sélection naturelle profite des occasions qui lui sont offertes ; elle façonne les organismes selon l'environnement du moment et ne peut pas prévoir l'avenir. Une espèce se lie souvent à une autre espèce en une dépendance inviolable ; dans ce monde inconstant, ce lien fécond peut s'avérer fatal.

J'ai écrit mon mémoire de thèse sur les escargots terrestres fossiles des Bermudes. Sur le rivage, j'ai souvent vu ce spectacle incongru de bernard-l'ermite dont le corps volumineux était glissé dans la coquille exiguë d'escargots nérites, mais dont la grosse pince restait à l'extérieur. Pourquoi, me suis-je demandé alors, ces crabes n'échangeaient-ils pas leur logement trop étroit contre une coquille plus spacieuse ? Puis un jour, je vis un bernard-l'ermite à l'aise ; il avait trouvé place dans une coquille du buccin *Cittarium pica,* un gros escargot à la chair très appréciée dans toutes les Antilles. Mais la coquille de ce *Cittarium* était un fossile que l'érosion avait arraché à une ancienne dune de sable où l'avait apporté un ancêtre de l'occupant actuel, quelque cent vingt mille ans auparavant. Les mois suivants, j'observai attentivement ce phénomène. La plupart des bernard-l'ermite se tassaient dans les nérites, mais quelques-uns habitaient dans des coquilles de buccin, toutes fossiles.

Je me mis à reconstituer l'histoire de ces bernard-l'ermite jusqu'au moment où je m'aperçus que j'avais été devancé dès 1907 par Addison E. Verril, un maître de la taxonomie, professeur à Yale, protégé de Louis Agassiz et spécialiste éminent de l'histoire naturelle des Bermudes. Verril avait cherché dans les archives historiques de l'archipel des mentions de buccins vivants et découvert que ceux-ci avaient été abondants dans les premières années de l'occupation humaine. Le capitaine John Smith, par exemple, a rapporté comment un de ses matelots survécut à la grande famine de 1614-1615 : « Il se cacha dans les bois pendant de nombreux mois, se nourrissant uniquement de buccins et de crabes de terre, gros et gras. » Un autre matelot déclara qu'ils faisaient du ciment pour calfater leurs navires avec un mélange d'huile de tortue et de chaux qu'ils obtenaient en faisant brûler des coquilles de buccin. Le dernier témoignage de l'existence de *Cittarium* vivants est donné par les débris de cuisine des soldats britanniques en poste aux Bermudes pendant la guerre de 1812. Personne, selon l'enquête menée par Verril, n'en avait vu récemment et « les plus vieux habitants ne se souvenaient pas qu'on en ait jamais pris ». Aucune observation faite ces soixante-dix ans passés n'était venue contredire la conclusion de Verril sur l'extinction du *Cittarium* aux Bermudes.

En lisant l'étude de Verril, j'éprouvai pour la triste situation du *Cenobita diogenes* (le nom scientifique du gros bernard-l'ermite) ce sentiment de compassion anthropocentrique, peut-être mal placé, que l'on ressent souvent pour les autres créatures. Car je me rendis compte que la nature avait condamné le *Cenobita* à une lente élimination du sol des Bermudes. Les coquilles de nérites étant trop petites pour eux, seuls des crabes jeunes ou aux tout premiers temps de leur âge adulte peuvent y vivre — et de manière très inconfortable. Aucun autre escargot actuel ne semble leur convenir et, pour mener à bien sa vie adulte, le bernard-l'ermite doit obligatoirement trouver (et souvent conquérir de haute lutte) ce logement des plus précieux et qui va en se raréfiant, une coquille de *Cittarium*. Mais le *Cittarium* est aux Bermudes, pour employer une expression récente, une « ressource non renouvelable » et les crabes continuent à

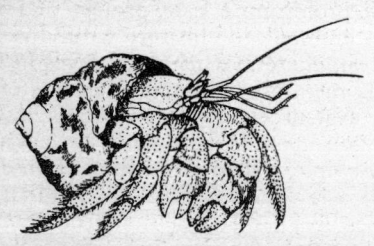

Un bernard-l'ermite, *Cenobita diogenes*,
dans la coquille d'un *Cittarium*.
Dessin d'après nature de A. Verril, 1900.

recycler les coquilles des siècles précédents. Celles-ci sont épaisses et solides, mais elles ne peuvent pas résister éternellement à l'action des vagues sur les roches, et le stock s'amenuise sans cesse. Certes, tous les ans quelques coquilles « neuves » se détachent des dunes fossiles, mais ce précieux legs hérité des crabes d'antan ne suffit pas à la demande. Les *Cenobita* semblent condamnés à la triste fin que montrent bien des films et scénarios futuristes où l'on voit les survivants à court de provisions se disputer la dernière bouchée dans une lutte sans merci. Le savant qui a baptisé ce grand bernard-l'ermite a bien choisi le nom de cet animal. Une lanterne à la main, Diogène le Cynique parcourait les rues d'Athènes à la recherche d'un honnête homme et ne put jamais en trouver un seul. Le *Cenobita diogenes*, lui, mourra à la recherche d'un logement décent.

La poignante destinée du *Cenobita* resurgit du tréfonds de ma mémoire lorsque récemment j'ai eu vent d'une association similaire. Mais cette fois, il ne s'agissait plus de crabes et d'escargots, mais d'une combinaison plus étrange, entre graines et dodos, et ce second exemple d'interdépendance évolutive se termine bien.

William Buckland, un des principaux géologues catastrophistes du XIXe siècle, a résumé l'histoire de la vie sur un grand dépliant à l'intérieur d'un livre qui connut un grand succès, *Geology and Mineralogy Considered with Reference to Natural Theology* (« La géologie et la minéralogie étudiées à la lumière de la théologie naturelle »). Le tableau montre les victimes des disparitions de masse regroupées selon l'époque de leur extinction. Les gros animaux forment des amas compacts : ichtyosaures, dinosaures, ammonites et ptérosaures d'une part ; mammouths, rhinocéros laineux et ours des cavernes d'autre part. A l'extrême droite, seul, le dodo, premier exemple d'extinction de notre ère, représente les animaux modernes. Le dodo, ou dronte, est un pigeon géant incapable de voler (son poids était de douze kilos, voire plus) qui vivait en abondance sur l'île Maurice. Dans les deux cents ans qui suivirent sa découverte, il fut exterminé par les hommes, qui appréciaient ses œufs, et par les porcs que les premiers marins avaient importés sur l'île. Depuis 1681, on n'a plus jamais revu un seul dodo en vie.

En août 1977, Stanley A. Temple, spécialiste de l'écologie des animaux sauvages à l'université du Wisconsin, a rapporté l'étonnante histoire suivante (mais la théorie exposée fut remise en question après la rédaction de ce premier article. Voir la correspondance présentée en addendum). Temple — ainsi que d'autres avant lui — avait remarqué qu'un gros arbre de l'île Maurice, le *Calvaria major*, semblait près de s'éteindre. En 1973, il ne put trouver que treize « vieux arbres, en état de maturité très avancée et mourants » au sein de ce qu'il restait des forêts primitives. Les experts forestiers mauriciens estimaient que ces arbres avaient plus de trois cents ans. Ils produisaient chaque année des graines bien formées, apparemment fertiles, mais aucune ne germait et on ne connaissait aucun jeune plant. Toutes les tentatives pour obtenir la germination des graines dans une pépinière au climat favorable et contrôlé avaient échoué. Pourtant, jadis, les *Calvaria* poussaient en grand nombre sur l'île Maurice ; les archives forestières attestent même qu'il fut l'objet d'une exploitation importante.

Les gros fruits du *Calvaria*, qui ont quelque cinq centimètres de diamètre, sont composés d'une graine enveloppée dans un noyau dur d'environ un centimètre d'épaisseur. Ce noyau est entouré par une couche de chair juteuse et succulente recouverte par une fine peau externe. Selon les conclusions de Temple, les graines de *Calvaria* ne parviennent pas à germer à cause de la « résistance mécanique offerte à l'expansion de l'embryon » par l'épaisseur du noyau. Comment alors la graine germait-elle dans les siècles précédents ?

Temple rapprocha deux faits. Les premiers explorateurs ont écrit que le dodo se nourrissait des fruits et des graines des grands arbres des forêts ; des noyaux fossiles de *Calvaria* ont été découverts parmi les squelettes de dodo. Le dodo avait un gésier puissant rempli de gros cailloux qui pouvaient écraser les aliments durs. En second lieu, l'âge des *Calvaria* survivants correspond à la date de l'extermination du dodo. Aucun jeune *Calvaria* n'est apparu depuis la disparition du dodo, il y a presque trois cents ans.

Temple soutient donc que l'épaisseur peu commune du noyau de *Calvaria* est une adaptation destinée à résister à l'écrasement dans le gésier du dodo. Mais cette parade les a du même coup rendus dépendants du dodo pour leur propre reproduction. Un prêté pour un rendu ! Un noyau suffisamment épais pour survivre au passage dans un gésier de dodo est trop épais pour permettre à l'embryon de le briser avec ses propres forces. Le gésier qui jadis menaçait la graine était devenu un auxiliaire indispensable. Le noyau devait subir une abrasion importante avant de pouvoir germer.

Plusieurs petits animaux mangent aujourd'hui les fruits du *Calvaria*, mais ils ne font que grignoter la chair sans toucher au noyau. Le dodo, lui, était assez gros pour avaler le fruit tout entier. Après avoir consommé la chair, les dodos abrasaient le noyau dans leur gésier avant de le régurgiter ou de le rejeter dans leurs excréments. Temple cite plusieurs cas analogues dans lesquels le taux de germination des graines est sensiblement accru après le passage dans l'appareil digestif de divers animaux.

Temple tenta ensuite d'évaluer la force d'écrasement d'un gésier de dodo en établissant un graphique faisant apparaître chez plusieurs oiseaux actuels la corrélation existant entre le poids du corps et la force du gésier. En extrapolant cette courbe à la taille du dodo, il estima que les noyaux de *Calvaria* étaient assez épais pour résister à l'écrasement ; en fait, les noyaux les plus épais ne pouvaient être écrasés qu'après avoir subi une abrasion de près de 30 p. 100 de leur épaisseur. Les dodos auraient fort bien pu régurgiter les noyaux, ou leur faire poursuivre leur chemin dans l'appareil digestif, avant qu'ils n'aient atteint ce degré d'usure. Temple prit des dindons, les équivalents actuels les plus proches des dodos, et leur fit avaler de force des noyaux, un à la fois. Sept des dix-sept noyaux restants furent régurgités ou rejetés avec les excréments après une abrasion considérable. Temple planta ces graines et trois d'entre elles germèrent. « Ces graines de *Calvaria*, écrivit-il, sont peut-être les premières à germer depuis plus de trois cents ans. » Le *Calvaria* peut probablement être sauvé de l'extinction totale grâce à l'utilisation de graines abrasées articifiellement. Pour une fois, une observation pénétrante, alliée à un esprit imaginatif et à une pensée expérimentale originale, conduit à une œuvre de sauvegarde et non de destruction.

Cet essai marque le cinquième anniversaire de ma collaboration à *Natural History*. Lorsque j'ai commencé cette chronique, je m'étais dit que je tâcherais de rompre avec une attitude traditionnelle qui fut longtemps en vogue chez les vulgarisateurs des sciences naturelles. Je ne raconterais pas les merveilles de la nature en elles-mêmes. Je relierais tous les faits rapportés à un principe général de la théorie évolutionniste : les pandas et les tortues de mer à l'imperfection comme preuve de l'évolution, les bactéries magnétiques à la notion de proportionnalité, les acariens qui mangent leur mère de l'intérieur à la théorie de Fisher sur la répartition des sexes. Mais ce chapitre n'a d'autre message à apporter que cette évidence : dans notre monde complexe où se tissent des liens multiples, les déséquilibres locaux peuvent entraîner des conséquences de grande ampleur. Je n'ai rapporté ces deux faits apparentés que parce qu'ils m'ont personnellement touché, l'un par son caractère cruel et inéluctable, l'autre par sa leçon optimiste.

Addendum

Certains faits de l'histoire naturelle sont trop beaux et trop complexes pour être acceptés de tous. Le travail de Temple connut un retentissement immédiat dans la presse à grand tirage (le *New York Times* et quelques autres journaux importants, suivis deux mois plus tard par mon article). Un an après (le 30 mars 1979), le docteur Owadally du Service mauricien des forêts mit sérieusement en doute la thèse de Temple dans un commentaire technique publié dans la revue *Science* (où l'article initial de Temple était paru). Je reproduis ci-dessous, textuellement, les objections d'Owadally suivies de la réponse de Temple :

« Je ne disconviens pas que l'évolution conjointe entre plante et animal existe et que la germination de certaines graines puisse être facilitée par le passage dans le tube digestif de certains animaux. Cependant il est impossible de soutenir que le « mutualisme » du célèbre dodo et du *Calvaria major* (tambalacoque) soit un exemple[1] de coévolution.

1. Le *Calvaria major* pousse dans les forêts tropicales des hautes terres de l'île Maurice où les précipitations annuelles varient de 2 500 à 3 800 mm par an. Le dodo, selon des sources hollandaises, vivait dans les plaines du nord et les collines de l'est dans la région de Grand-Port, c'est-à-dire dans une forêt plus sèche, où les Hollandais avaient établi leur première colonie. Il est donc fortement improbable que le dodo et le tambalacoque aient occupé la même niche écologique. Les importants travaux de terrassement qui ont été conduits dans les hautes terres pour l'aménagement de lacs artificiels, de canaux de drainage, etc., n'ont pas permis de mettre au jour le moindre reste de dodo.

2. Certains auteurs ont mentionné les petites graines ligneuses découvertes à Mare-aux-Songes et la possibilité que leur germination ait pu être facilitée par le dodo ou d'autres animaux. Nous savons maintenant que ces graines n'appartiennent pas au tambalacoque mais à une autre espèce d'arbres des basses terres récemment identifiée, le *Sideroxylon longifolium*.

3. Le Service des forêts étudie et réalise depuis quelques années la germination des graines de tambalacoque sans intervention d'aucun oiseau[2]. La vitesse de germination est lente mais guère plus que celle de nombreuses autres espèces autochtones qui ont, dans les dernières décennies, présenté un net déclin de leur reproduction. Ce dépérissement est dû à divers facteurs trop complexes

---

1. S. Temple, *Science 197*, 885 (1977).
2. On peut voir de jeunes plants de *Calvaria major* âgés de neuf mois et plus dans la pépinière forestière de Curepipe.

pour être abordés ici. Les principaux ont été les déprédations commises par les singes et l'envahissement de plantes exotiques.

4. Un inventaire des forêts tropicales des hautes terres dressé en 1941 par Vaughan et Wiehe[1] a montré qu'il existait une population assez importante de jeunes plants de tambalacoque qui avaient certainement moins de soixante-quinze ans. L'extinction du dodo remonte à 1675 !

5. La manière dont germe la graine de tambalacoque a été décrite par Hill[2] qui a démontré comment l'embryon réussissait à s'extraire du dur endocarpe lignifié. L'opération est effectuée par le gonflement de l'embryon qui brise le fond de la graine le long d'une zone de fracture bien définie.

Il convient donc de se débarrasser du « mythe » tambalacoque-dodo et de reconnaître les efforts déployés par le Service mauricien des forêts pour la sauvegarde de cet arbre magnifique du haut plateau.

A.W. Owadally,
Forestry Service, Curepipe, Ile Maurice. »

« Le mutualisme plante-animal qui a pu exister entre le dodo et le *Calvaria major* est devenu impossible à prouver expérimentalement après l'extinction du dodo. Je n'ai fait qu'attirer l'attention sur l'éventualité d'une telle relation[3] qui permettrait d'expliquer le taux de germination extraordinairement lent chez les *Calvaria*. Je reconnais bien volontiers que ce type de reconstitution historique peut aisément être entaché d'erreur.

Je suis néanmoins en désaccord avec la conclusion d'Owadally[4] sur la séparation géographique du dodo et du *Calvaria*. On n'a pratiquement jamais trouvé d'ossements de dodo ou d'un quelconque autre animal dans les hautes terres de l'île Maurice non pas parce que les ani-

1. R.E. Vaughan & P.O. Wiehe, *J. Écol.* **19**, 127 (1941).
2. A.W. Hill, *Ann. Bot.* **5**, 587 (1941).
3. S.A. Temple, *Science* **197**, 1977, p. 885.
4. A.W. Owadally, *ibid.* **203**, 1979, p. 1363.

maux n'y allaient jamais, mais parce que la topographie de l'île n'y autorise pas le dépôt d'alluvions. De nombreux ossements d'animaux en provenance des hautes terres environnantes ont été emportés par les eaux et se sont accumulés dans les bassins de réception de certains fleuves des basses plaines. Les récits des premiers explorateurs, résumés par Hachisuka[1], font très précisément référence à la présence de dodos dans les hautes terres, et Hachisuka insiste sur l'erreur qui consiste à considérer les dodos comme des oiseaux uniquement côtiers. Les premières archives forestières de l'île Maurice[2] montrent que l'on trouvait des *Calvaria* dans les basses plaines aussi bien que sur le haut plateau. Bien que, de nos jours, les forêts primitives se limitent aux hautes terres, l'un des *Calvaria* survivants est situé à une altitude de seulement 150 mètres au-dessus du niveau de la mer. Le dodo et le *Calvaria* ont donc pu être sympatriques, rendant ainsi possible une relation mutualiste.

Les spécialistes de la taxonomie des plantes sapotacées de l'océan Indien ont identifié des graines de *Calvaria major*, tout autant que des graines plus petites du *Sideroxylon longifolium*, dans les dépôts alluviaux des marécages de Mare-aux-Songes[3], mais ce fait n'a que peu de rapport avec la question du mutualisme. Les espèces mutualistes ne sont pas nécessairement fossilisées ensemble.

Le Service mauricien des forêts n'est parvenu que récemment à faire reproduire les graines de *Calvaria* et la raison — non mentionnée — de ce succès renforce la thèse du mutualisme. La reproduction en effet n'a été obtenue qu'une fois que les graines eurent été mécaniquement abrasées avant d'être plantées[4]. Le système digestif du dodo abrasait de manière naturelle l'endo-

---

[1]. M. Hachisuka, *The Dodo and Kindred Birds* (« Le dodo et les oiseaux apparentés »), Witherby, Londres, 1953, p. 85.

[2]. N.R. Brouard, *A History of the Woods and Forests of Mauritius* (« Histoire des bois et des forêts de l'île Maurice »), Imprimerie nationale, Maurice, 1963.

[3]. F. Friedmann, communication personnelle.

[4]. A.M. Gardner, communication personnelle.

carpe du fruit de la même façon que le personnel du Service mauricien des forêts le fait artificiellement avant de planter les graines.

La référence qu'Owadally cite [1] à propos de l'âge des *Calvaria* survivants est équivoque car il n'existe pas de moyen aisé pour attribuer de manière sûre un âge à ces arbres. Par coïncidence, il se trouve que Wiehe, le coauteur de l'article que cite Owadally, était également la source d'où j'ai tiré l'estimation de l'âge — plus de trois cents ans — des arbres survivants. J'admets qu'il y avait davantage d'arbres survivants en 1930 qu'aujourd'hui, ce qui ne fait que consolider la notion du déclin de l'espèce *Calvaria major,* sans doute commencé dès 1681.

Je reconnais avoir eu tort de ne pas citer Hill [2]. Cependant, Hill ne décrit pas comment et dans quelles conditions il a pu obtenir la germination de la graine. Sans ces précisions, sa description ne peut guère servir à résoudre la question du mutualisme.

Stanley A. Temple.
Department of Wildlife Ecology,
University of Wisconsin-Madison,
Madison 53706. »

Je pense que Temple a répondu de manière appropriée (voire triomphale) aux trois premières objections d'Owadally. En tant que paléontologiste, je peux certainement confirmer son argumentation sur la rareté des fossiles dans les hautes terres. Les témoignages que nous possédons sur les faunes fossiles des hautes terres sont excessivement lacunaires ; les spécimens en notre possession proviennent généralement des dépôts découverts dans les basses terres, très usés et apportés par les eaux depuis des terrains situés plus haut. Owadally s'est certainement montré négligent en omettant de mentionner (troisième objection) que le Service des forêts abrasait ses graines de *Calvaria* avant de les planter ; car la nécessité de

---

1. R.E. Vaughan & P.O. Wiehe, *J. Écol.* 19, 1941, p. 127.
2. A.W. Hill, *Ann. Bot. 5,* 1941, p. 587.

l'abrasion est au cœur même de l'hypothèse de Temple. Mais Temple, quant à lui, s'est montré tout aussi négligent en omettant de citer les efforts des Mauriciens, qui ont apparemment précédé sa propre découverte.

Le quatrième point, cependant, pourrait entraîner la réfutation de la thèse de Temple. S'il a existé « une population assez importante » de *Calvaria* âgés de moins de cent ans en 1941, les dodos n'ont pu, en aucune façon, participer à leur germination. Temple refuse d'admettre que cet âge ait été démontré, et je ne dispose d'aucun élément pour résoudre cette question capitale.

Cet échange d'arguments illustre parfaitement ce sujet embarrassant qu'est la transmission des informations scientifiques au public. De nombreux médias ont parlé de la thèse originale de Temple. Je n'ai pas trouvé une seule mention des objections soulevées après coup. La plupart des « bons » sujets se révèlent faux ou ont, tout du moins, fait l'objet d'une interprétation hâtive et les démentis sont impuissants à atténuer la fascination qu'exerce une hypothèse séduisante. La plus grande partie des anecdotes « classiques » d'histoire naturelle comportent des erreurs, mais rien n'est aussi difficile à déloger que les dogmes qui ont su s'insinuer dans les manuels.

La polémique entre Owadally et Temple est trop proche pour qu'une conclusion définitive en soit tirée à l'heure actuelle. Je penche plutôt pour Temple, mais si le quatrième point d'Owadally est exact, l'hypothèse du dodo deviendra, comme le dit Thomas Henry Huxley dans son style inimitable, « une belle théorie, tuée par un affreux, méchant petit fait ».

28

PLAIDOYER POUR LES MARSUPIAUX

Je regrette profondément que les manières prédatrices de ma propre espèce m'aient irrévocablement empêché de voir le dodo en action, car un pigeon aussi gros qu'un dindon devait être un spectacle peu commun, et vraiment les spécimens empaillés et moisis n'arrivent pas à emporter ma conviction. Nous qui nous délectons de la diversité de la nature et pour qui chaque animal est un maître auprès de qui nos connaissances s'enrichissent, avons tendance à considérer la venue de l'*Homo sapiens* comme la plus grande catastrophe depuis l'extinction du crétacé. Mais, à mon avis, c'est à la surrection de l'isthme de Panama, il y seulement 2 ou 3 millions d'années, que revient le qualificatif de plus grande tragédie biologique de l'histoire récente de la Terre.

L'Amérique du Sud est restée un continent isolé durant toute l'ère tertiaire (70 millions d'années avant le début de la glaciation continentale). Comme l'Australie, elle abritait une faune mammifère exceptionnelle. Mais l'Australie n'était qu'un trou perdu en comparaison de l'étendue et de la variété des formes sud-américaines, dont beaucoup survécurent au massacre perpétré par les espèces nord-américaines après l'élévation de l'isthme. Certaines agrandirent leur territoire et prospérèrent : l'opossum atteignit le Canada ; le tatou remonte toujours plus haut vers le nord.

Malgré le succès de quelques espèces, l'extermination

des formes sud-américaines les plus spectaculairement différentes doit être considérée comme la conséquence principale de la rencontre entre les mammifères des deux continents. Deux ordres entiers périrent (nous regroupons tous les mammifères actuels en quelque vingt-cinq ordres). Pensez à la richesse que détiendraient nos jardins zoologiques si l'on pouvait y voir un généreux échantillonnage de notongulés, un grand groupe diversifié de mammifères herbivores, allant du toxodon, gros comme un rhinocéros, qui fut exhumé pour la première fois par Charles Darwin lors d'une escale du *Beagle,* aux analogues du lapin et des rongeurs parmi les typothères et les hégétothères. Que l'on songe aux litopternes avec leurs deux sous-groupes, les grands macrauchénidés à long cou, semblables à des chameaux, et les plus remarquables de tous, les protérothères qui ressemblaient à des chevaux. (Les protérothères ont même, au cours de leur évolution, répété certaines tendances suivies par les vrais chevaux : le *Diadiaphorus* à trois doigts a précédé le *Thoatherium,* une espèce à un seul doigt qui a même dépassé la plus noble conquête de l'homme en développant l'atrophie de ses doigts latéraux à un degré que n'ont pas atteint les chevaux actuels.) Ils ont tous disparu à jamais, victimes pour une large part des déséquilibres introduits dans la faune par la surrection de l'isthme. (Plusieurs notongulés et litopternes ont survécu jusqu'à la période glaciaire. Il se peut même qu'ils aient reçu leur coup de grâce des premiers hommes chasseurs. Cependant, je persiste à penser que nombreux sont ceux qui seraient encore avec nous si l'Amérique du Sud était restée une île.)

Les prédateurs autochtones de ces herbivores sud-américains disparurent totalement eux aussi. Les carnivores actuels d'Amérique du Sud, les jaguars et leurs cousins, sont tous des intrus nord-américains. Les carnivores indigènes, aussi invraisemblable que cela puisse paraître, étaient tous des marsupiaux (si l'on excepte, parmi les carnassiers, les phororhacidés, remarquable groupe d'oiseaux géants, à présent éteints également). Les carnivores marsupiaux, bien qu'ils n'aient jamais été aussi divers que les carnivores placentaires des continents de l'hémisphère nord, formaient un ensemble impressionnant, depuis des animaux assez petits jusqu'à des espèces de la taille d'un ours. L'une de ces lignées a suivi une évolution étrangement parallèle à celle des tigres à dents de sabre d'Amérique du Nord. Le marsupial *Thylacosmilus* présentait en effet de longues canines supérieures en tous points semblables à celle du *Smilodon* des puits à bitume de La Brea.

Bien qu'on n'en fasse pas grand cas, les marsupiaux ne se défendent pas mal aujourd'hui en Amérique du Sud. L'Amérique du Nord ne peut guère s'enorgueillir que dudit opossum de Virginie (en réalité un immigré sud-américain), mais les opossums, ou sarigues, d'Amérique du Sud, forment un groupe riche et varié d'environ soixante-cinq espèces. En outre, les cænolestidés, les « rats-opossums » dépourvus de poche, constituent un groupe séparé sans affinité étroite avec les vraies sarigues. Mais le troisième grand groupe de marsupiaux sud-américains, celui des borhyænidés carnivores, fut totalement exterminé et remplacé par les félins venus du nord.

Selon la thèse traditionnelle, l'élimination des marsupiaux carnivores est due globalement à l'infériorité des mammifères à poche face aux mammifères placentaires. (Tous les mammifères vivants, sauf les marsupiaux et les monotrèmes ovipares — ornithorynque, échidné — sont placentaires.) L'argument semble difficile à réfuter. Les marsupiaux ne se sont multipliés que sur les continents isolés de l'Australie et de l'Amérique du Sud où les gros carnivores placentaires n'avaient pas accès. Les premiers marsupiaux du tertiaire disparurent bientôt d'Amérique du Nord alors que les placentaires se diversifiaient ; les marsupiaux sud-américains connurent une sévère défaite lorsque le pont de terre de l'Amérique centrale s'ouvrit à l'immigration placentaire.

Ces arguments fondés sur la biogéographie et l'histoire géologique viennent apparemment étayer l'idée rebattue de l'infériorité anatomique et physiologique des marsupiaux. Les termes mêmes de notre taxonomie renforcent ce préjugé. Tous les mammifères sont divisés en trois catégories : les monotrèmes ovipares sont appelés protothères, ou prémammifères ; les placentaires décrochent la palme avec le terme d'euthères, ou vrais mammifères ; les pauvres marsupiaux sont laissés dans les limbes avec la désignation de métathères, ou mammifères intermédiaires, pas tout à fait aboutis donc.

L'argument de l'infériorité structurelle repose en grande partie sur les modes distincts de reproduction chez les marsupiaux et chez les placentaires, soutenu par ce postulat vaniteux d'après lequel ce qui est différent de nous ne peut être que moins bien. Les placentaires, comme nous le savons par expérience, développent leurs embryons au sein du corps de la mère, grâce à un apport sanguin. A quelques exceptions près, ils naissent sous la forme de créatures assez achevées et efficaces. Les fœtus de marsupiaux n'ont jamais pu acquérir ce mécanisme essentiel qui permet le développement complet au sein du corps de la mère. Notre corps possède la faculté singulière de reconnaître et de rejeter les tissus étrangers ; celle-ci constitue une protection essentielle contre les maladies, mais une barrière souvent infranchissable dans le cas de certaines interventions médicales, allant des greffes de peau aux transplantations cardiaques. Malgré tous les discours moralisants sur l'amour maternel et la présence de 50 p. 100 de gènes maternels dans la progéniture, un embryon n'en demeure pas moins un corps étranger. Le système immunitaire de la mère doit être masqué pour empêcher le rejet. C'est ce que les fœtus placentaires ont « appris » à faire ; pas les marsupiaux.

La période de gestation des marsupiaux est très courte : de douze à treize jours pour l'opossum commun, suivis de soixante à soixante-dix jours de développement postérieur dans la poche externe. En outre, le développement interne ne s'effectue pas en liaison intime avec la mère, mais sous la protection d'un véritable bouclier. Les deux tiers de la gestation se passent à l'intérieur d'une membrane maternelle empêchant l'intrusion des lymphocytes, les soldats du système immunitaire. Suivent quelques jours de contact placentaire, habituellement par l'intermédiaire de la membrane vitelline. Pendant ce temps, la mère mobilise son système immunitaire et l'embryon naît (ou plus exactement est expulsé) peu après.

Ce nouveau-né marsupial est un être minuscule, comparable dans son développement à un début d'embryon placentaire. Sa tête et ses membres antérieurs sont précocement développés, mais les membres postérieurs ne sont souvent guère plus que des moignons indifférenciés. Il lui faut alors entreprendre un voyage incertain, en se tirant lentement sur une distance relativement longue jusqu'à la poche de sa mère où se trouvent les mamelles (ce qui nous fait comprendre maintenant la nécessité de membres antérieurs bien développés). Notre vie embryonnaire au sein d'une matrice placentaire apparaît somme toute plus facile et meilleure sous tous rapports.

Quel défi peut-on donc lancer à ces faits montrant l'infériorité des marsupiaux sur les plans biogéographique et structurel ? Mon collègue John A.W. Kirsch a récemment rassemblé les arguments du débat. En s'appuyant sur les travaux de P. Parker, Kirsch soutient que la reproduction des marsupiaux emprunte un mode d'adaptation différent, et non inférieur. Il est vrai que les marsupiaux n'ont jamais acquis un mécanisme leur permettant de mettre en sommeil le système immunitaire de la mère et d'achever le développement de l'embryon dans la matrice. Mais une naissance intervenant très tôt peut également représenter une stratégie adaptative. Le rejet maternel ne constitue pas forcément un échec ou une occasion perdue ; il peut tout aussi bien s'agir d'une démarche ancienne et parfaitement appropriée face aux rigueurs de la survie. L'argument de Parker renvoie directement à la thèse centrale de Darwin selon laquelle les individus luttent pour s'assurer le succès maximal de leur propre reproduction, c'est-à-dire pour accroître la représentation de leurs propres gènes dans les générations futures. Dans la poursuite (inconsciente) de ce but, plusieurs stratégies totalement divergentes, mais également efficaces, peuvent être suivies. Les placentaires investissent beaucoup de temps et d'énergie dans leur progéniture avant sa naissance. Cet engagement augmente effectivement les chances de réussite, mais la mère placentaire prend aussi un risque : s'il lui arrive de perdre sa portée, elle aura irrévocablement consacré une partie importante de sa vie à des efforts reproductifs qui ne lui auront apporté aucun bénéfice. La mère marsupiale paie un tribut beaucoup plus lourd à la mortalité néo-natale, mais son coût reproductif est faible. La gestation a été courte et elle peut engendrer une autre portée dans la même saison. En outre, le minuscule nouveau-né n'a pas drainé vers lui toutes les ressources énergétiques de sa mère et sa naissance rapide et facile n'a exposé sa génitrice qu'à un danger limité.

Se tournant ensuite vers la biogéographie, Kirsch récuse la théorie selon laquelle l'Australie et l'Amérique du Sud auraient été des refuges pour des bêtes inférieures ne pouvant pas supporter la concurrence dans le monde placentaire de l'hémisphère nord. Il considère la diversité australe des marsupiaux comme un signe de leur succès dans leur territoire d'origine et non comme un piètre résultat obtenu dans une zone marginale. Son argumentation repose sur la relation généalogique étroite entre les borhyænidés (carnivores marsupiaux d'Amérique du Sud) et les thylacines (carnivores marsupiaux de Tasmanie), thèse défendue par M.A. Archer. Les taxonomistes considéraient précédemment ces deux groupes comme un exemple de convergence évolutive, c'est-à-dire de développement séparé d'adaptations similaires (comme dans le cas des dents de sabre marsupiales et placentaires mentionnées plus haut). En fait, les taxonomistes estimaient que le rayonnement des marsupiaux en Australie et en Amérique du Sud correspondait à des phénomènes complètement indépendants qui avaient suivi l'invasion distincte des deux continents par des marsupiaux primitifs expulsés des territoires du nord. Mais une parenté étroite entre borhyænidés et thylacines signifie que les continents de l'hémisphère austral ont dû échanger leurs produits, vraisemblablement *via* l'Antarctique. (Dans notre nouvelle conception de l'histoire géologique où intervient la dérive des continents, les terres de l'hémisphère austral étaient beaucoup plus rapprochées l'une de l'autre lorsque, après la disparition des dinosaures, les mammifères prirent le dessus.) Une thèse plus parcimonieuse imagine une origine centrale des marsupiaux localisée en Australie et une dispersion en Amérique du Sud survenant après l'évolution des thylacinidés, plutôt que deux invasions séparées de l'Amérique du Sud par les marsupiaux, l'une par les ancêtres des borhyænidés en provenance d'Australie et l'autre par tous les autres marsupiaux d'Amérique du Nord. Bien que les explications les plus simples ne soient pas toujours vraies dans notre monde aussi prodigieusement complexe, les arguments de Kirsch laissent planer des doutes considérables sur cette thèse traditionnelle dans laquelle les territoires des marsupiaux sont des refuges et non des centres d'origine.

Cependant, je dois avouer que cette défense structurelle et biogéographique des marsupiaux se lézarde dangereusement devant un seul fait essentiel, sur lequel j'ai attiré l'attention plus haut : lorsque l'isthme de Panama est sorti des eaux, les carnivores placentaires ont envahi le sous-continent sud-américain, les carnivores marsupiaux périrent rapidement et les placentaires l'emportèrent. Cet événement ne prouve-t-il pas de la façon la plus claire la supériorité des carnivores placentaires nord-américains ? Je pourrais éluder ce fait désagréable en proposant quelque hypothèse ingénieuse, mais je préfère me résoudre à l'admettre. Comment puis-je alors continuer à justifier l'égalité des marsupiaux ?

Bien que les borhyænidés aient été vaincus à plate couture, je ne vois aucune parcelle de preuve qui permette d'attribuer cette défaite à leur statut de marsupiaux. Je préfère un argument écologique qui aurait prédit des moments difficiles aux groupes autochtones de carnivores sud-américains quels qu'ils soient, marsupiaux ou carnivores. Il se trouve que les victimes ont été des marsupiaux, mais ce fait taxonomique n'était peut-être qu'une incidence, le sort de ces animaux sud-américains étant réglé pour d'autres raisons.

R. Bakker a étudié l'histoire des mammifères carnivores durant toute l'ère tertiaire. Intégrant certaines idées nouvelles aux connaissances admises précédemment, il a découvert que les carnivores placentaires du nord avaient subi, au cours de leur évolution, deux types de « tests ». Par deux fois, ils ont traversé de courtes périodes d'extinction de masse et de nouveaux groupes, sans doute dotés d'une plus grande souplesse adaptative, ont pris la relève. Pendant les périodes de continuité la profonde diversité des prédateurs ainsi que celle du gibier ont entraîné une intense concurrence et une forte tendance évolutive dans le sens d'une amélioration de l'alimentation (l'ingestion rapide et le déchiquetage des proies) et la locomotion (l'accélération pour les prédateurs pratiquant la chasse à l'affût, l'endurance pour ceux qui poursuivent le gibier). Les carnivores australiens et sud-américains ne connurent aucune de ces deux épreuves. Ils n'eurent à subir aucune extinction de masse et les premiers titulaires purent se maintenir. La diversité n'approcha jamais le niveau atteint dans l'hémisphère nord et la concurrence demeura moins intense. Bakker souligne que leur niveau de spécialisation morphologique pour la course et l'alimentation était très nettement inférieur à celui des carnivores nordistes vivant à la même époque.

Les études menées par H. J. Jerison sur la taille du cerveau apportent à cette thèse une confirmation éclatante. Sur les continents de l'hémisphère nord, les prédateurs placentaires et leurs proies se sont dotés pendant toute l'ère tertiaire d'un cerveau de plus en plus volumineux. En Amérique du Sud, les carnivores marsupiaux ainsi que leurs proies placentaires plafonnèrent rapidement, quant au poids de leur cerveau, à 50 p. 100 des valeurs que l'on trouve en moyenne chez les mammifères actuels de même taille. Le statut anatomique, marsupial ou placentaire, semble ne jouer aucun rôle ; il paraît en aller bien autrement de l'histoire comparée des communautés et des défis auxquels elles ont dû faire face. Si, par une circonstance fortuite, les carnivores nordistes avaient été des marsupiaux et les carnivores sudistes des placentaires, j'ai tendance à penser que l'issue de l'échange à travers l'isthme aurait quand même été une déroute des sudistes. Les faunes d'Amérique du Nord étaient continuellement mises à l'épreuve dans les chaudières ardentes des destructions de masse et de la concurrence sauvage. Les carnivores d'Amérique du Sud ne le furent jamais sérieusement. Quand l'isthme de Panama émergea, ils furent pour la première fois placés dans la balance de l'évolution. Ils n'y pesèrent pas lourd.

HUITIÈME PARTIE

TAILLE ET TEMPS

29

CES DURÉES DE VIE
QUI NOUS SONT IMPARTIES

John Pierpont Morgan, rencontrant Henry Ford dans *Ragtime* de E.L. Doctorow, fait l'éloge de la chaîne de montage, y voyant la transposition fidèle de la sagesse de la nature.

« Vous êtes-vous jamais rendu compte que votre chaîne de montage est non seulement un coup de génie industriel mais une projection de la vérité organique ? Après tout l'interchangeabilité des pièces est une règle de la nature. [...] Tous les mammifères partagent les mêmes mécanismes pour leur alimentation ; leurs systèmes digestifs et circulatoires sont de toute évidence les mêmes et ils disposent des mêmes sens. [...] C'est la présence de mécanismes communs à tous les mammifères qui a permis aux taxonomistes d'établir une classe de mammifères. »

Je sais que Morgan, gros brasseur d'affaires autoritaire, ne se serait pas accommodé d'assertions équivoques ; je me vois pourtant contraint de répondre « oui et non » à ses affirmations. Il avait tort s'il pensait que les gros mammifères sont des répliques géométriques de leurs cousins plus petits. Les éléphants ont proportionnellement un cerveau plus petit et des pattes plus grosses que les souris, et ces différences correspondent à une règle générale chez les mammifères et non aux particularismes des animaux eux-mêmes.

Mais Morgan avait raison de déclarer que les gros animaux sont essentiellement similaires aux membres de leur groupe de petite taille. La similitude, cependant, ne consiste pas en une forme constante. Les lois fondamentales de la géométrie imposent aux animaux un changement de forme pour qu'ils puissent accomplir les mêmes tâches à des tailles différentes. C'est Galilée lui-même qui, en 1638, en exposa l'exemple classique : la force de la patte d'un animal est fonction de la surface de sa section ; le poids que les pattes ont à supporter varie en fonction du volume de l'animal. Si les mammifères n'accroissaient pas l'épaisseur relative de leurs pattes en devenant plus gros, ils s'effondreraient (puisque le poids du corps augmenterait beaucoup plus vite que la force des jambes). Pour conserver les mêmes fonctions, les animaux doivent donc changer de forme.

L'étude de ces modifications proportionnelles à l'échelle des animaux (la *scaling theory*) a permis de mettre au jour une étonnante régularité dans les changements de formes s'échelonnant sur quelque 25 millions de mesures allant de la musaraigne à la baleine bleue. Si, sur la courbe souris-éléphant (ou musaraigne-baleine), on trace le rapport poids du corps/poids du cerveau de tous les mammifères, on remarque que fort peu d'espèces s'éloignent de la ligne exprimant la règle générale : en progressant des petits aux gros mammifères, l'augmentation du poids du cerveau ne représente que les deux tiers de celle du poids du corps. (Nous partageons avec les grands dauphins l'honneur d'avoir l'écart le plus élevé par rapport à la courbe.)

On peut souvent prévoir ces résultats en prenant en considération les qualités physiques des organes. Le cœur, par exemple, est une pompe. Tous les cœurs de mammifères fonctionnant à peu près de la même façon, les cœurs de petite taille doivent travailler beaucoup plus vite que les gros (voyez la vitesse à laquelle on peut actionner un petit soufflet-jouet de la grosseur d'un doigt comparé au modèle géant dont se sert le forgeron ou celui qui alimente les orgues de fabrication ancienne). Sur la courbe des mammifères souris-éléphant, l'augmentation de la durée d'un battement du cœur ne représente qu'une proportion allant de un quart à un tiers de celle du poids du corps quand on va des petits mammifères aux gros. La généralité de cette conclusion a été récemment confirmée dans une intéressante étude conduite par J.E. Carrel et R.D. Heathcote sur le rythme cardiaque chez les araignées. Ils ont utilisé un rayon laser pour éclairer le cœur des araignées au repos et ont dressé une courbe allant de l'araignée-crabe à la tarentule et comprenant dix-huit espèces représentant une gamme d'un millier de mesures de poids du corps. De nouveau, on trouve une proportion régulière, l'allongement du battement du cœur ne représentant que les quatre dixièmes de la progression du poids du corps (0,409 fois pour être précis).

On peut étendre ce résultat au rythme de vie. Les petits animaux traversent la vie beaucoup plus rapidement que les gros animaux, c'est-à-dire que leur cœur fonctionne plus vite, ils respirent plus souvent, leur pouls bat à une cadence beaucoup plus élevée. Et surtout le métabolisme, le « feu vital », ne progresse chez les mammifères que dans une proportion de trois quarts de celle du poids du corps. Afin de se maintenir en activité, les gros mammifères n'ont pas besoin de produire autant de chaleur par unité de poids que les petits animaux. Les minuscules musaraignes sont animées d'un mouvement frénétique et utilisent la quasi-totalité de leur temps de veille à se nourrir afin d'entretenir leur feu métabolique ; les baleines bleues glissent majestueusement, leur cœur battant au rythme le plus lent de toutes les créatures actives à sang chaud.

L'étude comparative des durées de vie suggère une fascinante synthèse de toutes ces données disparates. Nous avons tous eu suffisamment l'expérience d'animaux familiers de tailles différentes pour savoir que les petits mammifères tendent à vivre moins longtemps que les gros. En fait, la durée de vie des mammifères s'échelonne comme le rythme cardiaque et la cadence respiratoire, c'est-à-dire que son augmentation varie du quart au tiers de celle du poids du corps, en allant des petits aux gros animaux. (De cette analyse, il ressort que l'*Homo sapiens* est un animal bien particulier. Nous vivons beaucoup plus longtemps qu'un mammifère de notre taille. Dans le chapitre 9, j'expose comment les humains ont utilisé un processus évolutif appelé la « néoténie », la conservation à l'âge adulte de formes et de taux de croissance qui caractérisent les phases juvéniles des anciens primates. Je crois aussi que la néoténie est responsable de notre longévité accrue. Si on les compare avec les autres mammifères, on s'aperçoit que toutes les phases de la vie humaine surviennent « trop tard ». Nous naissons sous la forme d'embryons sans défense après une longue gestation ; nous devenons adulte après une longue enfance ; nous mourons, si la chance nous sourit, à des âges qui ne sont atteints chez les animaux à sang chaud que par les espèces de grande taille.)

Habituellement, nous plaignons la souris apprivoisée ou la gerbille qui franchit tout le cours de son existence en un an ou deux au plus. Combien sa vie nous paraît brève face à nous qui demeurons en vie pendant presque un siècle entier ! Je voudrais dire — car c'est là le thème central de ce chapitre — que cette pitié est déplacée (notre chagrin personnel est, bien entendu, une tout autre affaire dont la science ne traite pas). Morgan avait raison dans *Ragtime* : petits et gros animaux sont dans leur essence similaires. La longueur de leur vie est proportionnelle au rythme de leur vie et tous demeurent en vie pendant un temps biologique à peu près égal. Les petits mammifères ont une cadence rapide, se consument vite et vivent peu de temps ; les gros mammifères vivent longtemps à un rythme majestueux. A la mesure de leur horloge interne, les mammifères de taille différente tendent à vivre aussi longtemps les uns que les autres.

C'est une habitude profondément ancrée dans la pensée occidentale qui nous empêche de saisir cet important et réconfortant concept. Depuis notre plus tendre enfance, on nous apprend à considérer le temps newtonien absolu comme la seule mesure-étalon d'un monde rationnel et objectif. Nous imposons à toutes choses la cadence immuable de notre pendule de cuisine. Nous nous émerveillons de la vivacité de la souris, et nous ne pouvons réprimer notre sentiment d'ennui devant la torpeur de l'hippopotame. Et pourtant chacun d'eux vit au rythme de sa propre horloge.

Je ne nie pas l'importance du temps absolu, astronomique, pour les organismes (voir le chapitre 31). Les animaux doivent être à même de le mesurer pour réussir dans la vie. Les cerfs doivent connaître le moment de la repousse de leurs bois, les oiseaux le temps de la migration. Les animaux suivent la trace du cycle jour-nuit avec leurs rythmes circadiens ; les inconvénients du décalage horaire sont le prix à payer lorsque nous voulons nous déplacer plus vite que la nature ne l'a prévu.

Mais le temps absolu ne rythme pas tous les phénomènes biologiques. Prenons à titre d'exemple le magnifique chant de la baleine à bosse, ou jubarte. E.O. Wilson a décrit l'effet impressionnant produit par ces modulations : « Les notes donnent le frisson, mais restent belles à notre oreille. De profonds gémissements de basse et des cris de soprano si aigus qu'ils en sont presque inaudibles alternent avec des hurlements stridents dont le ton soudain s'élève ou s'abaisse. » Nous ne connaissons pas la fonction de ces chants. Peut-être permettent-ils aux baleines de se retrouver et de rester ensemble au cours de leurs migrations transocéaniques annuelles ? Peut-être s'agit-il des chants d'amour des mâles en rut ?

Chaque baleine a son chant personnel ; les variations complexes sont répétées sans cesse avec une grande fidélité. Aucun fait scientifique ne m'a autant frappé que celui qu'a rapporté Roger S. Payne qui a entendu certains chants s'étendre sur plus d'une demi-heure. Personnellement, je n'ai jamais pu retenir les cinq minutes du premier « Kyrie » de la *Messe en si mineur* (et ce n'est pas faute d'avoir essayé) : comment une baleine peut-elle donc chanter pendant trente minutes et se répéter sans erreur ? Quelle peut bien être l'utilité d'un cycle de trente minutes ? Cette durée dépasse de beaucoup les possibilités de reconnaissance d'un humain et sans le matériel d'enregistrement de Payne et les études qu'il a menées, nous aurions été parfaitement incapables d'y entendre un seul et unique chant. Mais je me suis souvenu du métabolisme de la baleine, de son rythme de vie si lent comparé au nôtre. Que savons-nous de la perception d'une durée de trente minutes chez la baleine ? Il se peut qu'une jubarte perçoive le monde selon son taux de métabolisme ; son chant d'une demi-heure peut correspondre pour elle à notre valse-minute. De quelque point de vue qu'on se place, ce chant est remarquable, car c'est de loin la performance individuelle la plus élaborée jamais découverte chez un animal. Il n'en reste pas moins que, à mon avis, seule la baleine peut le juger dans une perspective appropriée.

Il est possible d'apporter quelques précisions chiffrées pour montrer que tous les mammifères vivent, en moyenne, la même durée biologique. Une méthode mise au point par W.R. Stahl, B. Günther et E. Guerra, à la fin des années 1950 et au début des années 1960, nous permet à présent d'établir les équations souris-éléphant pour toutes les propriétés biologiques qui suivent les variations du poids du corps. Par exemple, Günther et Guerra donnent chez les mammifères les équations suivantes pour le rythme respiratoire et la fréquence cardiaque d'une part et le poids du corps d'autre part :

rythme respiratoire = $0,0000470 \text{ corps}^{0,28}$
fréquence cardiaque = $0,0000119 \text{ corps}^{0,28}$

(Les lecteurs peu familiarisés avec les mathématiques ne doivent pas être effrayés par ces formules. Elles signifient simplement que le rythme respiratoire et la fréquence cardiaque augmentent à une cadence égale à environ 0,28 fois celle suivie par le poids du corps lorsque l'on va des petits aux gros mammifères.) Si nous divisons les deux équations, le poids du corps s'annule car il est élevé à la même puissance dans les deux cas.

$$\frac{\text{rythme respiratoire}}{\text{fréquence cardiaque}} = \frac{0,0000470 \text{ corps}^{0,28}}{0,0000119 \text{ corps}^{0,28}} = 4,0$$

Cette formule signifie que le rapport rythme respiratoire/fréquence cardiaque est égal à 4 chez les mammifères. En d'autres termes, tous les mammifères, quelle que soit leur taille, respirent une fois tous les quatre battements de cœur. Les petits mammifères ont des rythmes respiratoire et cardiaque plus rapides que les gros mammifères, mais la respiration et le cœur se ralentissent à la même vitesse relative en suivant l'accroissement de la taille des mammifères.

Les durées d'existence s'échelonnent également dans la même proportion par rapport au poids du corps (0,28 fois lorsque l'on va des petits aux gros mammifères). Cela signifie que le rapport du rythme respiratoire et de la fréquence cardiaque à la durée de vie est également constant sur toute la gamme de tailles des mammifères. Lorsque nous procédons à un calcul similaire à celui qui est présenté plus haut, on s'aperçoit que tous les mammifères, sans distinction de taille, tendent à respirer 200 millions de fois au cours de leur vie (leur cœur bat donc environ 800 millions de fois). Les petits mammifères respirent vite, mais vivent peu de temps. A la mesure de l'horloge interne de leur propre cœur ou du rythme de leur respiration, tous les mammifères vivent aussi longtemps les uns que les autres. (Les lecteurs à l'esprit vif, après avoir compté leur respiration ou pris leur pouls, ont peut-être calculé qu'ils auraient dû mourir depuis longtemps. Mais l'*Homo sapiens* est, de toute évidence, un mammifère qui s'écarte de la norme dans de nombreux domaines, et pas seulement par son cerveau. Nous vivons à peu près trois fois plus longtemps que des mammifères de notre taille ne « devraient », mais nous respirons à la « bonne » cadence, c'est-à-dire qu'au cours de notre vie, nous respirons environ trois fois plus qu'un mammifère moyen de notre taille. Je considère que ce surplus d'existence est une heureuse conséquence de la néoténie.)

La vie adulte de l'éphémère ne dure qu'un jour. Il peut, pour ce que j'en sais, vivre ce jour comme nous vivons notre existence entière. Pourtant tout n'est pas relatif dans notre monde et une apparition si courte doit entraîner une interprétation particulièrement déformée des événements qui se déroulent sur des périodes plus longues. En 1844, l'évolutionniste prédarwinien Robert Chambers a brillamment imaginé la perception d'un éphémère contemplant un têtard se métamorphosant en grenouille.

« Supposez qu'un éphémère, survolant un étang pendant l'unique journée d'avril de sa vie, puisse observer les têtards nageant dans les eaux. Parvenu en fin d'après-midi, au soir de son existence, sans avoir aperçu le moindre changement pendant ce temps si long, il serait peu qualifié pour imaginer que les branchies externes de ces créatures allaient disparaître et être remplacées par des poumons internes, que des pattes allaient lui pousser, que la queue serait effacée et que l'animal deviendrait alors un hôte terrestre. »

Sur l'horloge géologique, la conscience humaine n'apparut qu'une minute avant minuit. Et pourtant, nous autres éphémères tentons d'infléchir ce vieux monde selon notre volonté, en négligeant peut-être les messages enfouis dans sa longue histoire. Espérons que nous nous trouvons encore dans le petit matin de notre journée d'avril.

30

L'ATTRACTION NATURELLE :
BACTÉRIES, OISEAUX ET ABEILLES

Les célèbres paroles : « Sois bénie entre toutes les femmes », furent prononcées par l'archange Gabriel annonçant à Marie qu'elle allait concevoir et engendrer un fils venu du Saint-Esprit. Dans la peinture du Moyen Age et de la Renaissance, Gabriel porte des ailes d'oiseau, souvent largement ouvertes et richement décorées. En visitant Florence l'année dernière, je fus fasciné par l'« anatomie comparée » des ailes de Gabriel telles que les avaient peintes les grands artistes italiens. Les visages de Marie et de Gabriel sont très beaux et leurs gestes souvent expressifs. Cependant, dans les peintures de Fra Angelico et de Marini les ailes semblent raides et sans vie, malgré la magnificence de leur ornementation.

C'est alors que j'ai vu la version de Léonard de Vinci. Les ailes de Gabriel y sont si souples et si élégantes que je ne m'attardai guère à détailler son visage ou à noter l'influence qu'il pouvait avoir sur Marie. Je m'aperçus bientôt d'où provenait la différence. Léonard de Vinci qui étudiait les oiseaux et avait compris l'aérodynamisme des ailes avait placé sur le dos de Gabriel un véritable mécanisme en état de marche. Les ailes étaient à la fois magnifiques et fonctionnelles. Elles possédaient non seulement l'orientation et la cambrure qui conviennent, mais également l'exacte disposition des plumes. S'il avait été à peine un peu plus léger, Gabriel aurait pu voler sans aucune assistance divine. Les autres Gabriel n'étaient affublés que de piètres ornements mal conçus ne pouvant en aucun cas leur permettre de voler. Je me suis rappelé à cette occasion que la beauté esthétique et la beauté fonctionnelle vont souvent de pair.

Dans les exemples de perfection du mouvement les plus fréquemment cités — la course du guépard, la fuite de la gazelle, le vol de l'aigle, la nage du thon et même la reptation du serpent ou la progression de la chenille arpenteuse —, ce que nous percevons comme une forme élégante représente également une excellente solution à un problème physique. Lorsque l'on désire illustrer le concept d'adaptation en biologie de l'évolution, on essaie souvent de montrer que les organismes « connaissent » inconsciemment la physique, qu'ils ont mis au point pour se nourrir et se déplacer des machines d'une efficacité remarquable. Lorsque Marie a demandé à Gabriel comment il lui serait possible de concevoir « puisque je ne connais point d'homme », l'ange répondit : « Rien n'est impossible à Dieu. » La nature, elle, n'est pas omnipotente. Mais ce qu'elle peut faire, elle le fait souvent avec une perfection inégalable.

J'ai récemment pris connaissance d'un exemple de réalisation tout à fait étonnant, celui d'un organisme qui a construit, à l'intérieur même de son corps, une machine de haute précision. Cette machine est un aimant, l'organisme une humble bactérie. Une fois Gabriel parti, Marie rendit visite à Élisabeth qui avait également conçu avec quelque aide divine. Le bébé d'Élisabeth (le futur Jean-Baptiste) « tressaillit dans son sein » et Marie prononça le *Magnificat* où l'on trouve ce verset, qui sera plus tard illustré de manière incomparable par Bach, *et exaltavit humiles*, « et il a élevé les humbles ». Les minuscules bactéries, les plus simples de tous les organismes quant à leur structure, premiers barreaux des traditionnelles (et fallacieuses) échelles de la vie, illustrent sur quelques microns toutes les merveilles et toute la beauté qui demandent des mètres pour s'exprimer dans d'autres organismes.

En 1975, un microbiologiste de l'université du New Hampshire, Richard P. Blakemore, découvrait des bactéries « magnétotactiques » dans des sédiments proches de Woods Hole au Massachusetts. (De même que les organismes géotactiques présentent une réaction d'orientation sous l'influence de la pesanteur et les créatures phototactiques une sensibilité à la lumière, les bactéries magnétotactiques s'alignent et nagent dans des directions préférentielles, celles des champs magnétiques.) Blakemore a ensuite passé une année à l'université de l'Illinois en compagnie du microbiologiste Ralph Wolfe et est parvenu à isoler et à cultiver une souche pure de bactéries magnétotactiques. Blakemore et Wolfe se sont alors tournés vers un spécialiste de la physique du magnétisme, Richard B. Frankel du National Magnet Laboratory au Massachusetts Institute of Technology. (Je remercie ici le docteur Frankel pour les explications patientes et claires qu'il a bien voulu me fournir.)

Frankel et ses collègues ont trouvé que chaque bactérie élabore à l'intérieur de son corps un aimant composé d'une vingtaine de particules opaques, vaguement cubiques, mesurant environ 500 angströms de côté (un angström est un dix millionième de millimètre). Ces particules sont composées en grande partie d'un matériau magnétique Fe_3O_4, appelé magnétite ou pierre d'aimant. Frankel a alors calculé le moment magnétique complet par bactérie et a découvert que chacune contenait assez de magnétite pour s'orienter dans le champ magnétique terrestre en échappant à l'influence du mouvement brownien. (Les particules trop petites pour être affectées par les champs gravitationnels qui nous stabilisent ou par les forces superficielles qui jouent sur les objets de taille intermédiaire sont agitées de manière désordonnés par l'énergie thermique du milieu dans lequel elles sont en suspension. C'est généralement le « jeu » des particules de poussière dans le soleil que l'on donne comme exemple pour illustrer le mouvement brownien.)

Les bactéries magnétotactiques ont élaboré une remarquable machine en utilisant pratiquement la seule configuration susceptible de fonctionner comme une boussole à l'intérieur de leur corps minuscule. Frankel explique pourquoi la magnétite doit se présenter sous la forme de particules et pourquoi celles-ci doivent avoir environ 500 angströms de côté. Pour remplir efficacement son rôle de boussole, la magnétite doit être présente sous la forme de particules dites de domaine élémentaire, c'est-à-dire comme des éléments n'ayant qu'un moment magnétique, unique, avec deux extrémités opposées, l'une dirigée vers le nord, l'autre vers le sud. Les bactéries renferment une chaîne de ces particules orientées selon leur moment magnétique du pôle nord au prochain pôle sud, tout au long de la colonne, « tels des éléphants se suivant à la queue leu leu dans une parade de cirque », comme l'a écrit Frankel. De cette façon, la chaîne de particules tout entière agit comme un seul dipôle magnétique, avec deux extrémités, l'une dirigée vers le nord, l'autre vers le sud.

Si les particules étaient un peu plus petites (moins de 400 angströms de côté), elles seraient « superparamagnétiques », un mot bien long pour dire que l'énergie thermique à la température ambiante d'une pièce entraînerait une réorientation interne du moment magnétique

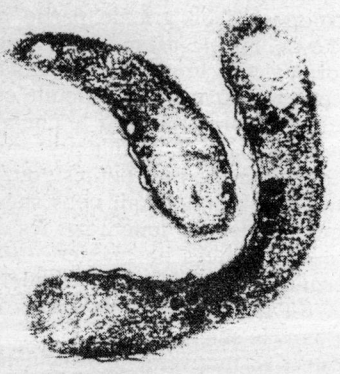

Bactérie magnétotactique avec sa chaîne d'aimants minuscules (grossie 40 000 fois).

D.L. BALKWILL et D. MARATEA.

des particules. Si les particules étaient supérieures à 1 000 angströms de côté, des domaines magnétiques distincts dirigés dans des directions différentes se formeraient *à l'intérieur* de chaque particule. Cette « concurrence » réduirait ou annulerait le moment magnétique global de la particule. Ainsi, conclut Frankel, « les bactéries ont résolu un intéressant problème de physique en sécrétant des particules de magnétite d'une dimension convenant parfaitement pour faire office de boussole, 500 angströms ».

Mais la biologie de l'évolution étant avant tout la science du « pourquoi », il faut nous demander quelle peut bien être l'utilité d'un aimant pour une créature si petite. Les possibilités de déplacement d'une bactérie, pendant les quelques minutes de son existence, ne devant pas excéder quelques centimètres, il me semble difficile de penser qu'un mouvement orienté vers le nord ou vers le sud puisse jouer un rôle quelconque dans son répertoire de caractères adaptatifs. Mais quelle direction préférentielle pourrait revêtir une importance particulière ? Frankel propose, d'une manière assez plausible à mon avis, que la faculté de se déplacer *vers le bas* pourrait être essentielle pour ce type de bactéries, car c'est vers le bas que se dirigent les alluvions dans les milieux aquatiques et c'est vers le bas que l'on peut atteindre une zone où la pression d'oxygène est optimale. Ces êtres « inférieurs » désireraient donc se rabaisser plus encore !

Mais comment une bactérie sait-elle où se trouve le bas ? Bardés des préjugés hautains des énormes créatures que nous sommes, nous pourrions penser que la question est stupide et que la réponse va de soi : la seule chose qu'elles aient à faire, c'est de s'arrêter et de regarder où elles tombent. Mais les choses sont bien différentes. Nous tombons parce que nous sommes soumis à la pesanteur. La pesanteur, l'exemple commun d'une « force faible » en physique, ne nous influence que parce que nous sommes gros. Nous vivons dans un monde de forces concurrentes et l'importance relative de ces forces dépend avant tout de la taille des objets sur lesquels elles jouent.

Pour les créatures de dimensions macroscopiques, celles qui nous sont les plus familières, le rapport surface-volume est essentiel. Cette proportion décroît lorsque la taille de l'organisme augmente, la surface ne croissant qu'en fonction du carré de la longueur et le volume en fonction du cube de la longueur. Les créatures de petite taille, les insectes par exemple, vivent dans un monde dominé par des forces agissant sur leur surface. Certaines peuvent marcher sur l'eau ou se tenir la tête en bas sur un plafond car la tension superficielle est plus forte que la pesanteur qui les attire vers le bas. La pesanteur joue sur les volumes (ou pour être plus précis, sur les masses qui sont proportionnelles aux volumes dans un champ gravitationnel constant). Les lois de la pesanteur s'appliquent à nous à cause de notre faible rapport surface-volume. Mais elles affectent très peu les insectes, et pas du tout les bactéries.

Le monde d'une bactérie est si dissemblable du nôtre que nous devons faire table rase de toutes nos certitudes sur ce qui nous entoure. La prochaine fois que vous verrez à la télévision *Le Voyage fantastique*, détachez vos yeux de Raquel Welch et du vilain globule blanc prédateur pour réfléchir un court instant à la façon dont ces aventuriers miniaturisés se déplaceraient réellement sous la forme d'objets microscopiques à l'intérieur du corps humain (dans le film, ils se comportent comme des gens normaux). D'abord, ils seraient soumis aux chocs du mouvement brownien, ce qui donnerait au film un aspect de confusion désordonnée. Et, comme Isaac Asimov me le faisait remarquer, leur navire ne pourrait pas avancer à l'aide de son hélice, le sang étant trop visqueux à cette échelle. Il lui faudrait posséder un flagelle... comme une bactérie.

D'Arcy Thompson, premier pionnier après Galilée de l'étude des rapports entre échelle et forme, nous incite à rejeter nos préjugés si nous voulons comprendre le monde d'une bactérie. Dans son chef-d'œuvre, *On Growth and Form* (publié en 1942, mais toujours disponible), il termine ainsi son chapitre « Sur la grandeur » :

« La vie couvre un éventail de grandeurs très étroit si on le compare avec celui dont traite la science physique ; mais assez large cependant pour renfermer trois situations aussi éloignées l'une de l'autre que celles dans lesquelles un homme, un insecte et un bacille vivent et remplissent leurs multiples fonctions. L'homme est soumis à la pesanteur et repose sur notre mère, la Terre. Un insecte aquatique trouve à la surface d'un étang matière de vie et de mort ; c'est à la fois pour lui un périlleux enchevêtrement et un soutien indispensable. Dans ce troisième monde où vit le bacille, la pesanteur est oubliée et la viscosité du liquide, la résistance définie par la loi de Stokes, les chocs moléculaires du mouvement brownien et sans doute, également, les charges électriques du milieu ionisé composent l'environnement physique et exercent une influence puissante et immédiate sur l'organisme. Les facteurs prédominants ne sont plus ceux qui agissent à notre échelle ; nous sommes parvenus au bord d'un univers dont nous n'avons aucune expérience et où toutes nos idées préconçues doivent être révisées. »

Ainsi comment une bactérie sait-elle où se trouve le bas ? Nous utilisons les aimants pour l'orientation horizontale de façon si exclusive que nous oublions souvent (en fait, je subodore que nombre d'entre nous l'ignorent tout à fait) que le champ magnétique de la Terre a également une composante verticale dont la force dépend de la latitude. (Nous éliminons la déviation verticale en construisant les boussoles car elle ne nous intéresse pas. En tant que créatures de grande taille soumises aux lois de la pesanteur, nous savons dans quelle direction se trouve le bas.) L'aiguille de la boussole suit les lignes de force de la Terre. A l'équateur, ces lignes sont parallèles à la surface. En allant vers les pôles, elles s'inclinent de plus en plus vers le centre de la Terre. Chez moi, à la latitude de Boston, la composante verticale est en réalité plus forte que l'horizontale. A Woods Hole, une bactérie nageant vers le nord comme une aiguille de boussole nage aussi vers le bas.

Cette fonction d'orientation n'est pour le moment

qu'une simple supposition. Mais si ces bactéries utilisent surtout leurs aimants pour nager vers le bas (plutôt que pour se chercher, ou pour faire Dieu sait quoi dans ce monde qui nous est si étranger), alors il nous est possible d'avancer quelques hypothèses vérifiables par l'expérience. Les membres de la même espèce, vivant dans des populations naturelles adaptées à la vie à l'équateur, ne fabriquent probablement pas d'aimants, car là-bas il n'y a pas de composante verticale. Dans l'hémisphère austral, les bactéries magnétotactiques devraient présenter une polarité inversée et nager vers leur pôle qui se dirige au sud.

On a aussi signalé que la magnétite entrait dans la composition de plusieurs organismes de plus grandes dimensions, qui tous accomplissent des performances remarquables dans le domaine de l'orientation horizontale, ce qui est l'usage traditionnel de la boussole pour des créatures à notre échelle. Les chitons, mollusques à huit plaques calcaires sur le « dos », cousins des praires et des escargots, vivent surtout sur les rochers près du niveau de la mer dans les régions tropicales. Ils grattent leur nourriture sur les rochers grâce à une longue râpe appelée radula dont l'extrémité des dents est composée de magnétite. De nombreux chitons font des excursions fort éloignées de leur habitat, mais reviennent à leur point de départ avec une grande précision. L'idée qu'ils pourraient utiliser leur magnétite comme boussole vient de suite à l'esprit, mais aucune preuve n'est venue confirmer cette hypothèse. Il n'est même pas évident que les chitons aient assez de magnétite pour percevoir le champ magnétique terrestre, et Frankel m'a dit que leurs particules dépassent pour la plupart la limite du domaine élémentaire.

Certaines abeilles ont de la magnétite dans l'abdomen et nous savons qu'elles sont influencées par le champ magnétique terrestre (voir l'article de J.L. Gould, un de mes homonymes sans plus, J.L. Kirschvink et K.S. Defeyes dans la bibliographie). Les abeilles accomplissent leur célèbre danse sur la surface verticale de leur rayon de miel en convertissant l'orientation de leur vol vers la nourriture en liaison avec le soleil en un angle dansé par rapport à la pesanteur. Si le rayon est tourné de telle sorte que les abeilles doivent danser sur une surface horizontale où elles ne peuvent pas exprimer la direction en termes gravitionnels, elles sont, dans un premier temps, désorientées. Puis, après plusieurs semaines, elles alignent leurs danses sur la direction de la boussole. De plus, un essaim d'abeilles, placé dans une ruche vide sans indication quant à l'orientation, construisent leur rayon dans la direction magnétique qu'il occupait dans la ruche parentale. Les pigeons, dont les qualités d'orientation ne sont plus à démontrer, possèdent une structure composée de magnétite entre leur cerveau et leur crâne. Cette magnétite existe sous la forme de domaines élémentaires et peut donc servir d'aimant (voir C. Walcott *et al.* dans la bibliographie).

Le monde est plein de signaux que nous ne percevons pas. Les créatures minuscules vivent dans un monde différent régi par des forces qui nous sont étrangères. De nombreux animaux, qui appartiennent à la même échelle de taille que nous, dépassent largement nos facultés de perception. Les chauves-souris évitent les obstacles en projetant des sons contre eux à des fréquences que je ne peux pas entendre, bien que certaines personnes y soient sensibles. De nombreux insectes voient dans l'ultraviolet et suivent les « invisibles » guides à nectar des fleurs, pour atteindre leur nourriture et se charger du pollen qu'ils transporteront vers la fleur suivante que ce pollen fécondera. (Les plantes se dotent de raies de couleur permettant aux insectes de s'orienter, pour leur propre bénéfice à elles et non pour faciliter la tâche des insectes.)

Nos facultés de perception sont bien faibles. Environnés dans la nature par tant de phénomènes fascinants et réels que nous ne voyons pas (et que nous n'appréhendons ni par l'ouïe ni par l'odorat ni par le toucher ni par le goût), nous nous montrons si crédules et si friands de prétendus pouvoirs nouveaux que nous prenons les trucages de médiocres magiciens pour des regards sur un monde psychique qui dépasse nos compétences. Le paranormal appartient peut-être au domaine du fantastique ; c'est en tout cas un refuge pour les charlatans. Mais des pouvoirs perceptifs « para-humains » nous entourent chez les oiseaux, les abeilles et les bactéries. Et nous pouvons utiliser les instruments que la science met à notre disposition pour pressentir et comprendre ce que nous ne pouvons pas percevoir directement.

Addendum

En se demandant dans quel but les bactéries pouvaient bien élaborer des aimants dans leur corps, Frankel supposait fort à propos que se diriger vers le nord n'avait pas grand intérêt pour une créature aussi minuscule, mais que se diriger *vers le bas* (la seconde influence du magnétisme à des latitudes moyennes ou hautes dans l'hémisphère boréal) pouvait être très important. Cela m'amena à penser que si l'hypothèse de Frankel était valable, les bactéries magnétiques de l'hémisphère austral devaient nager vers le *sud* pour pouvoir se diriger vers le bas, c'est-à-dire que leur polarité devrait s'inverser par rapport à leurs cousines de l'hémisphère nord.

En mars 1980, Frankel m'envoya le manuscrit d'un article qu'il avait écrit avec la collaboration de R.P. Blakemore et A.J. Kalmijn. Ils s'étaient rendus en Nouvelle-Zélande et en Tasmanie pour y étudier la polarité des bactéries magnétiques de l'hémisphère austral. Et il s'avéra en effet qu'elles se dirigeaient vers le sud et vers le bas, ce qui confirmait de manière éclatante l'hypothèse de Frankel et le bien-fondé de ce chapitre.

Ils réalisèrent également une autre expérience qui apporta une confirmation supplémentaire d'un autre type. Ils recueillirent des bactéries magnétiques à Woods Hole au Massachusetts et divisèrent leurs cellules — qui toutes se dirigeaient vers le nord — en deux lots. Ils firent des cultures du premier groupe pendant plusieurs générations dans une chambre à polarité normale, mais maintinrent le second dans une chambre à polarité inversée qui simulait les conditions existant dans l'hémisphère austral. Comme on s'y attendait, les cellules se dirigeant vers le nord continuèrent, après plusieurs semaines, à prédominer dans la chambre de polarité normale. Mais dans la chambre à polarité inversée, les cellules se dirigeant vers le sud formèrent la majorité. Les bactéries ne changent pas de polarité durant leur vie, ce changement spectaculaire résultait probablement d'une forte sélection naturelle ayant joué en faveur des cellules dotées de la faculté de nager vers le bas. On peut penser que des cellules se dirigeant vers le nord et d'autres vers le sud sont apparues dans chacune des deux cultures, mais que la sélection a éliminé les individus incapables de se diriger vers le bas.

Frankel me disait récemment qu'il se préparait à se rendre sur l'équateur géomagnétique pour voir ce qu'il allait advenir de ces bactéries en un lieu où le champ magnétique ne possède pas de composante verticale.

31

L'IMMENSITÉ DU TEMPS

Le 1ᵉʳ janvier 1979, deux heures du matin.

Je n'oublierai jamais le dernier concert de Toscanini, le soir où le plus grand de tous les chefs d'orchestre, l'homme dont la mémoire infaillible contenait toute la musique occidentale, hésita pendant quelques secondes et perdit sa mesure. Si les héros étaient véritablement invulnérables, comment pourraient-ils retenir notre intérêt ? Siegfried se devait d'avoir une épaule mortelle, Achille un talon, Superman la kryptonite.

Karl Marx a remarqué que tous les événements historiques se produisent deux fois, d'abord sous la forme d'une tragédie, puis sous celle d'une farce. Si la défaillance de Toscanini fut tragique (au sens héroïque du mot), c'est d'une farce que j'ai été le témoin il y a exactement deux heures. J'ai en effet entendu l'ombre de Guy Lombardo[1] manquer une mesure. Pour la première fois en Dieu sait combien d'années, cette musique harmonieuse qui nous assure une confortable transition vers le Nouvel An se désagrégea pendant un mystérieux instant. Comme je l'appris plus tard, on avait oublié de parler à Guy de cette minute spéciale de soixante et une secondes qui terminait 1978 ; parti trop tôt, il n'avait pas pu compenser cette avance pour qu'elle passe inaperçue.

1. Guy Lombardo est un célèbre chef d'orchestre de musique de genre qui traditionnellement, depuis de nombreuses années, donne un concert au Waldorf Astoria de New York à l'occasion du Nouvel An (N.d.T.).

Cette seconde, ajoutée dans la comptabilité interne pour synchroniser les deux horloges, l'atomique et l'astronomique, fut longuement commentée dans la presse, pratiquement tout le temps sur le ton de la plaisanterie. Et pourquoi pas ? Les bonnes nouvelles ne sont pas légion par les temps qui courent. La plupart des articles exploitèrent le même thème et prirent pour cible les savants et leur goût immodéré de la précision. Après tout, quelle importance accorder à une durée aussi infime qu'une seule seconde ?

Je me suis alors souvenu d'une autre donnée : un cinquante millième de seconde par an. Ce chiffre représente la décélération annuelle de la rotation terrestre due au frottement des marées. Je vais m'efforcer de montrer quelle importance une quantité aussi « insignifiante » peut revêtir à l'échelle des temps géologiques.

On sait depuis longtemps que la Terre ralentit. Edmund Halley, le parrain de la célèbre comète et astronome royal d'Angleterre au début du XVIIIe siècle, remarqua un écart systématique entre la position des éclipses observées précédemment et les prévisions relatives à leur zone de visibilité fondées sur la vitesse de rotation de la Terre à son époque. Il calcula que cette disparité ne pouvait s'expliquer que si l'on supposait que la Terre avait tourné plus vite dans le passé. Les calculs de Halley ont été précisés et réanalysés de nombreuses fois ; l'étude des éclipses montre un ralentissement de la rotation égal à environ deux millisecondes par siècle durant les derniers millénaires.

Halley n'avançait aucune explication valable de cette décélération. C'est à Emmanuel Kant — homme aux talents multiples comme on le voit — que revint le mérite d'avoir fourni le premier la bonne interprétation, un peu plus tard au XVIIIe siècle. Kant mit en cause la Lune et soutint que la friction des marées ralentissait la Terre. La Lune attire vers elle les eaux qui forment un bombement. Ce bombement reste orienté vers la Lune pendant que la Terre poursuit sa rotation en dessous. De notre point de vue d'observateurs terrestres, la haute marée se déplace régulièrement vers l'ouest autour de la

Terre. Elle fait sentir ses effets sur mer et sur terre (car les continents sont aussi soumis à des marées, plus faibles) et crée un frottement important. « Une quantité énorme d'énergie, ont écrit les astronomes Robert Jastrow et M.H. Thompson, est dissipée tous les jours dans cette friction. Si on pouvait récupérer cette énergie à des fins utilitaires, elle serait suffisante pour satisfaire plusieurs fois les besoins en énergie électrique du monde entier. L'énergie se dilapide en réalité dans la turbulence des eaux sur les côtes à laquelle il faut ajouter, à un moindre degré, l'échauffement des roches dans la croûte terrestre. »

Mais la friction des marées a un autre effet, pratiquement invisible à l'échelle de nos vies, mais qui constitue un facteur majeur dans l'histoire de la Terre. Elle agit comme un frein sur la rotation de la Terre, la ralentissant au rythme lent d'environ deux millisecondes par siècle, soit un cinquante millième de seconde par an.

Ce freinage par le frottement des marées entraîne deux curieuses conséquences indissolublement liées. D'abord le nombre de jours dans une année diminue peu à peu. La longueur d'une année semble essentiellement constante sur l'officielle horloge au césium. Sa stabilité s'affirme tant sur le plan empirique, grâce aux mesures astronomiques, que sur le plan théorique. On pourrait prévoir qu'une marée solaire ralentirait la révolution de la Terre exactement comme la marée lunaire ralentit sa rotation. Mais les marées solaires sont très faibles et la Terre, lancée dans l'espace, a un moment d'inertie si énorme que l'année ne s'allonge que de trois secondes par milliard d'années, chiffre que l'on peut négliger en toute sécurité : depuis l'origine de notre planète jusqu'à sa destruction par l'explosion du Soleil dans quelque cinq milliards d'années, l'année terrestre n'aura gagné qu'une demi-minute.

En second lieu, comme la Terre perd de son moment angulaire en ralentissant, la Lune — obéissant à la loi de la conservation du moment angulaire pour le système Terre-Lune — doit recueillir ce que la Terre perd. La Lune y parvient en tournant autour de la Terre à une distance de plus en plus grande. Autrement dit, la Lune s'éloigne régulièrement de la Terre.

Dans le froid vif de certaines nuits d'octobre, il arrive que la Lune, en se levant sur l'horizon, apparaisse très grosse ; c'est à peu près ce que devaient voir les trilobites il y a 550 millions d'années. G.H. Darwin, astronome réputé et second fils de Charles, fut le premier à développer cette idée de récession lunaire. Il pensait que la Lune s'était arrachée de l'océan Pacifique et, en extrapolant sa vitesse actuelle de récession, il détermina la date de sa naissance convulsive. (La taille du Pacifique correspond bien à celle de la Lune, mais grâce à la tectonique des plaques, nous savons à présent que le Pacifique n'est pas un trou permanent, mais la configuration d'un moment géologique donné.)

En bref, le frottement des marées causé par la Lune entraîne deux conséquences liées dans le temps : le ralentissement de la rotation de la Terre qui diminue le nombre de jours dans l'année et l'augmentation de la distance séparant la Terre de la Lune.

Depuis longtemps, les astronomes connaissent ces phénomènes en théorie ; ils les ont également mesurés directement sur des durées ne correspondant qu'à des microsecondes géologiques. Mais jusqu'à une époque récente, personne ne savait comment estimer leurs effets sur de longues périodes de temps géologique. Une simple extrapolation de la vitesse actuelle vers le passé ne saurait suffire car l'intensité du freinage dépend de la configuration des continents et des océans. Le freinage le plus efficace s'effectue lorsque les marées balaient des mers peu profondes ; le moins efficace lorsque les marées se déplacent sur des mers profondes et sur terre. Les mers peu profondes ne constituent pas un des traits saillants de notre planète à l'heure actuelle, mais elles ont occupé des millions de kilomètres carrés à diverses époques du passé. Le haut degré de frottement des marées durant ces périodes a pu être compensé par une très lente décélération à d'autres périodes, en particulier lorsque tous les continents étaient réunis dans la seule Pangée. Le ralentissement de la rotation terrestre dans le temps devient donc un problème plus géologique qu'astronomique.

Je suis ravi de dire que c'est ma propre branche de la géologie qui a fourni, bien qu'avec une certaine ambiguïté, le renseignement demandé. Certains fossiles ont en effet conservé les rythmes astronomiques des temps passés dans la structure de leur croissance. Les mathématiciens et les spécialistes de la géophysique d'aujourd'hui, enfermés dans l'attitude hautaine de disciplines dominantes, s'abaissent rarement à jeter un coup d'œil sur un humble fossile. Cependant un éminent spécialiste de la rotation terrestre a écrit : « Il se révèle que la paléontologie vient au secours du géophysicien. »

Pendant plus de cent ans, les paléontologistes avaient occasionnellement remarqué des lignes de croissance régulièrement espacées sur certains de leurs fossiles. On avait émis l'idée qu'elles pouvaient être le reflet de périodes astronomiques, jours, mois ou années, comme les années des arbres. Mais personne n'avait jamais rien tiré de ces observations. Au cours des années 1930, Ting Ying Ma, un paléontologiste chinois quelque peu visionnaire, très imaginatif, mais infailliblement intéressant, a étudié les bandes annuelles dans les coraux fossiles de manière à déterminer la position des anciens équateurs. (Les coraux vivant à l'équateur, sous un climat où la température est presque constante, ne présentent pas de bandes saisonnières ; plus on s'élève en latitude, plus les bandes sont marquées.) Mais personne n'avait étudié les très fines lamelles qui souvent apparaissent par centaines dans chaque bande.

Au début des années 1960, un paléontologiste de Cornell, John West Wells, s'est rendu compte que ces stries très fines pouvaient représenter des jours (croissance lente la nuit et croissance plus rapide le jour, exactement comme les arbres produisent des anneaux où la lenteur hivernale alterne avec l'accélération estivale). Il étudia donc un corail actuel où l'on peut distinguer des bandes successivement grossières (vraisemblablement annuelles) et très fines ; il compta une moyenne d'environ 360 bandes fines pour chaque grosse bande. Il en conclut que les lignes fines étaient journalières.

Welles se mit ensuite en quête de coraux fossiles suffisamment bien conservés pour avoir gardé toutes leurs bandes fines. Il en trouva très peu, mais ils lui permirent de faire l'une des observations les plus intéressantes et les plus importantes de l'histoire de la paléontologie : un groupe de coraux d'environ 370 millions d'années avait une moyenne n'atteignant pas tout à fait les 400 lignes fines pour chaque grosse bande. Ces coraux avaient donc vécu des années de presque quatre cents jours. On avait enfin découvert une preuve géologique directe d'une vieille théorie astronomique.

Mais les coraux de Wells n'avaient confirmé que la moitié de l'histoire — l'accroissement de la longueur du jour. L'autre moitié, la récession de la Lune, nécessitait des fossiles avec des bandes journalières et mensuelles ; car si la Lune avait été plus proche dans le passé, elle devait tourner autour de la Terre en moins de temps qu'aujourd'hui. L'ancien mois lunaire devait avoir moins des 29,53 jours solaires du mois actuel.

Depuis la publication par Wells de son célèbre article sur « la croissance des coraux et la géochronométrie » en 1963, plusieurs thèses sur les périodicités lunaires ont été également avancées. Très récemment, Peter Kahn, paléontologiste à Princeton, et Stephen Pompea, physicien à l'université d'État du Colorado, ont affirmé que l'énigme de l'histoire lunaire pouvait se résoudre grâce à une créature bien connue de tout le monde, le nautile. La coquille du nautile est divisée par des cloisons internes régulières appelées septa. C'est la beauté de leur construction qui a inspiré à Oliver Wendell Holmes ces vers où il nous exhorte à enrichir nos vies intérieures :

Bâtis-toi des demeures plus majestueuses, ô mon âme,
Tandis que les saisons s'écoulent rapidement !
Abandonne les voûtes basses de ton passé !
Que chaque temple nouveau, plus noble que le précédent,
T'abrite du ciel par un dôme plus vaste,
Jusqu'au jour où, enfin, tu seras libre,
Laissant ta coquille périmée à l'océan tumultueux de la
[vie !

Je suis heureux de dire que les loges du nautile n'ont pas limité leur utilité aux méditations de Holmes sur l'immortalité. Car Kahn et Pompea ont compté les plus fines des lignes de croissance sur la face extérieure de la coquille du nautile et ont découvert que chaque compartiment (l'espace entre deux cloisons successives) contenait une moyenne de 35 lignes fines, avec peu de variation entre les coquilles, ainsi qu'entre les loges successives de chaque coquille. Puisque le nautile, qui vit dans les profondeurs de l'océan Pacifique, migre quotidiennement en suivant le cycle solaire (il remonte à la surface la nuit), Kahn et Pompea pensent que les lignes fines enregistrent les jours. La sécrétion des cloisons peut résulter d'un cycle lunaire. De nombreux animaux, dont les humains bien entendu, ont des cycles lunaires, généralement liés aux fonctions de reproduction.

Les nautiloïdes sont des fossiles assez courants (le nautile moderne est le seul survivant d'un groupe très diversifié). Kahn et Pompea ont compté les lignes par compartiment chez vingt-cinq nautiloïdes dont l'âge variait de 25 à 420 millions d'années. Selon eux, on remarque, en remontant dans le temps, une diminution régulière du nombre de lignes par loge, de 30 aujourd'hui, à environ 25 pour les fossiles les plus récents, jusqu'à quelque 9 pour les plus anciens. Si la Lune faisait le tour de la Terre en seulement neuf jours solaires il y a 420 millions d'années (à une époque où le jour ne comptait que vingt et une heures), c'est qu'elle devait être beaucoup plus proche. Quelques équations ont permis à Kahn et à Pompea de conclure que ces anciens nautiloïdes ont vu une Lune gigantesque éloignée de la Terre d'à peine plus des deux cinquièmes de la distance actuelle (oui, les nautiloïdes avaient bien des yeux).

A ce point de l'exposé, je dois avouer mon ambivalence concernant ces importantes données sur les rythmes de croissance des fossiles. Plusieurs questions n'ont pas trouvé de réponse. Comment peut-on connaître la périodicité dont témoignent ces lignes ? Voyons le cas des lignes fines par exemple. On considère généralement qu'elles représentent des jours solaires. Mais supposons qu'elles correspondent aux cycles des marées, périodicité qui tient compte tout à la fois de la rotation terrestre et de la révolution lunaire. Si la Lune accomplissait sa révolution en beaucoup moins de temps dans le passé, les anciens cycles des marées n'étaient pas aussi proches du jour solaire qu'ils le sont aujourd'hui. (On peut à présent saisir l'importance de l'argumentation de Kahn et de Pompea, avancée sans preuve directe, notons-le, selon laquelle les lignes fines du nautile proviennent des cycles jour-nuit des migrations verticales et non des effets de la marée. En fait, ils expliquent trois cas exceptionnels qu'ils ont rencontrés en prétendant que ces nautiloïdes vivaient dans des eaux toujours peu profondes, près des côtes, et avaient donc pu enregistrer les marées.)

En admettant que les lignes correspondent aux cycles solaires, peut-on évaluer le nombre de jours par mois ou par année ? Un simple comptage n'apporte pas de solution, car les animaux sautent souvent un jour, mais, pour autant qu'on le sache, ne les dédoublent pas. Les comptages sous-estiment généralement le nombre de jours (souvenez-vous de la moyenne de 360, et non 365, bandes journalières que Wells avait trouvée chez les coraux modernes, car pendant les jours très couverts, la croissance diurne peut ne pas dépasser la croissance nocturne et les bandes ne pas se former).

D'ailleurs, n'oublions pas la question fondamentale entre toutes : comment peut-on être certain que les lignes sont bien le reflet d'une périodicité astronomique ? Trop souvent, pour affirmer qu'elles représentaient des jours, des mois ou des années, on ne s'est guère appuyé que sur leur régularité géométrique. Mais les animaux ne sont pas des machines passives, enregistrant consciencieusement les cycles astronomiques au cours de leur croissance. Ils ont aussi des horloges internes et celles-ci sont souvent réglées sur des rythmes métaboliques sans liaison apparente avec les jours, les marées ou les saisons. Par exemple, la plupart des animaux ralentissent considérablement leur croissance en avançant en âge. Mais de nombreuses lignes de croissance continuent à augmenter de taille à une cadence constante. La distance entre les cloisons du nautile se développe constamment et régulièrement durant toute la croissance. Ces cloisons sont-elles réellement déposées une fois par mois ou les dernières mesurent-elles des espaces de temps plus longs ? Le nautile peut fort bien s'être donné pour règle de former une cloison après avoir atteint pour chaque compartiment un volume légèrement et régulièrement supérieur au précédent et non de former une cloison à chaque pleine lune. C'est pour cette raison primordiale que je fais preuve du plus grand scepticisme quant aux conclusions de Kahn et de Pompea.

Cette impression est corroborée par le caractère contradictoire des données recueillies. Dans les articles publiés sur ce sujet, on remarque des différences tout à fait anormales. Dans une étude sur lesdites périodicités lunaires chez les coraux, l'auteur conclut que le mois, il y a environ 350 millions d'années, avait un nombre de jours trois fois supérieur à celui proposé par Kahn et Pompea.

Je reste néanmoins satisfait et optimiste. En premier lieu, malgré leur absence de synchronisme interne, toutes les études s'accordent sur un point fondamental, la diminution du nombre de jours dans l'année. En second lieu, après une période initiale d'enthousiasme imprudent, les paléontologistes se sont mis à la tâche ardue consistant à rechercher ce que les lignes représentent au juste, c'est-à-dire à mener des études expérimentales sur des animaux vivants, dans des conditions de contrôle rigoureux. Les critères permettant de comprendre les écarts existant dans les données fossiles devraient prochainement être disponibles.

Peu de sujets géologiques sont aussi fascinants et aussi féconds. Si, par exemple, on extrapole vers le passé les données actuelles sur la recession de la Lune telle qu'on peut l'estimer d'après les renseignements fournis par les éclipses, la Lune serait entrée dans la limite de Roche il y a environ un milliard d'années. En deçà de la limite de Roche, aucun corps de grande dimension ne peut se former. Si un tel corps, venu de l'extérieur, y pénétrait, il est difficile de savoir précisément ce qui se passerait, mais les résultts ne manqueraient certainement pas d'être impressionnants. De vastes marées ravageraient la Terre et la surface de la Lune fondrait, ce qu'elle n'a pas fait, comme l'ont indiqué les roches d'Apollo. (Et le taux de récession estimé d'après les données actuelles — 5,8 cm par an — est nettement inférieur à la moyenne proposée par Kahn et Pompea — 94,5 cm par an). Il est évident que la Lune ne s'est jamais autant approchée de nous, que ce soit il y a un milliard d'années ou depuis que sa surface s'est solidifiée il y a plus de quatre milliards d'années. Les taux de récession ont dû changer radicalement et étaient beaucoup plus lents au début de l'histoire de la Terre, ou bien la Lune s'est placée sur son orbite actuelle longtemps après la formation de la Terre. En tout cas, la Lune fut jadis nettement plus proche de nous et cette situation a dû jouer un rôle important sur l'histoire de ces deux corps célestes.

Quant à la Terre, certaines de nos plus anciennes roches sédimentaires nous ont fourni des indications, provisoires encore, sur des amplitudes de marée à faire honte à la baie de Fundy[1]. Pour la Lune, Kahn et Pompea ont émis une intéressante hypothèse selon laquelle sa position plus proche et l'attirance gravitationnelle plus forte de la Terre expliqueraient pourquoi les mers ou *maria* lunaires sont concentrées sur sa face visible tournée vers la Terre (les *maria* sont de vastes épanchements de magma liquide) et pourquoi le centre de gravité de la Lune est déplacé vers la Terre.

Il n'est pas de leçon plus importante que puisse apporter la géologie que l'immensité du temps. Nous n'avons aucune gêne à énoncer nos conclusions intellectuelles : 4,5 milliards d'années, c'est là un chiffre pour l'âge de la Terre qui sonne bien. Mais la connaissance intellectuelle et l'appréhension par les sens sont des choses différentes. En tant que simple nombre, 4,5 milliards est incompréhensible, et il nous faut faire appel à une métaphore et à

---

1. C'est dans la baie de Fundy, sur la côte Est du Canada et des États-Unis, qu'ont été relevées les plus hautes marées connues actuellement — 16,7 mètres (N.d.T.).

une image pour bien marquer l'écart entre l'âge de la Terre et la longueur insignifiante de l'évolution humaine, sans parler de la millimicroseconde cosmique de notre vie personnelle.

On représente habituellement l'histoire de la Terre sous la forme d'une horloge de vingt-quatre heures dont la civilisation humaine n'occupe que les toutes dernières secondes. Je préfère rendre cette idée de l'immensité du temps en mettant l'accent sur l'énergie accumulée par des effets totalement insignifiants à l'échelle de nos vies. Une autre année vient de s'achever et la Terre s'est ralentie d'un autre cinquante millième de seconde. Et alors ? Ce que vous venez de lire n'est que cet « alors ».

BIBLIOGRAPHIE

Agassiz E.C., 1887, *Louis Agassiz, sa vie et sa correspondance*. Traduit de l'anglais par A. Mayor, 1895, Neuchâtel, A.G. Berthoud.

Agassiz L., 1850, « The diversity of the origin of the human races », *Christian Examiner*, 49, pp. 110-145.

Agassiz L., 1857, *De l'espèce et de la classification en zoologie*. Traduit de l'anglais par F. Vogeli, 1869, Paris, Germer Baillère.

Baker V.R., et Nummedal D., 1978, *The channeled scabland*, Washington, National Aeronautics and Space Administration, Planetary Geology Program.

Bakker R.T., 1975, « Dinosaur renaissance », *Scientific American*, avril, pp. 58-78.

Bakker R.T., et Galton P.M., 1974, « Dinosaur monophyly and a new class of vertebrates », *Nature*, 248, pp. 168-172.

Bateson W., 1922, « Evolutionary faith and modern doubts », *Science*, 55, pp. 55-61.

Berlin B., 1973, « Folk systematics in relation to biological classification and nomenclature », *Annual Review of Ecology and Systematics*, 4, pp. 259-271.

Berlin B., Breedlove D.E. et Raven P.H., 1966, « Folk taxonomies and biological classification », *Science*, 154, pp. 273-275.

Berlin B., Breedlove D.E. et Raven P.H., 1974, *Principles of Tzeltal plant classification : an introduction to the botanical ethnography of a Mayan speaking people of highland Chiapas*, New York, Academic Press.

Bourdier F., 1971, « Georges Cuvier », *Dictionary of Scientific Biography*, 3, pp. 521-528. New York, Charles Scribner's Sons.

Bretz J Harlen, 1923, « The channeled scabland of the Columbia Plateau », *Journal of Geology*, 31, pp. 617-649.

Bretz J Harlen, 1927, « Channeled scabland and the Spokane flood », *Journal of the Washington Academy of Science*, 17, pp. 200-211.

Bretz J Harlen, 1969, « The Lake Missoula floods and the channeled scablands » *Journal of Geology*, 77, pp. 505-543.

Broca P., 1861, « Sur le volume et la forme du cerveau suivant les individus et suivant les races », *Bulletins de la Société d'Anthropologie de Paris*, 2, pp. 139-207, 301-321, 441-446.

Broca P., 1873, « Sur les crânes de la caverne de l'Homme-Mort (Lozère) », *Revue d'Anthropologie*, 2, pp. 1-53.

Bulmer R. et Tyler M., 1968, « Kalam classification of frogs », *Journal of the Polynesian Society*, 77, pp. 333-385.

Carr A. et Coleman P.J., 1974, « Sea floor spreading theory and the odyssey of the green turtle », *Nature*, 249, pp. 128-130.

Carrel J.E. et Heathcote R.D., 1976, « Heart rate in spiders : influence of body size and foraging energetics », *Science*.

Chambers R., 1884, *Vestiges of the natural history of creation*, New York, Wiley and Putnam.

Cuénot C., 1958, *Pierre Teilhard de Chardin. Les grandes étapes de son évolution*, Paris, Plon.

Darwin C., 1859, *L'Origine des espèces*. Traduit par E. Barbier, 1980, Paris, Maspero, 2 vol.

Darwin C., 1862, *De la fécondation des orchidées par les insectes et des bons résultats du croisement*. Traduit par L. Rérolle, 1891, Paris, Reinwald.

Darwin C., 1871, *La Descendance de l'homme et la sélection sexuelle*. Traduit par E. Barbier, 1881, Paris, Reinwald.

Darwin C., 1872, *L'Expression des émotions chez l'homme et les animaux*. Traduit par S. Pozzi et R. Benoit, 1890, Paris, Reinwald.

Davis D.D., 1964, « The giant panda : a morphological study of evolutionary mechanisms », *Fieldiana* (Chicago Museum of Natural History) *Memoirs* (Zoology) 3, pp. 1-339.

Dawkins R., 1976, *Le Gène égoïste*. Traduit par J. Pavesi et N. Chaptal, 1978, Paris, Mengès (paru en 1980 sous le titre *Le Nouvel Esprit biologique*, Marabout Université).

Diamond J., 1966, « Zoological classification system of a primitive people », *Science*, 151, pp. 1102-1104.

Down J.L.H., 1866, « Observations on an ethnic classification of idiots », *London Hospital Reports*, pp. 259-262.

Eldredge N., et Gould S.J., 1972, « Punctuated equilibria : an alternative to phyletic gradualism », In *Models in Paleobiology*, T.J.M. Schopf, San Francisco, Freeman, Cooper and Co, pp. 82-115.

ELBADRY E.A., et TAWFIK M.S.F., 1966, « Life cycle of the mite *Adactylidium sp.* (Acarina : Pyemotidae), a predator of thrips eggs in the United Arab Republic », *Annals of the Entomological Society of America*, 59, pp. 458-461.

FINCH C., 1975, *The art of Walt Disney*, New York, H.N. Abrams.

FINE P.E.M., 1979, « Lamarckian ironies in contemporary biology », *The Lancet*, June 2, pp. 1181-1182.

FLUEHR-LOBBAN C., 1979, « Down's syndrome (mongolism) : the scientific history of a genetic disorder », manuscrit inédit.

FOWLER W.A., 1967, *Nuclear astrophysics*, Philadelphie, American Philosophical Society.

FOX G.E., MAGRUM L.J., BACH W.E., WOLFE R.S. et WOESE C.R., 1977, « Classification of methanogenic bacteria by 16S ribosomal RNA characterization », *Proceeding of the National Academy of Sciences*, 74, pp. 4537-4541.

FRANKEL R.B., BLAKEMORE R.P. et WOLFE R.S., 1979, « Magnetite in freshwater magnetotactic bacteria », *Science*, 203, pp. 1355-1356.

FRAZZETTA T., 1970, « From hopeful monsters to bolyerine snakes », *American Naturalist*, 104, pp. 55-72.

GALILÉE, 1638, *Discours et démonstrations mathématiques concernant deux sciences nouvelles*. Traduit par M. Clavelin, 1970, Paris, Colin.

GOLDSCHMIDT R., 1940, *The material basis of evolution*, New Haven, Conn., Yale University Press.

GOULD S.J., 1977, *Ontogeny and phylogeny*, Cambridge, Mass., Belknap Press of Harvard University Press.

GOULD S.J. et ELDREDGE N., 1977, « Punctuated equilibria : the tempo and mode of evolution reconsidered », *Paleobiology*, 3, pp. 115-151.

GOULD J.L., KIRSCHVINK J.L. et DEFEYES K.S., 1978, « Bees have magnetic remanence », *Science*, 201, pp. 1026-1028.

GRUBER H.E. et BARRETT P.H., 1974, *Darwin on man*. New York, Dutton.

GÜNTHER B. et GUERRA E., 1955, « Biological similarities », *Acta Physiologica Latinoamerica*, 5, pp. 169-186.

HALDANE J.B.S., 1956, « Can a species concept be justified ? », in *The species concept in paleontology*, P.C. Sylvester-Bradley, Londres, Systematics Association, Publication n° 2, pp. 95-96.

HAMILTON W.D., 1967, « Extraordinary sex ratios », *Science*, 156, pp. 477-488.

HANSON E.D., 1963, « Homologies and the ciliate origin of the

Eumetazoa », *The lower Metazoa*, E.C. Dougherty *et al.*, Berkeley, University of California Press, pp. 7-22.

Hanson E.D., 1977, *The origin and early evolution of animals*, Middletown, Connecticut, Wesleyan University Press.

Hopson J.A., 1977, « Relative brain size and behavior in archosaurian reptiles », *Annual Review of Ecology and Systematics*, 8, pp. 429-448.

Hull D.L., 1976, « Are species really individuals ? » *Systematic Zoology*, 25, pp. 174-191.

Jackson J.B.C. et Hartman G., 1971, « Recent brachiopod-coralline sponge communities and their paleoecological significance », *Science*, 173, pp. 623-625.

Jacob F., 1981, *Le Jeu des possibles*, Paris, Fayard.

Jastrow R. et Thompson M.H., 1972, *Astronomy : fundamentals and frontiers*, New York, John Wiley.

Jerison H.J., 1973, *Evolution of the brain and intelligence*, New York, Academic Press.

Johanson D.C. et White T.D., 1979, « A systematic assessment of early African hominids », *Science*, 203, pp. 321-330.

Kahn P.G.K. et Pompea S.M., 1978, « Nautiloid growth rhythms and dynamical evolution of the earth-moon system », *Nature*, 275, pp. 606-611.

Keith A., 1948, *A new theory of human evolution*, Londres, Watts and Co.

Kirkpatrick R., 1913, *The nummulosphere. An account of the organic origin of so-called igneous rocks and of abyssal red clays*, Londres, Lamley and Co.

Kirsch J.A.W., 1977, « The six-percent solution : second thoughts on the adaptedness of the Marsupialia », *American Scientist*, 65, pp. 276-288.

Knoll A.H. et Barghoorn E.S., 1977, « Archean microfossils showing cell division from the Swaziland System of South Africa », *Science*, 198, pp. 396-398.

Koestler A., 1971, *L'Étreinte du crapaud.* Traduit par G. Fradier, 1972, Paris, Calmann-Lévy.

Koestler A., 1978, *Janus : esquisse d'un système*. Traduit par G. Fradier, 1979, Paris, Calmann-Lévy.

Leakey L.S.B., 1974, *By the evidence*, New York, Harcourt Brace Jovanovich.

Leakey M.D. et Hay R.L., 1979, « Pliocene footprints in the Laetolil Beds at Laetoli, northern Tanzania ». *Nature*, 278, pp. 317-323.

Le Bon G., 1879, « Recherches anatomiques et mathématiques sur les lois des variations du volume du cerveau et sur leurs relations avec l'intelligence », *Revue d'Anthropologie*, 2ᵉ série, t. 2, pp. 27-104.

Long C.A., 1976, « Evolution of mammalian cheek pouches and a possibly discontinuous origin of a higher taxon (Geomyoidea) », *American Naturalist*, 110, pp. 1093-1097.

Lorenz K., 1965 (publié originellement en 1950). « Le tout et la partie dans la société animale et humaine », *Essais sur le comportement animal et humain*. Traduit de l'allemand par C. et P. Fredet, 1970, Paris, Le Seuil.

Lurie E., 1960, *Louis Agassiz : a life in science*, Chicago, University of Chicago Press.

Lyell C., 1830-1833, *Éléments de géologie*. Traduit par T. Meulien, 1839, Paris, Pitois-Levrault.

Ma T.Y.H., 1958, « The relation of growth rate of reef corals to surface temperature of sea water as a basis for study of causes of diastrophisms instigating evolution of life », *Research on the Past Climate and Continental Drift*, 14, pp. 1-60.

Majnep I. et Bulmer R., 1977, *Birds of my Kalam country*, Londres, Oxford University Press.

Manouvrier L., 1903, « Conclusions générales sur l'anthropologie des sexes et applications sociales », *Revue de l'école d'Anthropologie*, 1, pp. 405-423.

Mayr E., 1963, *Population, espèces et évolution*. Traduit par Y. Guy. Préface de J. Monod. 1974, Paris, Hermann.

Merton R.K., 1965, *On the shoulders of giants*, New York, Harcourt, Brace and World.

Montessori M., 1913, *Pedagogical anthropology*, New York, F.A. Stokes.

Morgan E., 1972, *La Fin du surmâle (The Descent of Woman)*. Traduit par G. Fradier, 1973, Paris, Calmann-Lévy.

O'Brien C.F., 1971, « On *Eozoön Canadense* », *Isis*, 62, pp. 381-383.

Osborn H.F., 1927, *Man Rises to Parnassus*, Princeton, New Jersey, Princeton University Press.

Ostrom J., 1979, « Bird flight : how did it begin ? », *American Scientist*, 67, pp. 46-56.

Payne R., 1971, « Songs of humpback whales », *Science*, 173, pp. 587-597.

Pietsch T.W., et Grobecker D.B., 1978, « The compleat angler : aggressive mimicry in an antennariid anglerfish », *Science*, 201, pp. 369-370.

Raymond P., 1941, « Invertebrate paleontology », in *Geology, 1888-1938. Fiftieth anniversary volume*, pp. 71-103. Washington, D.C., Geological Society of America.

Rehbock P.F., 1975, « Huxley, Haeckel, and the oceanographers : the case of *Bathybius haeckelii* », *Isis*, 66, pp. 504-533.

Rupke N.A., 1976, « *Bathybius haeckelii* and the psychology of scientific discovery », *Studies in the History and Philosophy of Science*, 7, pp. 53-62.

Russo F., s.j., 1974, « Supercherie de Piltdown : Teilhard de Chardin et Dawson », *La Recherche*, 5, p.293.

Schreider E., 1966, « Brain weight correlations calculated from the original result of Paul Broca », *American Journal of Physical Anthropology*, 25, pp. 153-158.

Schweber S.S., 1977, « The origin of the *Origin* revisited », *Journal of the History of Biology*, 10, pp. 229-316.

Stahl W.R., 1962, « Similarity and dimensional methods in biology », *Science*, 137, pp. 205-212.

Teilhard de Chardin P., 1955, *Le Phénomène humain*, Paris, Le Seuil.

Temple S.A., 1977, « Plant-animal mutualism : coevolution with dodo leads to near extinction of plant », *Science*, 197, pp. 885-886.

Thompson D.W., 1942, *On growth and form*, New York, Macmillan.

Topinard P., 1888, « Le poids de l'encéphale d'après les registres de Paul Broca », *Mémoires de la Société d'Anthropologie de Paris*, 2, vol. 3, pp. 1-41.

Verrill A.E., 1907, « The Bermuda Islands », part 4. *Transactions of the Connecticut Academy of Arts and Sciences*, 12, pp. 1-160.

Walcott C., Gould J.L. et Kirschvink J.L., 1979, « Pigeons have magnets », *Science*, 205, pp. 1027-1029.

Wallace A.R., 1890, *Le Darwinisme*. Traduit par H. de Varigny, 1891, paris, Lecrosnier et Babé.

Wallace A.R., 1895, *Natural selection and tropical nature*, Londres, MacMillan.

Waterston D., 1913, « The Piltdown mandible », *Nature*, 92, p. 319.

Wells J.W., 1963, « Coral growth and geochronometry », *Nature*, 197, pp. 948-950.

Weiner J.S., 1955, *The Piltdown forgery*, Londres, Oxford University Press.

White M.J.D., 1978, *Modes of speciation*, San Francisco, W.H. Freeman.

Wilson E.B., 1896, *The cell in development and inheritance*, New York, MacMillan.

Wilson E.O., 1975, *L'Humaine Nature : essai de sociobiologie*. Traduit par R. Bauchot, 1979, Paris, Stock.

Wynne-Edwards V.C., 1962, *Animal dispersion in relation to social behavior*. Londres, Oliver and Boyd.

Zirkle C., 1946, « The early history of the idea of the inheritance of acquired characters and pangenesis », *Transactions of the American Philosophical Society*, 35, pp. 91-151.

Table

Prologue 7

I. PERFECTION ET IMPERFECTION :
   TRILOGIE SUR LE POUCE DU PANDA 15
   1. Le pouce du panda 17
   2. Des bizarreries porteuses d'histoire 26
   3. Un doublé bien troublant 36

II. DARWIN & CIE 49
   4. Sélection naturelle et esprit humain : Darwin contre Wallace 51
   5. La voie moyenne de Darwin 65
   6. Morte avant de naître ou le *nunc dimittis* d'une mite 77
   7. La tentation lamarckienne 85
   8. Groupes altruistes et gènes égoïstes 96

III. L'ÉVOLUTION HUMAINE 107
   9. Un hommage biologique à Mickey 109
   10. L'affaire de l'homme de Piltdown revue et corrigée 123
   11. Un grand pas pour l'humanité 143
   12. Au beau milieu de la vie... 153

IV. SCIENCE ET POLITIQUE
    DES DIFFÉRENCES HUMAINES 163
   13. Chapeaux larges et esprits étroits 165
   14. Le cerveau des femmes 174
   15. Le syndrome du docteur Down 183
   16. Les failles d'un monument victorien 193

383

V. LE RYTHME DU CHANGEMENT 203
17. Le caractère épisodique du changement évolutif 205
18. Le retour du monstre prometteur 214
19. Le grand débat sur les scablands 224
20. Un quahog est un quahog 236

VI. LES DÉBUTS DE LA VIE 249
21. Un commencement précoce 251
22. Ce vieux fou de Randolph Kirkpatrick .. 264
23. Le Bathybius et l'Eozoon 273
24. Pourrions-nous tenir dans une cellule d'éponge ? 283

VII. HUMILIÉS ET OFFENSÉS 299
25. Les dinosaures étaient-ils stupides ? 301
26. Le bréchet révélateur 310
27. Les étranges mariages de la nature 322
28. Plaidoyer pour les marsupiaux 334

VIII. TAILLE ET TEMPS 343
29. Ces durées de vie qui nous sont imparties 345
30. L'attraction naturelle : bactéries, oiseaux et abeilles 353
31. L'immensité du temps 364

BIBLIOGRAPHIE 375